南京大学材料科学与工程系列丛书

电化学储能材料与原理

张会刚 编著

科 学 出 版 社

北 京

内 容 简 介

　　本书是南京大学新能源材料与器件专业基础课教材，主要内容包括电化学储能过程原理和各种储能电池材料基础知识。注重介绍储能材料的结构和化学，从物质结构出发讨论电化学储能过程的机理。本书根据作者在长期基础课教学过程中总结的经验和体会，组织教材的框架与内容，由浅入深介绍储能过程的原理，力争将电化学储能内容从固体物理、材料科学、溶液化学、物理化学等多学科角度阐述，方便具有不同学科背景知识的学生和读者掌握相关术语与内容。

　　本书可作为材料、化学、化工及相关专业的研究生和高年级本科生的教材和参考用书，也可供相关学科研究人员使用。

图书在版编目(CIP)数据

电化学储能材料与原理 / 张会刚编著. —北京：科学出版社，2020.6

（南京大学材料科学与工程系列丛书）

ISBN 978-7-03-065438-0

Ⅰ. ①电… Ⅱ. ①张… Ⅲ. ①电化学-储能-功能材料 Ⅳ. ①TB34

中国版本图书馆CIP数据核字(2020)第099267号

责任编辑：张　析 / 责任校对：杜子昂
责任印制：赵　博 / 封面设计：王　浩

科 学 出 版 社 出版
北京东黄城根北街 16 号
邮政编码：100717
http://www.sciencep.com
北京天宇星印刷厂印刷
科学出版社发行　各地新华书店经销
*
2020 年 6 月第　一　版　开本：720×1000 1/16
2024 年 8 月第四次印刷　印张：16 1/2
字数：332 000
定价：88.00 元
（如有印装质量问题，我社负责调换）

前　言

　　能源是关系国民经济和社会发展的全局性和战略性问题，能源存储技术在促进能源安全生产消费，推动能源革命和能源新业态发展方面发挥至关重要的作用。2020 年，教育部、国家发展和改革委员会、国家能源局决定实施储能技术专业学科发展行动计划，推动"双一流"建设高校为代表的高等学校面向能源革命战略需求，培育高层次人才和高水平研究团队，增设储能技术本科专业、二级学科和交叉学科，健全本硕博人才培养结构和完善空间布局。

　　能源存储技术作为重要的战略性新兴领域，涉及物理、化学、材料、能源动力、电力电气等多学科多领域交叉融合、协同创新。高校现有人才培养体系，以固有的学科划分，不同学科之间虽有联系，但对于新能源专业学生培养，专业壁垒明显。以电化学储能技术为例，在传统化学化工专业培养计划中，学生的电化学基础是在物理化学课程中建立，缺乏对固体和半导体的认识；与材料和固体相关的专业培养计划中，电池技术所需的溶液化学和界面化学基础知识不足。

　　南京大学于 21 世纪初，在材料系的基础上成立现代工程与应用科学学院，下设新能源材料与器件专业。作者加入南京大学后，承担了二次电池技术课程的教学工作，在多年教学实践过程中，发现来自化学和材料两个专业背景的学生对于电化学储能技术的理解，都有各自知识的盲点，为了更好地培养新能源专业学生，作者获得南京大学优势学科经费的支持，撰写了本教材，面向具有不同专业背景知识的高年级本科生和研究生，希望能够打通学科培养的壁垒，为学生提供一个由浅入深学习电化学储能技术的途径。

　　本书第 1 章从基础开始，介绍电化学储能所需的物理、化学、材料、半导体等专业术语，在不同专业术语语境中建立相互联系。在第 1 章的末尾，介绍了插层过程原理，以及电池电压产生的物理化学原理，这部分内容适合大多数后续章节所述材料。第 2 章总结了电化学储能过程所需要的表征技术，着重强调电池特有的表征技术，尤其是阻抗和充放电表征。第 3 章开始介绍电化学储能材料，水系电池在历史上和当今都发挥着重要作用，本书将重点放在可充电的氧化锰类、氧化镍基和铅酸电池上，介绍电池充放电过程的材料结构变化和反应机理。第 4~7 章介绍重要的钴酸锂、锰酸锂、三元和聚阴离子正极材料，通过对晶体结构和电子结构的认识，理解电池的电化学性质以及改进手段。第 8 章总结了各种商用和研究中的负极材料，细分了各种材料之间储能机理的相似和不同之处，最后介绍了近年来研究的热点——金属锂负极。本书最后一章介绍了最具潜力的锂硫电池和镁离子电池。

本书在编写过程中得到了李爱东和韩民等领导的支持,同时作者学生对本书内容做出了贡献,其中钟成林博士提供了水系电池的部分文本和聚阴离子正极方面的内容,沈子涵博士撰写了三元材料和锂硫电池部分内容,张硕博士撰写了碳负极部分,金鑫博士编写了硅负极和锡负极的内容,陈捷提供了镁离子电池的素材,濮军、曹孟秋、李洋洋和郭璨硕士为图像的编辑和文本整理做了大量工作,作者撰写了其他章节并统筹全书。

本书得到了国家自然科学基金(项目编号:21776121)和国家重点研发计划(项目编号:2017YFA0205700 和 2016YFB0700600)的支持,在此表示感谢。

历经五年本书终于完稿,由于作者认识水平限制,书中难免存在不足和疏漏之处,敬请读者批评指正,希望本书借助产业发展重大需求,为发展储能技术学科专业、培养人才贡献部分力量。

编著者

2020 年 5 月

目　　录

第1章 化学电源基础

1.1 化学电源简介

化学电源通常是指利用材料的氧化还原反应过程释放出的能量产生电能的一类器件。化学电源有一次电池和二次电池之分，一次电池是指供一次性使用，不能反复充电的电池，例如，锌锰干电池、锂/氧化锰电池；二次电池是能够反复多次充放电的化学电源，尽管目前二次电池应用范围很广，大有取代早期发明的一次电池的趋势，但是在特定的场合，一次电池仍有其重要市场，因此本书将主要介绍二次电池，同时也会兼顾某些重要的一次电池。

通常在一次电池中发生的电化学反应可逆性不好，难以再次充电，所以只能使用一次。二次电池设计的正负极具有相对较高的可逆性，能够反复多次充放电，材料结构变化不大。一次电池设计中不需要考虑充电对材料提出的苛刻要求，可以使用的电压和容量范围较宽，因此可以转化更多氧化还原反应的能量为电能输出。另外，一次电池在设计时会尽可能降低自放电速率，在长距离长时间储存中会比二次电池相对好一些，所以在一些电流密度需求小，使用时间长的场合可以使用一次电池，比如烟雾报警器、应急灯、手电筒等。

随着科技的进步和消费电子的兴起，人们对化学电源的要求越来越高，可以反复充放电的二次电池，由于其性价比高，逐渐扩大市场占有率，成为最有活力和前景的化学电源。二次电池又可分为水系电池和非水系电池。水系电池主要以水溶液作为电解质，非水系指的是电解质为有机溶剂，尽管有大量高质量的水系锂离子电池的文献报道，但是工业界现在主流的锂离子电池还是采用有机电解液。

化学电源的构造通常由正极、负极、隔膜和电解质四个主要部分组成。从氧化还原反应的角度理解，正极是氧化剂，呈现较高的电势，负极是还原剂，电势较低。二者电极电势的差值为电池的电压。从热力学的角度考虑，正负极发生化学反应的反应焓变 ΔH，一部分响应材料熵的变化 ΔS，另一部可以用来做有用电功 nFV，即反应吉布斯自由能 ΔG，其与电压关系如下：

$$\Delta G = \Delta H - T\Delta S = -nFV \tag{1-1}$$

式中，T 为温度；n 为反应过程中传递的电子个数；F 为法拉第常数（$96485\mathrm{C}\cdot\mathrm{mol}^{-1}$）；$V$ 为电池槽压，这个公式中采用国际标准单位，即焓变和吉布斯自由能单位

$kJ \cdot mol^{-1}$。如果 ΔG 采用电子伏特(eV)，$1eV=96.485kJ \cdot mol^{-1}$。则式(1-1)变为

$$\Delta G = -neV \tag{1-2}$$

式中，e 为电子电量，本书将同时采用式(1-1)、式(1-2)两种方式，以方便后续材料性质变化的解释。

1.2　电池化学原理

1.2.1　电极电势的概念

电极电势的概念已经在大学物理化学和电化学的教科书中给出，这里将简单回顾，并着重描述电池中各种电势之间的变化关系。以金属 Zn 在 $ZnSO_4$ 的水溶液中为例，当金属 Zn 棒插入到含有 $ZnSO_4$ 的水溶液中，Zn 棒表面的 Zn 原子受到水分子和 SO_4^{2-} 离子的攻击，转变成为 Zn^{2+} 离子溶解于水溶液中，被极性水分子包围，从而能够降低能量，留在金属中的电子在金属表面与溶液中正离子形成双电层，这种双电层电场阻止 Zn 离子继续溶解，达到一种动态平衡，金属 Zn 棒和溶液相之间存在电势差，称为电极电势 φ_{we}，电极电势的绝对值很难测量，但是可以找一个具有恒定电极电势 φ_r 的电极作为参比，只需要测量二者之间差值 $\varphi_{we} - \varphi_r$，即可解决电化学研究的大多数问题。在电化学研究中定义标准氢电极的电极电势为零，其他电极电势都可以与标准氢电极相比较而获得。标准氢电极使用镀铂黑的铂片，在 $1mol \cdot L^{-1}$ 氢离子活度溶液中，保持 101325Pa 氢气分压状态的电极体系，标准氢电极电势定义为：

$$\varphi_{H_2/H^+}^0 = 0.000V \tag{1-3}$$

电池材料研究中还涉及固体方面的研究，在材料科学和固体物理研究中，电子能量的参考基点常常选用真空或者无限远处。标准氢电极的氧化还原电势对应的电子能级相对于真空能级为 $-4.5eV$(25℃)。如果要将固体材料氧化还原过程与溶液电化学直接建立联系，这两套参比体系可以使用 $-4.5eV$ 差值联系起来，在电池材料和电池界面研究中，常常需要交替使用两种参考基点。

1.2.2　化学势与电化学势

标准电极电势定义了标准状态下的界面电势，实际电化学反应过程中，溶液相离子活度并非 $1mol \cdot L^{-1}$，而且电化学半反应有电子转移过程，因此需要使用电化学势。首先建立溶液相离子化学势的表达式，在溶液相中离子 i 的化学势与浓度之间的关系为：

$$\mu_i = \mu_i^{\ominus} + RT \ln \gamma_i c_i \tag{1-4}$$

式中，μ_i 为化学势，上标 $\ominus$ 表示标准状态下；γ_i 为活度系数；c_i 为浓度；R 为气体常数；T 为温度。在电池内部需要考虑离子的电化学势，因此，将式 (1-4) 修正为

$$\bar{\mu}_i = \mu_i + z_i F \varphi \tag{1-5}$$

式中，$\bar{\mu}_i$ 为电化学势；z_i 为离子 i 所带电荷；F 法拉第常数；φ 是电势；$z_i F \varphi$ 就是充电电荷在电势为 φ 的区域感受到的电场势能。处于平衡状态的反应，电化学势或者吉布斯自由能变化为零。利用下面关系式就可以计算电化学反应的电压，判断反应进行方向，这是设计电池反应的基础原理之一。

$$\sum_i \nu_i \bar{\mu}_i = 0 = \Delta G_{eq} \tag{1-6}$$

1.2.3　电极的费米能级

　　电池反应存在固液相之间电子转移过程，研究电池材料中电子的转移不得不涉及固体科学的一些概念。我们首先考虑电极表面发生的一个氧化还原半反应：

$$\text{Red} = \text{Ox} + ne \tag{1-7}$$

式中，Red 和 Ox 表示一组氧化还原对的氧化和还原状态（比如 Fe^{3+}/Fe^{2+}）；n 表示反应传递的电子个数。当上述反应处于平衡状态时，反应两边的电化学势应该相等，因此得到如下关系：

$$\bar{\mu}_{red} = \bar{\mu}_{ox} + n\bar{\mu}_e \tag{1-8}$$

$$n = z_{ox} - z_{red} \tag{1-9}$$

式中，z_{ox} 和 z_{red} 表示 Ox 和 Red 所带电荷。电子在电极上的电化学势 $\bar{\mu}_e$ 可以认为等于电极材料的费米能级，于是得到了[1]：

$$\bar{\mu}_e = -\frac{(\mu_{ox} - \mu_{red})}{n} - F\varphi_{sol} \tag{1-10}$$

式中，φ_{sol} 是溶液中电势。费米能级习惯用电子伏特 (eV) 作单位，因此

$$E_f = \frac{e\bar{\mu}_e}{F} = -e\frac{(\mu_{ox} - \mu_{red})}{nF} - e\varphi_{sol} \tag{1-11}$$

式中，等号右边第一项包含氧化还原对 Ox 和 Red 对应的电极电势：

$$\varphi = \frac{(\mu_{ox} - \mu_{red})}{nF} = \varphi^{\ominus} + \frac{RT}{nF}\ln(c_{ox} / c_{red}) \tag{1-12}$$

金属电极放入溶液中时，费米能级除以电子电量就是金属电极的相对于真空能级的电势：

$$\varphi_m = -E_f / e \tag{1-13}$$

如果溶液相的电势也采用真空能级作为参考能级，那么很容易得出 $\varphi_m - \varphi_{sol}$ 就是金属电极的电极电势 φ，也就是能斯特形式的电极电势 $\varphi = \frac{(\mu_{ox} - \mu_{red})}{nF}$。换句话说，在一个氧化还原电对体系中，电极的费米能级取决于氧化还原电对得失电子能力趋势和溶液相所承受的电场。

1.2.4 电极电势表

为了衡量不同氧化还原对的电极电势，人们测量或者计算了常用的氧化还原对的电极电势，并将电势换算成相对于氢标准电极电势，列在一张表或者图中。在序列中，高电势氧化还原对的氧化态是强氧化剂，低电势氧化还原对的还原态是强还原剂。可以将高电势的氧化还原对的氧化态作为电池的正极材料，将低电势的氧化还原对的还原态作为电池的负极材料，完成一个连续放电过程还需要组成的全反应物质能够守恒。如图 1-1 所示，锂离子在整个序列中处于非常低的电势，所以能够提供很低的负极电势，导致锂离子电池电压高于一般水系电池的电压，所以比能量显著提高，能够提供更长的续航里程。所以锂离子电池发明以后，很快流行起来，攻占了原本属于水系充电电池的市场。

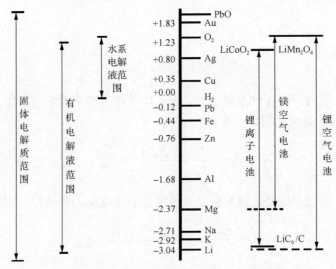

图 1-1　标准平衡电极电势的序列图及各种电池电解质稳定电压窗口

　　水系电池受限于水的分解电压的限制，电压不能太高，注意图 1-1 中氧气的析出半反应电压相对于氢标准电势是 1.23V，所以为了发展更高电压的锂离子电池需要采用新的电解质体系，比如有机溶剂能够大大拓宽电解质的分解电压窗口。未来发展下一代高电压材料，必须开发更高电压窗口的材料，比如固态电解质等。由图 1-1 也可以看出铅酸电池、锂离子电池、空气电池等的电压范围。有助于理解电极电势之间的相对关系。电极电势表对理解电池电化学非常有用。

1.2.5　电子能量与电池材料电子能级

　　在讨论溶液体系电子和固体材料中的电子通常采用两种能量参考零点，其中之一是以真空能级为基点。Goodenough 教授总结了电池中正负极和电解质中电子的能级与电压之间的关系[2]，如图 1-2 所示。首先图 1-2 中能量轴向上表示电子能量增加，向下对应电势增加。由于真空能级相对较高，可以作为参考零点，正负极和电解质中电子的能量都是负值。正极所处位置电子能量低，代表高电压，μ_C 是正极中电子的电化学势，即费米能级，与真空能级间距为正极功函 Φ_C。负极费米能级 μ_A 显然高于正极，对应低电压，低功函 Φ_A，正负极电子化学势差值就是电池的开路电压 V_{OC} 乘以电子电量。

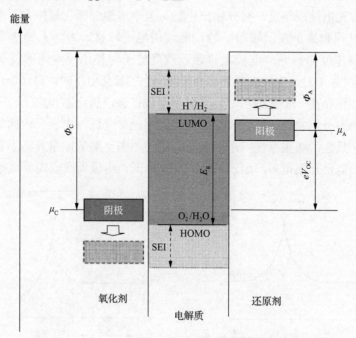

图 1-2　电化学储能器件材料的电子能级关系[2]

图 1-2 中使用水体系说明电解质的稳定性问题，水分子的最低未占分子轨道 (LUMO) 和最高占据分子轨道 (HOMO) 之间间距为 E_g。如果负极的 μ_A 高于水分子的 LUMO，电子注入其中导致水分子被还原产生氢气；如果正极的 μ_C 低于水分子的 HOMO，则水分子被正极氧化，释放出氧气。相似的电子能级关系可以完全推至有机体系的锂离子电池，所以为了制备稳定的充电电池，必须考虑正极材料与电解质 HOMO，负极材料与电解质 LUMO 之间的关系。有机电解液体系在负极表面有可能形成一层固态电解质层 (SEI)，SEI 电子不导通，但是可以导通锂离子，因此可以保护负极，阻止电解质被负极持续还原。同样在正极也存在固态电解质层，阻止正极持续氧化电解质。所以正负极固态电解质层对电池稳定性和安全性至关重要，未来开发高电压电池，需要提高正极电压，则对正极 SEI 提出更高的要求。

1.2.6 电子转移步骤动力学

电池充放电过程涉及多个电子和离子转移过程，其中电极界面处的电子转移过程 (也就是所谓的界面电化学反应) 通常是电池材料或者电池化学研究的重点。在充电过程中正极材料失去电子，负极材料得到电子，离子通过溶液相从正极传递到负极，这个过程反应焓值增加，需要外电路对电池做功；放电过程电极材料得失电子与充电过程相反，对外输出电能。整个电池的极化规律主要取决于界面电池传递过程和离子在固相的扩散。所谓的电子转移动力学主要考察电极电势对电子转移速度的影响。电极电势通过改变电子转移正反步骤的能垒来实现反应速率调控 (图 1-3)。在没有施加偏离平衡状态的极化电压时，自然表现出平衡电极电势。如果存在一个正偏压，则界面平衡被打破，氧化态和电子一侧的能量降低大于还原态一侧的能量降低，导致氧化过程能垒降低，电极反应向氧化反应的方向进行；反之，如果存在一个负偏压，则还原态一侧的能量升高不及氧化态和电子一侧的能量升高得多，则还原反应能垒降低，电极反应向还原过程进行。

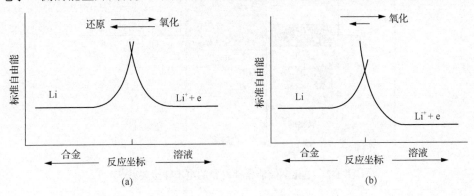

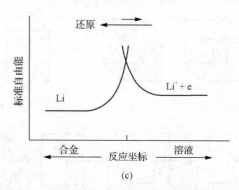

图 1-3　电化学反应过程中自由能的变化图，以金属 Li 的氧化还原为例

(a)处于平衡电势时；(b)比平衡电势更正的电势；(c)比平衡电势更负的电势[3]

　　电极电势的变化，也就是所谓的极化电压 η，对正反两方向活化能的影响用一个 0 和 1 之间的参数 α 表示，那么极化电压对电流的影响可以使用巴特勒-福尔默(Butler-Volmer)方程描述，尽管还存在一些其他类型的电流电压关系，但是巴特勒-福尔默方程是使用最广的一种。该方程对电池材料性质和整体性能评价都十分重要。

$$i = i_0 \left[\exp\left(\frac{\alpha F}{RT}\eta \right) - \exp\left(-\frac{\beta F}{RT}\eta \right) \right] \tag{1-14}$$

式中，i 表示电流密度；i_0 表示交换电流密度，这是一个简化版本，氧化态和还原态的浓度影响没有考虑在内，不存在传质影响的电流电压关系，但是依然能提供大量的信息，其中交换电流密度越小，说明动力学越慢，所需要的活化过电势越大，电池的极化就越大。相反，如果交换电流密度越大，电池能够提供高功率的放电。交换电流密度不是本征参数，其中囊括了反应速率常数和氧化态/还原态浓度的影响，但是对于给定的电池体系，交换电流密度还是可以用来比较动力学快慢。

1.3　电池材料学基础

1.3.1　晶体结构

　　晶体材料具有平移对称性，单位晶胞在三个空间方向上周期性重复能够复原晶体材料。根据轴对称性可以分为七大晶系：①立方(cubic)晶系，存在四个三重轴；②四方(tetragonal)晶系，存在一个四重轴；③正交(orthorhombic)晶系，存在三个二重轴；④三角(trigonal or rhombohedral)晶系，存在一个三重轴；⑤六方(hexagonal)晶系，有一个六重轴；⑥单斜(monoclinic)晶系，有一个二重轴；⑦三斜(triclinic)晶系，没有轴对称；引入体心格点和面心格点可以重新分为 14 个布拉维(Bravais)晶格(图 1-4)。

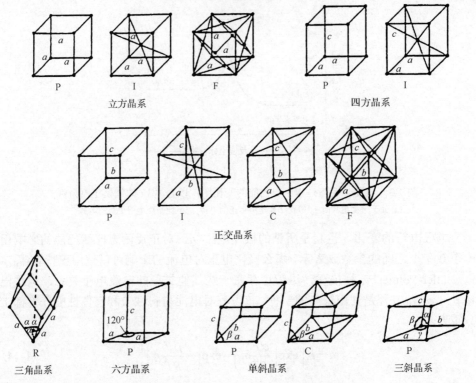

图 1-4　七大晶系和 14 个布拉维晶格示意图

晶体结构中全部对称元素的集合称为"空间群"，三维空间中存在 230 种空间群，其表示方法有申夫利斯(Schoenflies)符号和国际符号两种。国际符号又称为赫曼-摩干(Hermann-Mauguin)符号，这种符号应用最普遍，国际符号由两个部分组成，首先是惯用晶胞有心类型的大写字母，P 表示简单点阵，I 表示体心，F 表示面心，C/A/B 表示侧心，R 表示菱面体点阵；第二部分由表示空间群的对称元素的一组符号组成，具体空间群国际符号中每一个位置上的数字和字母代表的对称元素的方向可以查表得知。申夫利斯符号以点群符号为基础，使用较少，这里不再讲述。电池材料研究过程中通常只是使用到这些符号，不需要推导，不涉及复杂数学问题。

1.3.2　外科夫位置

外科夫(Wyckoff)位置得名于美国晶体学家 Ralph Walter Graystone Wyckoff，晶体学中外科夫位置是一类点的集合，它们的位置对称群是空间群的共轭子群。国际晶体学表给出不同空间群的外科夫位置。电池材料研究中经常会用外科夫位置描述材料中关键位置的离子脱嵌或价态变化，因此外科夫位置是电池研究中一个重要而且常用的概念。一个空间群的每种外科夫位置都用一个字母标记，叫作外科夫字母。外科夫位置又分为一般位置(general position)和特殊位置(special position)，一般位置仅含全同操作，每个空间群有且只有一个一般位置。特殊位置除了具备全同操作外还具有至少一种其他类型的对称操作。可以查看国际晶体学表 A 卷所载的空间群表得到每个空间群的外科夫位置信息，也可以通过网页数据库查询[4]。

表 1-1　$R\bar{3}m$ 空间群的外科夫位置

多重度	外科夫字母	位点对称性	分数坐标 $(0,0,0)+(2/3,1/3,1/3)+(1/3,2/3,2/3)+$	
36	i	1	(x, y, z)　$(-y, x-y, z)$　$(-x+y, -x, z)$　$(y, x, -z)$　$(x-y, -y, -z)$ $(-x, -x+y, -z)$　$(-x, -y, -z)$　$(y, -x+y, -z)$　$(x-y, x, -z)$　$(-y, -x, z)$ $(-x+y, y, z)$　$(x, x-y, z)$	
18	h	m	$(x, -x, z)$　$(x, 2x, z)$　$(-2x, -x, z)$　$(-x, x, -z)$ $(2x, x, -z)$　$(-x, -2x, -z)$	
18	g	2	$(x, 0, 1/2)$　$(0, x, 1/2)$　$(-x, -x, 1/2)$　$(-x, 0, 1/2)$ $(0, -x, 1/2)$　$(x, x, 1/2)$	
18	f	2	$(x, 0, 0)$　$(0, x, 0)$　$(-x, -x, 0)$　$(-x, 0, 0)$　$(0, -x, 0)$　$(x, x, 0)$	
9	e	$2/m$	$(1/2, 0, 0)$　$(0, 1/2, 0)$　$(1/2, 1/2, 0)$	
9	d	$2/m$	$(1/2, 0, 1/2)$　$(0, 1/2, 1/2)$　$(1/2, 1/2, 1/2)$	
6	c	$3m$	$(0, 0, z)$　$(0, 0, -z)$	O
3	b	$-3m$	$(0, 0, 1/2)$	Li
3	a	$-3m$	$(0, 0, 0)$	Co

例如，锂离子电池正极 $LiCoO_2$ 结构属于 166 空间群，可以通过上述网站得到表 1-1 的外科夫位置信息。表 1-1 中外科夫位置表包含了晶胞中等价原子的对称性和多重度(multiplicity)信息，以及该位置的分数坐标。其中按照字母表顺序"a、b、c、d、e……"增加的过程中，位点的多重度也增加。电池材料研究中常说的3a，3b 位点是将多重度和外科夫字母合并起来使用。外科夫位置表中"a"字母所代表的那个位置上的多重度最小，处在表的最下面一行。按照字母顺序往上，最高一行的多重度最大，那么通过对称操作可以推算出最多数目的等价原子，这个最大字母所代表的那个外科夫位置就是一般性的位置。处于一般位置以下的称为特殊位置，因为对称性高，所以产生的多重度低。

1.3.3　PTOT 注释

PTOT 注释是从八面体和四面体角度理解电池材料晶体结构的重要方式，许多电池材料尤其是氧化物类电池材料的晶体结构由密排面(P)，八面体位点(O)，四面体位点(T)按照一定序列组成，除了空间群、外科夫位置等方式描述材料的结构，采用 PTOT 注释是另外一种有用的方式，辅助解析和理解电池材料。目前大概有 300 多种结构可以采用 PTOT 注释，当然这 300 多结构包含成千上万的材料[5]。

　　如果采取直径一致的钢珠在二维平面内排列，遵循拉弗斯(Laves)原则形成最致密的结构，具有最高对称性，最高配位数，则每个球环绕六个等间距的球，如图 1-5(a)所示，这样的一层排列称为密排层 P。当第二个密排层向上堆积时，有两种选择，比如图 1-5(a)中空心正三角 B 或者空心倒三角 C 位置，无论选择哪个都无妨。我们称最底层为密排面 A，第二层为 B，则第三层密排面在平行纸面(xy 平面)内的位置又有两种重要的选择方式，如果 xy 坐标选择与 A 层一致，则记做另一个 A 层，这种堆积形成了 ABAB······ 类型堆积，对应六方密堆积结构(hcp)。如果第三层采用如图 1-5(a)所示 C 面，则形成 ABCABC······ 堆积，这就是立方密堆积结构(ccp)。两种堆积结构都是密堆结构，空间体积占比为 74%。为了清楚区别这三类密排面，按照类型记做 P_A、P_B，或者 P_C 密堆层。

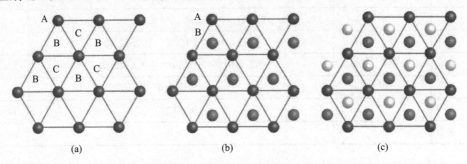

图 1-5　密排层堆垛顺序示意图
(a)一个球形堆积的密排面内原子位置；(b)两个密排面堆叠情况在面内投影；(c)三层密排面堆叠在面内投影情况

　　为了方便，将纸面定义为 xy 平面，垂直纸面向外的方向定义为 z 方向。在两个密排层之间存在一层八面体位点层 O，两层四面体位点层 T。如图 1-6 所示，由底下 P_A 层三个球和紧邻之上的 P_B 层三个球组成一个八面体，这个八面体的中心 xy 坐标处在 c 层，当然这个 c 层是两个密排面夹层的八面体位点层，同样也是一个密排面，但是有效空间较小，所以用小写 c 区别 xy 位置的不同，那么这一层记做 O_c 层。在氧化物类电池材料中，通常对应半径较小的阳离子填充 c 层，P 密排面为半径较大的阴离子。那么对于一个只有密排层和八面体层占据的 ccp 材料就可以记做，$P_A O_c P_B O_A P_C O_B$······。氯化钠结构正是采用这种堆积方式，半径大的氯离子在 P 层，钠离子在 O 层。

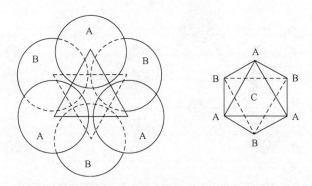

图 1-6　处于 A 和 B 堆积的两个密排面中上下两层紧邻 6 个原子形成的
八面体位点，其中心对应 c 位点

如图 1-7 所示，考虑底面 P_A 层三个球和紧邻之上的 P_B 层的一个球组成了一个四面体，四面体的中心位点对应 xy 与顶点 B 相一致，所以记做 b 层，这一层是四面体层所以记做 T_b 层，T_b 层也是密排面，拥有和 P_A 或者 P_B 相同的球的个数。T_b 层在 z 方向上高度较 P_A 与 P_B 之间的 1/2 位置的 O_C 层低，如图 1-7 所示，在 z 方向上处于 P_A 和 O_C 之间。注意在 O_C 和 P_B 之间还有一个四面体层，这个四面体层以 P_A 层的一个球为顶角，P_B 层的三个球组成的三角形为基面，这个四面体顶角向下，四面体的中心位点 xy 值等于 P_A 层那一个球的 xy 坐标，因此记做 T_a。如果写全了两个密排面之间的四面体层为：$P_AT_bT_aP_B$。如果将所有密排面，八面体和四面体位点都写出来为：$P_AT_BO_CT_AP_BT_CO_AT_BP_C\ T_AO_BT_C$。

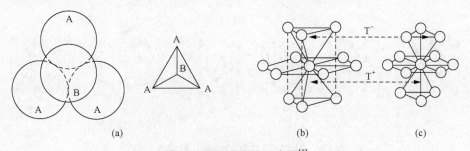

图 1-7　四面体位点示意图[5]
(a)上下两层密排面中四个原子组成的四面体位点结构；(b)hcp 结构；(c)ccp 结构中的四面体位点

图 1-8 展示出两个密排面之间的一层八面体层和两层四面体层在 z 方向上的相对位置。注意在 hcp 和 ccp 中八面体位点个数等于密排面格点数目，四面体是八面体位点的两倍。每个 P 位点有 12 个最邻近 P 位点，配位数为 12，每个 O 位点有 6 个最邻近 P 位点，每个 T 位点有 4 个最邻近 P 位点。

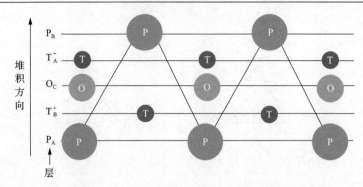

图 1-8　AB 堆积两层密排面中间的八面体层和四面体层切面方向示意图

有了上述的 PTOT 注释之后,可以重新换一种方式描述一下典型的晶体结构,以面心立方结构为例(图 1-9),闪锌矿中 Zn 占据密排面位点 P,二分之一 T 位点被 S 占据。萤石 CaF_2 中 Ca 占据密排面位点 P,F 占据所有四面体位点 T。Li_2O 采用反萤石结构,O 占据 ccp 的 P 位点,Li 占据所有四面体 T 位点。还有前述的 NaCl 结构,Cl 占据所有密排面 P 位点,Na 占据所有八面体 O 位点。$CdCl_2$ 也采用层状结构,Cl 离子填充 ccp 的所有 P 位点,Cd 占据交替的八面体 O 位点。

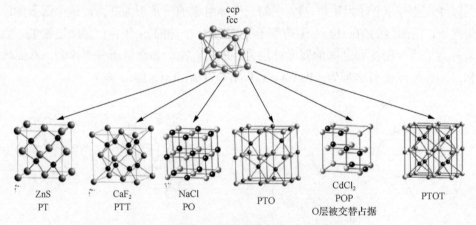

图 1-9　用 PTOT 注释描述的几种典型结构[5]

1.3.4　典型电池材料晶体结构

1. NaCl 结构

NaCl 结构又称为岩盐(rock salt)结构,NaCl 晶体是面心立方点阵(图 1-10),是 AB 型化合物结构类型之一,其中阴离子 B 排列成立方密堆积,阳离子 A 填充在阴离子构成的八面体空隙中。A 和 B 的配位数均为 6。单位晶胞中有 4 个 A 阳离子,

4 个 B 阴离子,对应点阵点数为 4,一个结构基元代表一个 Na 离子和一个 Cl 离子。正晶体中正负离子交替排列。属于岩盐结构的化合物有离子型碱金属氯化物,碱土金属氧化物和硫化物,还有过渡金属的氧化物和硫化物等,与电池有关的许多材料属于岩盐结构,不过通常多于一个阳离子时将所有阳离子统统看成 A。

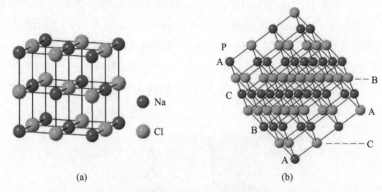

图 1-10　NaCl 晶体结构示意图

(a)单位晶胞；(b)PTOT 注释的 ABC 堆积示意

2. 尖晶石结构

尖晶石属于立方结构(图 1-11),化学式常写成 AB_2X_4,尖晶石来自 $MgAl_2O_4$ 的矿物名称,其中氧离子形成了 ccp 的密排结构,提供给八面体位点的 Al 配位,四面体位点的 Mg 配位。这个结构很复杂。Al 在 O 层是交替的部分填充 1/4 和 3/4,邻近 O1/4 层的两个 T 层是 1/4 占据的,所以结构是 $3.6PO_{3/4}PT_{1/4}O_{1/4}T_{1/4}$。这个结构有 18 层形成一个重复单元,空间群是 $Fd\bar{3}m$。电池材料中通常用到尖晶石氧化物,其中金属存在两种价态,为 $M^{II}M^{III}_2O_4$,一个单胞有 4 个分子。在正常的尖晶石结

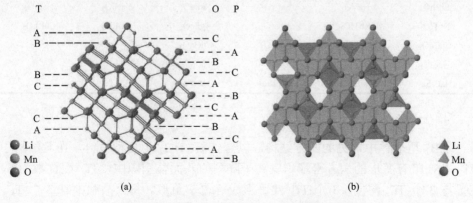

图 1-11　尖晶石结构 $LiMn_2O_4$ 晶体结构示意图

(a)PTOT 注释中 ABC 堆积顺序示意；(b)多面体模型

构中 M（II）占据 T 点，M（III）占据 O 点。它的反结构是 $NiFe_2O_4$，Ni 占据 O 点，1/2Fe 占据 T 点，1/2Fe 占据 O 点。

3. $NaFeO_2$ 结构

$NaFeO_2$ 结构属于三角晶系（图 1-12），氧离子被安排在 P 层，Na^+ 和 Fe^{3+} 填充八面体层，因此所有的八面体层被填充了金属离子，Na 和 Fe 在八面体层交替排列。这样的重复单元有 12 层。Fe—O 键很强导致 FeO_6 紧密连接形成八面体，对于密排层 P 和八面体 O 层都是 ABC 堆积。由于 Na 和 Fe 离子半径差别很大，所以交替的 O 层之间间距不同。很多矿物都具有类似 $NaFeO_2$ 的结构，表 1-2 给出了其中一部分矿物。

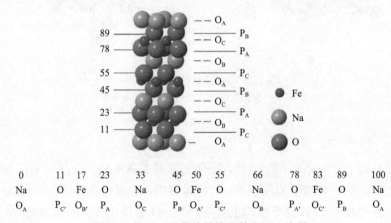

图 1-12　$NaFeO_2$ 晶体结构及其 PTOT 注释

表 1-2　具有类似 $NaFeO_2$ 结构的矿物[5]

$NaTiO_2$	$LiAlO_2$	$LiCoO_2$	$LiCrO_2$	$LiNiO_2$	$LiVO_2$
$LiRhO_2$	$NaVO_2$	$NaCrO_2$	$NaFeO_2$	$NaNiO_2$	$NaInO_2$
$NaTlO_2$	$RbTlO_2$	$AgCrO_2$	$AgFeO_2$	$CuAlO_2$	$CuRhO_2$
$CuCoO_2$	$CuCrO_2$	$CuFeO_2$	$CuGaO_2$		
$NaCrS_2$	$KCrS_2$	$RbCrS_2$	$NaInS_2$		
$NaCrSe_2$	$NaInSe_2$	$RbCrSe_2$	$TlBiTe_2$	$TlSbTe_2$	

4. 金红石结构

AB_2 型晶体中常见的四方结构，以金红石 TiO_2 为典型材料，在此结构中 Ti^{4+} 处在略有变形的六方密堆积氧离子阵列的八面体空隙中，Ti^{4+} 配位数为 6，O^{2-} 与 3 个 Ti^{4+} 配位，3 个 Ti^{4+} 几乎形成等边三角形。每个晶胞中有 2 个 Ti^{4+} 和 4 个 O^{2-}（图 1-13）。

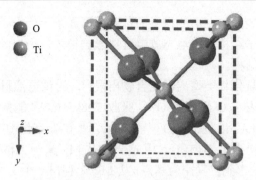

图 1-13　金红石晶体结构示意图

5. 橄榄石结构

橄榄石结构取名于镁铁硅酸盐，化学式为 $(Mg, Fe)_2SiO_4$，此类矿物的晶体均属斜方晶系(图 1-14)，空间点群 *Pbnm*。硅酸镁铁晶体结构内部有独立的硅氧四面体岛状结构(图 1-14)。从 PTOT 注释角度看，在六方最密堆积的氧离子晶格中，一半的正八面体空隙被镁离子或者铁离子占据，另有 1/8 的正四面体空隙被硅离子占据，其中，金属离子占据两种不同的位置(M1 和 M2)，M1 位点金属离子形成的 MO_6 八面体，有一定扭曲，与 SiO_4 四面体共面，M2 位点金属离子形成的 MO_6 八面体与四面体共棱和顶点。非常重要的 $LiFePO_4$ 也是橄榄石结构，在第 7 章介绍。

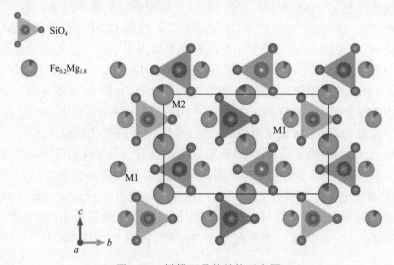

图 1-14　橄榄石晶体结构示意图

1.3.5　电池材料定性电子结构模型

电池材料在充放电过程中，随着离子的嵌入和脱出，材料本身也会被还原和氧化，得失电子一般发生在电池材料的过渡金属原子上。由于电池活性材料通常是晶体材料，其电子结构对电池充放电过程影响很大，所以深入分析电池材料需要了解材料的电子结构。

首先从典型的氧化物类型离子化合物出发[6]，讨论电池材料的电子结构，O^-电子亲和能为负，表示 O^- 还原为 O^{2-}，吸收 $798kJ\cdot mol^{-1}$ 能量，Mg^+氧化成 Mg^{2+} 需要吸收 $1451kJ\cdot mol^{-1}$ 能量。将 $O^{-/2-}$ 和 $Mg^{2+/+}$ 两个氧化还原电对按能量高低，相对真空能级排列，得到图 1-15(a)。用 E_I 表示从 Mg^+离子上移出一个电子放置 O^- 上所需要的能量。考虑到以真空为基点，从 Mg^+ 上移出一个电子就是其电离能 IE，把一个电子放于 O^- 上就是其电子亲和能，二者之和为 E_I。离子化合物稳定存在的原因是阴阳离子之间强大的静电吸引作用。静电吸引用马德隆势表示，马德隆势是晶体场内某个位点感受到的除本位点外其他所有静电场叠加的势能。处于晶体场中的阴阳离子感受到的马德隆势符号相反。对正离子马德隆势为负值，负离子马德隆势为正值。以 MgO 为例，将符号相反的 Mg 和 O 离子放入晶格之后，Mg 和 O 离子的能级上电子的能量相对大小发生移动。$Mg^{2+/+}$被静电场抬升 E_M^M（上角的 M 表示金属位点，下角的 M 表示马德隆势），$O^{-/2-}$被拉低了 E_M^O，二者之和为 E_M。为了稳定离子晶体，E_M 必须大于 E_I，形成离子晶体过程释放的能量必须要大于电子转移过程所需的能量，否则反应不会发生。这样就产生了如图 1-15(a) 所示从自由离子能级到点电荷模型的过渡，接下来考虑能带展开。$Mg^{2+/+}$对应 3s 电子的得失过程，MgO 晶体中 Mg^{2+} 的 3s 轨道重叠，形成如图 1-15(a) 右边所示能带，相似的过程也发生在 O 的 2p 轨道能带，然而 O^{2-}中电荷反填到 Mg^{2+}中产生了极化矫正，减小了有效离子电荷，因此也减少了 E_M，E_M 的减小也很大程度为 Mg—O 反键轨道之间量子力学排斥所弥补。因此 Mg 的 3s 和 3p 成分引入 O 的 2p 态，形成共价成分。O 的 2p 成分进入 Mg 的 3s 和 3p 并不等价，导带底部含有较多 Mg 3s 成分。这样就在态密度图中形成空的导带主要由 Mg 的 3s 轨道组成，价带主要由 O 的 2p 轨道组成，二者之间存在 7.5eV 的带隙 E_g。

通过上面 MgO 离子晶体的分析，可以大致获得一个定性的离子晶体电子结构示意。其中阳离子组成的空带位于阴离子形成的价带的高能级方向，中间存在带隙，限制了电子的迁移，影响了电池材料的导电性，反过来在设计固态电解质时需要宽带隙，阻止电子导电。从图 1-15(a) 中可以明显看出，较大的 E_g 窗口不仅需要 $E_M–E_I$ 大，而且还要求在 O 的 2p 成键轨道上不能出现阳离子的任何电子态。

从 MgO 的模型出发考虑氧化锰类电极材料，将 Mg 的 3s 态替换成 Mn 的 4s 态，还需要考虑 Mn 的 3d 态，电池材料充放电过程电子得失主要发生在 Mn 的 3d 态上。基于相同的构造方式，很容易得出，Mn 的 3d 态位于 4s 和 O 的 2p 中间，由于过渡金属 3d 轨道的局域化，所以 3d 态相对较窄，得到如图 1-15(b) 所示能带。

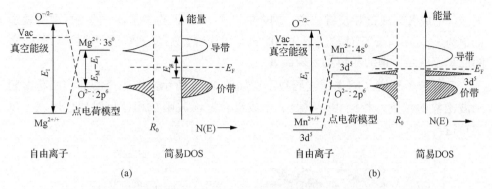

图 1-15　构造离子晶体 (a) MgO 和 (b) MnO 的导带和价带电子结构模型[6]

精确的电子结构可以通过各种光谱分析技术和第一性原理计算获得，但是上述模型构建方法可以辅助理解电子结构构成，同时帮助设计电池材料，理解电池充放电过程电子得失情况，设计电解质，提高电池安全性等。例如，Li_3N 中 N^{3-} 的 $2p^6$ 价带能量太高，容易被氧化，导致结构不稳定，所以这个锂离子导体材料不适合做锂离子电池电解质；ZrO_2 中 Zr 的 4d 态能量高度合适，可做氧离子电解质；CeO_2 中 Ce 的 4f 能级位于 Ce 5d 和 O 2p 态之间，产生的电子导电性妨碍了 CeO_2 作为离子导体电解质；Bi_2O_3 中 Bi 的 6s 态容易被氧化不适合做氧离子导体。

图 1-15 展示的离子晶体电子结构模型，可以解释一些电池材料问题，但是总体来说还是太粗糙，更精细的电子结构分析需要理解电池材料的结构与成键，电池材料并不限于离子晶体，阴阳离子之间还可能存在一定程度的共价作用。过渡金属离子在氧化物晶格中表现出的氧化还原电势，主要取决于两个因素：①阳离子感受到的马德隆势；②M—O 键，当然这个 M—O 键键能可以通过阴离子对阳离子的诱导效应调节。下面介绍分析 M—O 键所需要的分子轨道理论，主要讲述常用的八面体和四面体配位结构的定性分子轨道能级图。

1.3.6　八面体配位结构的能级结构

八面体配位是电池材料中常见的几何结构，其电子能级可用分子轨道和配位场理论描述。建立配位化合物分子轨道过程，如同主族多原子分子一样。配体原子的常见价轨道可分成 σ 轨道和 π 轨道，与配体轨道作用，形成成键和反键分子轨道，最后按照能量高低确定能级图和进行电子填充。以 3d 过渡族金属为例，中心金属的 4s 轨道属于 a_{1g} 不可约表示，与配体相同不可约表示轨道作用的成键轨道，形成能量最低分子能级，由于轨道重叠较大，对应的反键轨道能级很高，用 a_{1g}^* 表示；3 个 4p 轨道属于 t_{1u} 不可约表示，与配体形成三个简并的能级记作 t_{1u}，反键轨道有可能推高到 a_{1g}^* 以上记作 t_{1u}^*；5 个 d 轨道中有两个轨道属于 e_g 不可约表示，形成各自成键和反键轨道，剩余的三个 t_{2g} 不可约表示，一般形成非键轨道标记为 t_{2g}，在与 π 配体群轨道作用时也可以成键。e_g^* 反键轨道与非键轨道 t_{2g} 之间能量差就是所谓的晶体场分裂能 Δ_{oct}。

各种分子轨道之间作用波函数示意如图 1-16 所示，图中空心和实心花瓣表示波函数的相位，相同相位重叠表示成键轨道，波函数相位反对称作用表示反键轨道。

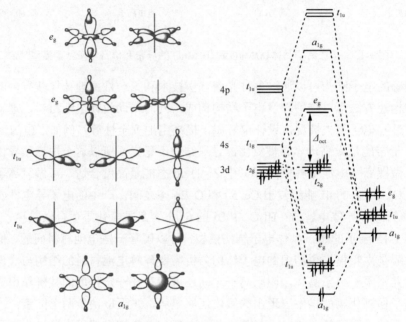

图 1-16　八面体配位结构的定性分子轨道能级示意图

1.3.7　四面体配位结构的能级结构

四面体配合物中心原子的价轨道，可以按照四面体对称性分类为：a_1 由 s 轨道组成，e 由 $d_{x^2-y^2}$ 和 d_{z^2} 组成，两个 t_2 对称性不可约表示分别指向 p 和剩余的三个 d 轨道。四个配位原子的 σ 轨道构成的可约表示可以约化为 a_1 和 t_2 不可约表示；8 个 π 型轨道为基，在四面体场中形成的可约表示可以分解为 e，t_1 和 t_2 不可约表示。中心原子和配体之间对称性相同群轨道线性组合形成了如图 1-17 所示的定性分子轨道能级图。其中原子 d 轨道参与的非键和反键分子轨道，在化学反应过程比较重要。与八面体场不同，四面体场推高了 t_2 轨道，e 对称的中性轨道处于非键能级(更严格的讨论中，e 也可以与配体产生作用)，t_2 反键轨道和 e 轨道之间的能级差就是四面体场分裂能[7]。

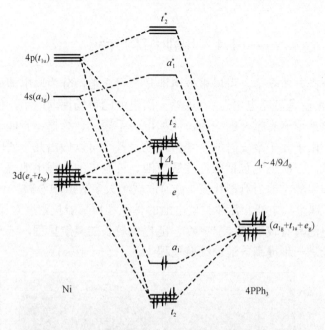

图 1-17　四面体配位结构的定性分子轨道能级示意图

1.3.8　姜-泰勒效应

为了解释某些过渡金属配合物中所出现的拉长或扁平八面体稳定结构,1937 年,姜(Jahn)与泰勒(Teller)用群论证明:d 电子云分布不对称的非线性分子系统中,如果基态时有 n 个简并态,则分子的几何构型必发生某种畸变以降低简并度而稳定其中一个状态。例如,该现象通常出现在 d^9 组态的 Cu^{2+} 中,它含有能量相等的两种排布方式:

$$(t_{2g})^6(d_{x^2-y^2})^1(d_{z^2})^2 \tag{1-15}$$

$$(t_{2g})^6(d_{x^2-y^2})^2(d_{z^2})^1 \tag{1-16}$$

因而会发生构型畸变。此外,若畸变发生是因高能级 d 轨道上的简并态,则变形较大,称为大畸变;反之则称为小畸变。

平面正方形配合物也可看作八面体被拉长的极限情况。d^8 的 Ni^{2+}、Pt^{2+} 易生成平面正方形低自旋配合物,可用采取 $(t_{2g})^6(d_{x^2-y^2})^0(d_{z^2})^2$ 电子结构,z 方向排斥比 xy 平面方向大得多来解释。四面体型配合物也可能产生姜-泰勒效应,只是 d 轨道能级分裂较小,相应的畸变也很小。

1.4　电池结构介绍

电池的分类方式众多，可以根据电池是否可充电，分为原电池或者一次电池和二次电池(也就是可充电电池)。虽然一次电池的市场逐渐缩小，但是在一些特定场合一次电池依然有重要的应用，比如电子手表、计算器、智能卡等。一次电池的容量也不限于几个毫安时的小容量电池，甚至可以做出几千安时的大电池，用作军事领域。一次电池包括碱性锌锰电池、锌碳电池、锂电池等。二次电池以锂离子电池和铅酸电池为典型代表，目前占据绝大多数市场份额。还有锂硫电池、钠离子电池、锂空气电池。各种类型电池的体积和质量能量密度对比如图 1-18 所示。锂离子电池具有较高的能量密度，能提供较长的续航里程，未来金属锂负极的使用有可能进一步提高电池的续航里程。

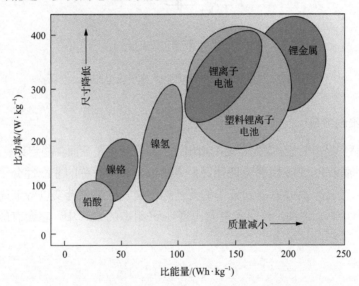

图 1-18　电化学储能器件的比能量和能量密度关系比较图(拉贡图)

根据电解液的种类也可分为水系电池和非水系电池，水系电池如镍氢电池、镍锌电池、镍镉电池、铅酸电池、水系锂离子电池等。常用的手机电池主要使用非水系锂离子电池。锂硫电池、钠硫电池、空气电池也都属于非水系电池，使用了有机电解质。非水系电池还有一类特殊的如熔盐电池、固态离子电池等。

1.4.1　电池组成与装配

各种不同类型的电池组件及其装配方法有所区别，但是总体上电池由正负极材料及集流体、隔膜、电解液、极耳、外壳等部分组成。电池外观呈现柱状、袋状、方型、软包、纽扣等形状。常见市售电池有 AAA 型(7 号电池)、AA 型(5 号电池)、C 型(2 号电池)、D 型(1 号电池)和 AAAA 型电池,这些电池以镍氢、镍金属氢化物、镍镉、锌锰电池为主,电池主要以卷绕方式装配,形成圆柱状。

锂离子电池多采用圆柱形和方形规格。其中圆柱锂离子电池常见型号有 18650、16650、14500、21700 等。18650 的意思是,直径 18mm,长 65mm。而 5 号电池的型号就是 14500,直径 14mm,长 50mm。18650 锂电池的容量一般为 1200mAh~3600mAh,在笔记本电池和高档消费电子产品上使用较多。21700 电池中 21 表示圆柱电池的外径 21mm,70 表示圆柱电池的高度为 70mm,目的是为了适应电动汽车对更长续航里程的要求,提高电池空间有效利用率而设计的新型号,与同种材料 21700 相比,18650 圆柱锂电池容量可以高 35%以上。

方型电池没有固定的尺寸,主要呈现方块状外形,可适应不同空间和容量需求设计尺寸外观。纽扣类电池应用于类似遥控器等低电量要求的市场,其装配和拆解方便,电池研发过程常用纽扣电池做测试。常用型号有 CR2032、CR2025、CR2016。C 代表扣电体系,R 代表电池外形为圆形。前两位数字为直径(单位 mm),后两位数字为厚度(单位 0.1mm)。下面以纽扣型锂离子电池为例简单介绍电池装配过程,装配基本步骤包括制浆、涂布、烘干、裁片、组装等。

制浆过程首先将电池正负极材料与黏结剂和导电剂混合,然后分散于溶剂中。常见分散剂有水和 N-甲基吡咯烷酮(NMP);再将浆料涂布到集流体上,正极常用金属铝箔,负极用铜箔;干燥之后进行裁片;接下来按照垫片、正极、隔膜、负极、垫片和弹簧的次序将样品放置在纽扣电池中;最后注液封装,静置后即可用于电化学性能测试。

在研究锂离子电池时,如果负极搭配金属锂,正极使用研究目标材料,通常将这种电池称为"半电池",与之对应,如果负极不使用金属锂,而采用其他电压高于金属锂的活性材料,这种电池被称为"全电池",这种术语属于电池研究中的约定俗成。

1.4.2 电池性能指标

分析一个电池或电极需要一些基于相同标准的指标,评价电池性能的指标很多,常用的基本指标有如下几种:

(1)电池电压(cell voltage),在断路或者开环情况下,是正极电势减去负极电势,称为开路电压 OCV(open circuit voltage)。电池在放电过程中电压低于理论平衡电压,充电过程中电压高于理论平衡电压。锂离子电池电压显著高于水系电池电压。

(2)容量(capacity)指材料在充放电过程中所能存储的电荷或者离子(包括质子或者锂离子等)的量,单位是 C 或者 mAh,1mAh=3.6C。一节电池的续航时间直接和容量相关。

(3) 比容量(specific capacity)指单位质量材料所能存储的可充放电的电荷或者离子的量，常用单位是 $mAh \cdot g^{-1}$。Specific 本意指除以质量或单位质量的意思，有时也被用来表示单位体积材料存储的可充放电的电荷量。

(4) 容量密度(capacity density)与比容量对应，表示单位体积材料所能存储的可充放电的电荷或者离子的量，常用单位是 $mAh \cdot L^{-1}$。Density 本意指除以体积或者单位体积的意思。有时为了清楚区别比容量或者容量密度，常在前面加限定词，质量比容量(gravimetric capacity)或者体积比容量(volumetric capacity)。为了不妨碍意思的表达，以采用单位为准。

(5) 比能量(specific energy)和能量密度(energy density)顾名思义指的是单位质量或者单位体积电池所能提供的能量，常用单位为 $Wh \cdot kg^{-1}$ 和 $Wh \cdot L^{-1}$。通常简单的计算为电池平均放电电压乘以电池的比容量。

(6) 比功率(specific power)和功率密度(power density)指的是单位质量或者单位体积电池所能提供的功率，常用单位为 $W \cdot kg^{-1}$ 和 $W \cdot L^{-1}$。

(7) 库仑效率(Coulombic efficiency)是指释放出来的电量与存储进去的电量之比。

(8) 能量转换效率(round-trip efficiency)指放电时释放出来的能量与充电时消耗的能量之比。

(9) 循环性能(cyclability)指各种性能随着循环圈数的变化情况，可以是容量、能量，以及库仑效率等指标。

(10) 电流密度(current density)通常指放电电流数值除以材料质量或者电极几何面积，对应常用单位为 $mA \cdot g^{-1}$ 和 $mA \cdot cm^{-2}$。

(11) 放电倍率(C rates)表示以材料标称容量或者理论容量定义的 mAh 值，作为电流密度放电，为 $1C$ 放电，nC 放电指的是使用 n 倍的 $1C$ 电流密度。

1.5 电池电压特性

1.5.1 动力学对电池电压的影响

电池在开路状态的电压 E_{OCV} 是正负极电极电势差，在放电状态正极极化过电势降低了正极电势，负极极化 η_- 抬升了电极电势，总体上都降低了电池的输出电压，此外电池整体欧姆内阻 R_Ω 包括正负极和电解液中电子和离子的电阻。所以电池工作电压为：

$$V = E_{OCV} - |\eta_+| - |\eta_-| - IR_\Omega \qquad (1-17)$$

式中，I 为工作电流；η_+ 为阳极极化过电势，在放电时为负值，充电时为正值；η_- 为阴极极化过电势，放电时为正值，充电时为负值。η_+、η_- 都随着 I 值变化，整体上电池电压如图 1-19 所示。过电势产生的原子尺度机理，可以参考 8.4 节的讨论。

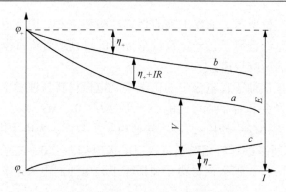

图 1-19 　电池电压 V 的组成关系

电池呈现电压 V 是阴阳极电极电势差 $(\varphi_+ - \varphi_-)$ 扣除了电极极化 $(\eta_+ 、 \eta_-)$ 和

欧姆压降 (IR) 及电池内部极化随着电流密度变化图

1.5.2 　热力学对电池电压的影响

　　除了电子离子在电池内部传递过程遇到的动力学阻力影响电池的电压曲线，热力学因素起关键作用。为了简化问题，此处考虑理想模型，推导描述插层电极电压的热力学公式，所获得的知识可以做一般性推广。锂离子电池使用插层材料存储带电荷的锂离子，充电过程中，带正电的锂离子从正极脱嵌出来，进入电解液，然后扩散到负极，最后嵌入到负极材料晶体结构中，放电过程正好相反。那么从原子尺度考虑充放电过程，我们可以将插层材料当作一个宿主结构，其中整体骨架原子大体位置在锂离子脱嵌过程发生较小的变化，锂离子从宿主中脱出，导致正极宿主结构中过渡金属原子的化学价升高，如果嵌入到宿主则导致过渡金属原子的化合价降低，这种反应过程维持了材料的电中性。

　　典型例子是锂离子电池中大量使用的石墨材料和层状钴酸锂，这两种材料的晶体结构如图 1-20 所示。在推导插层热力学过程中，可以认为钴酸锂中的钴氧八面体形成的层结构基本维持稳定，形成钴酸锂材料的骨架结构，锂离子在层间的位置被单独抽象出来研究。如果没有锂离子占据，即认为是空位，如图 1-20(a)

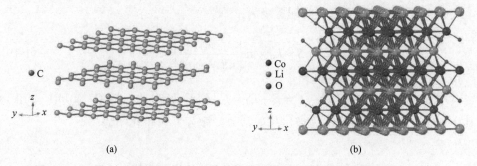

图 1-20 　石墨(a)和钴酸锂(b)的晶体结构分别展示出层间空位和插层锂离子位点

中石墨材料层间空位所示。抽象出来的骨架结构和空位被用来讨论锂离子的嵌入脱出过程，下面总结锂离子在一定数量空位中的排列或者说占据问题，以及排列占据对电极电势的影响规律。

使用 μ 代表插层原子在电极中的化学势。电极材料与锂发生反应，基本上是放热反应，反应焓变和吉布斯自由能小于零（$\Delta H < 0$，$\Delta G < 0$）。根据吉布斯自由能与电势之间关系（$\Delta G = -zeV$，z 表示传递电子个数；e 为电子电量；V 为电压）可知 $V > 0$，表示所考察材料相对于金属锂电极电势大于 0。注意这里采用的能量单位是电子伏特（eV）。那么该材料与锂搭配组装电池的电势差 V 为：

$$V = -\frac{1}{ze}(\mu - \mu_{Li}) \tag{1-18}$$

式中，μ_{Li} 表示锂原子在负极中的化学势，由于前面除以 ze，所以这个公式中化学势的单位也是电子伏特（eV）。

1. 无相互作用的晶格气模型

考虑模型中存在 N 个插层位点，已经嵌入了 n 个插层原子，那么 $x = n/N$ 为插层位点的占位百分比，则插层化合物的自由能为：$dF = -SdT + \mu dn$。这里 S 为熵，N 在插层过程中可以认为不变，骨架宿主自由膨胀，热力学量 $(\partial x / \partial \mu)_T$ 可以看作等热压缩比，在这里表示占位比相对于平均值的组成波动的度量（在给定化学势下）[8]。

假设在插层材料内部，锂离子之间没有相互作用，当然锂离子自身与宿主材料存在很强的库仑作用，锂离子自身带正电荷，彼此之间也有库仑排斥，此处的假设是为了问题的简化，笼统地综合了宿主和锂离子所有相互作用后的简化模型。

假设用 n_a 来代表在位点 a 处是否有插层原子，如果没有插层原子，n_a 的取值就是 0，如果有原子就是 1。如果所有位点等价拥有相同的能量 E_0，总的能量是所有位点的能量和，则：$n = \sum_{\alpha=1}^{N} n_\alpha$，$E\{n_a\} = \sum_{\alpha} n_a E_\alpha = n E_0$。

因为位点占据与否产生的配置熵为：

$$S = k_B \times \ln\left\{\frac{N!}{n!(N-n)!}\right\} \tag{1-19}$$

用 Stirling 近似可得到：$F = E - TS = N\left\{E_0 x + k_B T\left[x\ln(x) + (1-x)\ln(1-x)\right]\right\}$，其中 F 为总的自由能，k_B 为玻尔兹曼常数。微分 F 可得化学势：

$$\mu = \left(\frac{\partial F}{\partial n}\right)_T = E_0 + k_\mathrm{B}T\ln\left(\frac{x}{1-x}\right) \tag{1-20}$$

如果使用金属锂作参比电极，规定金属锂电势为零，那么所考察的插层材料的电极电势直接画于图 1-21 中，为了方便起见，使用下面无因次的电压值 $\frac{ze}{k_\mathrm{B}T}V$：

$$\frac{ze}{k_\mathrm{B}T}V = -\frac{\mu - \mu_\mathrm{Li}}{k_\mathrm{B}T} = -\frac{E_0 - E_\mathrm{Li}}{k_\mathrm{B}T} - \ln\frac{x}{1-x} \tag{1-21}$$

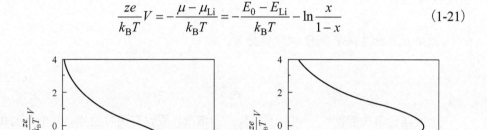

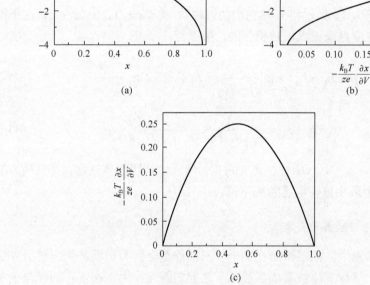

图 1-21　无相互作用晶格气模型推导电压曲线的特征图

(a) 电势随插层百分比的变化图；微分容量随 (b) 电压和 (c) 插层百分比的变化图。

(b) 为了方便和 (a) 对比观察，电压放在和 (a) 图一样的纵轴。注意电势零点设置为 $-\frac{E_0 - E_\mathrm{Li}}{k_\mathrm{B}T}$

可以看得出，无因次电压值 $\frac{ze}{k_\mathrm{B}T}V$ 在一个平均值 $-\frac{E_0 - E_\mathrm{Li}}{k_\mathrm{B}T}$ 附近随着占位数 x 的变化而变化，在 x 接近 0 或者 1 时急剧变化。这个关系如图 1-21(a) 所示，图中平均电压被设置为 0，电压曲线表现一个斜坡状 (slope)。

同样我们也可以获得容量微分曲线值，注意这里的容量微分 $\frac{\partial x}{\partial V}$ 和常见 $\frac{dQ}{dV}$ 的差别在于需要乘以理论容量。容量微分曲线形状如图 1-21(b) 所示，在平均电压处，出现了极大值，对应如果测量该材料的循环伏安曲线，这里会出现电流峰值，这是容量微分曲线和循环伏安相似之处。

$$\frac{\partial x}{\partial V} = -\frac{ze}{k_B T} x(1-x) \tag{1-22}$$

如果方程改写就是费米-狄拉克分布

$$x = \frac{1}{1+e^{(E_0-\mu)/k_B T}} \tag{1-23}$$

上面结论很快能推广至拥有不同位点的情况，假设有两种位点，N 个八面体，$2N$ 个四面体位点，能量分别为 E_0 和 E_1（注意两个位点的能量相对于 Li 的 E_0 都小于零，电压为正）。假设 x_0 和 x_1 是它们的占位数，$0<x_0<1$，$0<x_1<2$，在平衡时化学势对于两种位点来说应该是相等的，所以有：

$$\mu = E_0 + k_B T \times \ln\left(\frac{x_0}{1-x_0}\right) = E_1 + k_B T \times \ln\left(\frac{x_1}{2-x_1}\right) \tag{1-24}$$

$$x = x_0 + x_1 = \frac{1}{1+e^{(E_0-\mu)/k_B T}} + \frac{2}{1+e^{(E_1-\mu)/k_B T}} \tag{1-25}$$

如果 $E_1-E_0 > k_B T$，八面体位点先占据，然后才是四面体位点，并且热力学量 $(\partial x / \partial \mu)_T$ 有一个最小值，电压急剧下降。

2. 有相互作用的晶格气模型

在真实的体系中，插层原子在某个位点的能量会因为周围是否出现另外的插层原子而变化，这种变化被看成插层原子之间的相互作用，在现在的模型中通过在 α 和 α' 两个位点的双体作用能 $U_{\alpha\alpha'}$ 描述。那么可以统计所有位点的总能量为：

$$E\{n_\alpha\} = \sum_\alpha n_\alpha E_\alpha + \frac{1}{2}\sum_{\alpha\alpha'} U_{\alpha\alpha'} n_\alpha n_{\alpha'} \tag{1-26}$$

首先考虑长程作用，在 α 位点的原子受到所有 $\gamma \gg 1$ 的位点 α' 上的原子的作用，作用能用平均值 $U_{\alpha\alpha'} = U$ 表示。由于 $\gamma = N-1 \cong N$，作用范围很大，整体能量 $E\{n_\alpha\}$ 是分布中能量最低的配置 $\{n_\alpha\}$，可以写成占位比例的关系：

$$E\{n_\alpha\} = E = N \times \left(E_0 x + \frac{1}{2}\gamma U x^2 \right) \tag{1-27}$$

$$\mu = E_0 + \gamma U x + k_B T \times \ln\left(\frac{x}{1-x} \right) \tag{1-28}$$

那么自由能随着占位比变化的关系为：

$$F = E - TS = N \times \left\{ E_0 x + \frac{1}{2}\gamma U x^2 + k_B T \left[x\ln(x) + (1-x)\ln(1-x) \right] \right\} \tag{1-29}$$

无因次电压随着占位比变化关系为：

$$\frac{ze}{k_B T}V = -\frac{\mu}{k_B T} = -\frac{\gamma U}{k_B T} x - \ln\frac{x}{1-x} \tag{1-30}$$

分两种情况讨论：①当作用能 U 为正值，表示插层原子之间相互排斥，对应的放电曲线呈现斜坡状，作用能越大，斜坡越倾斜；②当作用能 U 为负值，电压下降的趋势比 $U=0$ 的状态要平缓，如果 U 特别负，如图 1-22 (a) 所示，$\gamma U/k_B T = -10$ 时，根据上述关系可能出现电压上升的情况，表明上述模型不再适用，需要新的解释。

U 为负值表示插层原子之间为吸引作用，这种吸引作用导致自由能曲线呈现双倒峰形状，不能用式 (1-30) 解释电压和占位比之间的关系。如图 1-22 (b) 所示，双倒峰形状自由能曲线预示，锂离子插层过程中，出现了两相分离，笼统地讲，出现贫锂相 (记作 α 相) 和富锂相 (记作 β 相)，与之相对应电压曲线出现一个平台区。

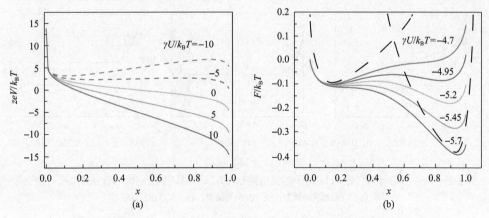

图 1-22　吸引作用导致材料电压和自由能变化关系

(a) 无因次电压与锂离子占位百分比之间关系；(b) 无因次自由能和锂离子占位百分比之间关系

电压平台形成过程如图 1-23(c)所示，从 $x=0$ 开始，随着离子的嵌入，由于锂离子之间存在相互吸引，自由能曲线下降(相对于原来的宿主结构和金属锂零电势基点)，电压曲线也下降。自由能下降到点 x_1 时，如果以原来的结构继续容纳锂离子，自由能就会上升，实际情况出现两相分离，产生一个贫锂相和一个富锂相，自由能沿着两个双倒峰的公切线方向移动，锂离子继续嵌入富锂相的比例不断增加，但是贫锂相和富锂相内部的锂离子占位比维持不变，由于二者的 x 值不变，所以在电压曲线上呈现平台关系。越过富锂相组成，继续嵌入锂离子导致自由能曲线上翘，对应电压曲线继续下降。"两相模型"从自由能曲线随锂占位关系出发，很好地解释了电压平台产生的原因，同样也可以用来解释无相互作用晶格气模型推导出的斜坡曲线。如图 1-23(a)所示，对于斜坡类电压曲线的材料在锂离子嵌入过程中材料的自由能变换呈现一个倒钟形曲线，曲线斜率为锂的化学势，随着锂离子的嵌入，在宿主结构中锂离子的化学势逐渐增加，对应电压逐渐降低，这种电压曲线又称为"固溶模型"或者"单相模型"。在上述"单相模型"和"两相模型"的基础上还可以解释多个平台电压曲线产生的机理，对应在贫锂相和富锂相中间有可能出现中间相[如图 1-23(e)、(f)的 γ 相]。

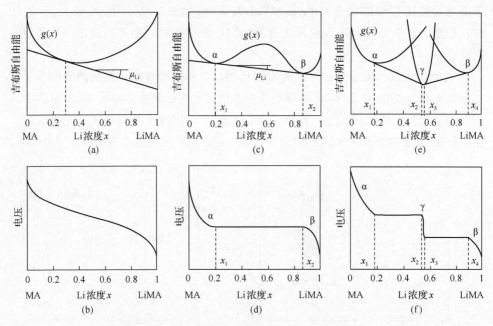

图 1-23　MA 框架材料中嵌入 Li 离子时自由能(a，c，e)和放电电压(b，d，f)随组成 x 的变化

(a，b)单相固溶模型；(c，d)两相模型；(e，f)多相反应[9]

总之，上述固溶模型和两相模型相对简单，但是很好地解释了锂离子电池放电过程中电压曲线变化和热力学之间的关系，区分了两种典型电压曲线类型，一

是斜坡状电压曲线，二是平台状电压曲线，实际情况要比模型复杂很多，需要具体问题具体讨论。

参 考 文 献

[1] Morrison S R. Electrochemistry at semiconductor and oxidized metal electrodes. New York: Plenum Press, 1980.

[2] Goodenough J B, Kim Y. Challenges for rechargeable Li batteries. Chemistry of Materials, 2010, 22(3): 587-603.

[3] Bard A J, Faulkner L R. Electrochemical methods: Fundamentals and applications. New York: John Wiley&Sons Inc., 2001.

[4] http://www.cryst.ehu.es/cryst/get_wp.html.

[5] Douglas B E, Ho S M. Structure and chemistry of crystalline solids. Pittsburgh: Springer, 2006.

[6] Goodenough J B. Oxide-ion electrolytes. Annual Review of Materials Research, 2003, 33: 91-128.

[7] 章慧. 配位化学: 原理与应用. 北京: 化学工业出版社, 2010: 127.

[8] MacKinnon W R, Haering R R. Physical mechanism of intercalation. New York: Plenum Press, 1983.

[9] Van der Ven A, Bhattachary J, Belak A A. Understanding Li diffusion in Li-intercalation compounds. Accounts of Chemical Research, 2013, 46(5): 1216-1225.

第 2 章 电池表征技术

2.1 X 射线衍射技术

2.1.1 X 射线衍射介绍

X 射线衍射技术是研究锂离子电池的正负极材料的主要方法之一，电池材料不管是晶体结构还是非晶体结构，在 X 射线扫描过程中，会产生不同衍射花样。材料中原子的排列方式、晶体的晶型，以及分子材料中分子成键方式、分子的构型、构象等，都影响该材料产生特有的衍射图谱，通过对图谱的分析可以获得材料的结构信息，继而有可能理解结构和性质之间的关系。X 射线衍射方法有很多优点，比如不损伤样品、无污染、快捷、测量精度高，因此是最重要最基础的材料科学的研究方法。

商用 X 射线衍射仪上通常使用的 X 射线源来自 X 射线管，在 X 射线管的阴阳极上加上高电压(例如 10～40kV)，阴极就会发射出高速电子流撞击金属阳极靶，激发从而产生 X 射线。它具有靶中元素相对应的特定波长，称为特征 X 射线。如铜靶对应的 X 射线波长为 0.154056nm。与 Cu 靶相似的还有 Ag、Mo、W、Co、Fe、Ni 等，不同的靶相应的特征 X 射线波长不同。

电子轰击靶材原子，将内层(如 K 层)电子撞出，形成自由电子，称之为二次电子，轰击后的原子处于不稳定的高能状态，自发地向稳态过渡，位于外层较高能量的 L 层电子可以跃迁到 K 层，同时辐射出 X 射线光子。两个层间能量差决定了辐射产生 X 射线的波长，其波长 λ 为：

$$\lambda = \frac{h}{E_L - E_K} \tag{2-1}$$

式中，h 为普朗克常量；E_L 和 E_K 是靶材原子的 L 和 K 壳层能量，所以波长 λ 仅仅取决于原子序数的常数。由 L→K 的跃迁产生的 X 射线称为 Kα 辐射，同理还有 Kβ，Kγ 辐射。离原子核越远的轨道产生跃迁的概率越小，所以高次辐射的强度也变小。

X 射线的波长和晶体内部原子面之间的间距相近，当 X 射线照射到晶体物质上，由于晶体是由原子规则排列而成，这些规则排列的原子间距离与入射 X 射线波长有相近的数量级，各个原子散射的 X 射线之间相互干涉，在特定的方向上产生强弱变化的衍射花样，衍射线在空间分布的方位和强度，与晶体结构密切相关。

不同的晶体物质具有各自特有的衍射花样,这就是 X 射线衍射的基本原理。1913 年,英国物理学家布拉格父子先考虑同一晶面上原子的散射线叠加条件,推导出作为晶体衍射基础的布拉格方程:$2d\sin\theta=n\lambda$,式中,d 为晶面间距;θ 为布拉格角;n 为衍射级数。

2.1.2　利用 X 射线衍射鉴定材料

X 射线衍射技术主要用于鉴定物相,定性地确认材料的相组成,也可以适当地确定各组成相的相对含量。晶体材料各自独特的结构有与之相对应的 X 射线衍射特征谱,这是 X 射线衍射物相分析的依据。将待测样品的衍射图谱和各种已知标准物质的衍射图谱对比,如果衍射线能够重合就可确定物质的相组成。确定相组成后,根据各相衍射峰的强度正比于该组分含量,必要时需要做吸收校正,就可对各种组分进行定量分析。国际粉末衍射组织把已知物质的 X 射线衍射数据收集整理,以标准卡片的形式保存,并把衍射卡片变成标准的数据库的形式供检索使用。目前已收集到的标准衍射卡片约数十万种,称之为 PDF 文件或 JCPDS 卡片(PDF:powder diffraction files;JCPDS:joint committee of powder diffraction standards)。

X 射线衍射图谱的比对工作目前已经基本计算机化,例如,使用 MDI 公司的 JADE 程序和 PANalytical 公司的 Highscore 等程序,就可以自动分析 X 射线衍射仪扫描获得的不同角度下的衍射数据。例如搜峰、扣除背景、校正、按照全谱搜索、指定特定峰搜索等。具体操作可以参照软件的教程。然而还有必要了解标准卡片上的基本信息,提高筛选和检验检索结果的可靠性。

图 2-1 是 Au 的 04-0784 号卡片,由 PVPDFWIN 软件提供。其中"Quality"部分指出了卡片的质量,通常有"*"表示星级质量,来自高精度的衍射仪,化学

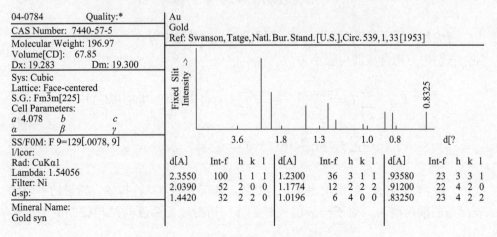

图 2-1　Au 的 X 射线标准 PDF 卡片信息

组成已确定，数据没有严重的系统误差，2θ 变角化小于 0.03°；"I" 表示指标化的图谱，几乎可以确定是单相，没有严重系统误差，2θ 变角化小于 0.06°；"0" 表示衍射数据精度低；"C" 表示通过单晶数据计算出的图谱，"R" 表示经过 Rietveld 精修过的图谱，"blank" 表示无法确定质量，不能归为 "*"，"I" 和 "0"。

另外卡片还给出了分子量、密度、晶胞参数和测量用的 X 射线靶材，最右边给出了文献来源和衍射花样的柱状图，图下部是 2θ 角和相应的衍射强度以及衍射晶面。

2.1.3　衍射强度计算

对于多原子组成的无缺陷完整晶体而言，无论其结构多复杂，均可看成是由其结构基元按照相应的点阵形式排列，或者若干组原子按照对应相同的点阵形式相互穿插而成。在 X 射线照射下，对于同一组原子，如果满足布拉格方程则在 hkl 方向上总是同位相的，但是一个晶胞中各组原子散射的次生 X 射线之间就不一定同位相，可能发生削弱或者抵消。计算晶体的衍射强度需要对晶胞内每个原子计算其散射强度，然后求和得到单位晶胞的散射强度[1]。

设晶胞中有 n 个原子，其中第 j 个原子在晶胞中的位置坐标为 (x_j, y_j, z_j)，原子的散射因子为 f_j。晶胞由 a, b, c 三个矢量确定，从晶胞原点到第 j 个原子的矢量为：

$$r_j = x_j a + y_j b + z_j c \tag{2-2}$$

则在某个衍射方向 hkl 中，通过原点的衍射波和通过第 j 个原子衍射波之间的周相差为：

$$\alpha_j = 2\pi(hx_j + ky_j + lz_j) \tag{2-3}$$

考虑每个原子的散射振幅和原子周相差，则晶胞中 n 个原子的散射波相互叠加，在衍射方向合成波可表示为：

$$F_{hkl} = \sum_{j=1}^{n} f_j \mathrm{e}^{2\pi i(hx_j + ky_j + lz_j)} = \sum_{j=1}^{n} f_j \cos\left[2\pi(hx_j + ky_j + lz_j)\right] + i\sum_{j=1}^{n} f_j \sin\left[2\pi(hx_j + ky_j + lz_j)\right] \tag{2-4}$$

式中，F_{hkl} 为衍射 hkl 的结构因子，是复数，其模量称为结构振幅，模量的平方代表晶胞的散射能力。对于一般的完整晶体，衍射峰的强度与结构振幅的平方成正比。

$$|F_{hkl}|^2 = \sum_{j=1}^{n} f_j \cos\left[2\pi(hx_j + ky_j + lz_j)\right]^2 + \sum_{j=1}^{n} f_j \sin\left[2\pi(hx_j + ky_j + lz_j)\right]^2 \tag{2-5}$$

实际晶体总是在不同程度上存在着结构上的缺陷，尤其是粉末样品，它由许多微小晶粒构成，存在晶界。而且入射线有一定宽度和发散度，因而不仅在与入射线成准确的布拉格角 θ 处发生衍射，还在偏离布拉格角度的微小范围发生衍射，所以衍射峰发生展宽，衍射线的总强度相当于其衍射峰的面积，称为累积强度或者积分强度，考虑影响实际晶体的诸多因素后，实际粉晶衍射强度方程需要引入一些修正因子。因此在 hkl 方向衍射积分强度表达式为：

$$I_{hkl} = \frac{e^4}{32\pi m^2 c^4} \frac{I_0 \lambda^3}{R} \left(|F_{hkl}|^2 P_{hkl} N^2\right) \frac{1 + \cos^2 2\theta}{\sin^2 \theta \cos\theta} \left(e^{2M}\right) \frac{1}{2\mu} V \tag{2-6}$$

式中，e 为电子电荷；m 为电子质量；c 为光速；I_0 为入射 X 射线强度；λ 为 X 射线波长；R 为衍射相路程；N 为单位体积晶胞的数目；P_{hkl} 为多重性因子；F_{hkl} 为结构因子；θ 为布拉格角；e^{2M} 为温度因子；μ 为线吸收系数；V 为参与衍射的体积。

结构因子 F_{hkl} 是指一个晶胞中所有原子散射波沿衍射 hkl 方向叠加的合成波。结构因子与晶胞内原子的种类和原子数目及其位置有关，因此在计算结构因子时首先需要计算原子的散射因子。原子在某个方向上的散射振幅 f 随 $\sin\theta/\lambda$ 关系有如下曲线描述：

$$f = \sum_{i=1}^{4} a_i \exp\left[b_i(\sin\theta/\lambda)^2\right] + c_i \tag{2-7}$$

式中，系数 a_i、b_i、c_i 可查表得出。由于实际工作中主要是比较衍射强度的相对变化，并不需要计算其绝对值。实际样品测量时由于粉末晶粒可能有一定的择优取向，导致各个晶面被 X 射线照射的机会不均等，所以需要引入择优取向校正。那么对于某一个衍射方向 hkl 上衍射的相对强度可以简化为：

$$I_{hkl} = M_{hkl} L_{hkl} P_{hkl} |F_{hkl}|^2 \tag{2-8}$$

式中，M_{hkl} 是 hkl 面衍射的多重性因子；P_{hkl} 是 hkl 面衍射的择优取向校正；L_{hkl} 是 hkl 面衍射的 Lorentz 极化校正。

那么粉末样品的全谱拟合则可以描述为，每个衍射方向衍射波的叠加，由于仪器、样品等因素的影响，每条谱线有一定宽度，这个宽度需要一个合适的分形函数予以描述。则全谱衍射函数可表示为式(2-9)：

$$I(\theta) = \sum_{hkl} \mathrm{Pr}_{hkl}(2\theta - 2\theta_{hkl})I_{hkl} \tag{2-9}$$

式中，$\mathrm{Pr}_{hkl}(2\theta\text{–}2\theta_{hkl})$ 是一个适当的峰形函数。

极化校正：极化校正通常将 Lorentz 因子包含进来，形成如下形式校正函数：

$$L_{hkl} = \frac{1 + \cos^2 2\theta}{\sin^2 \theta \cos \theta} \tag{2-10}$$

峰形函数：峰形函数有很多种，如 Gaussian 函数、Lorentz 函数、Pseudo-Voigt 函数、Pearson VII 函数、Thompson-Cox-Hastings 函数等，这里选用比较简单的 Lorentz 函数描述衍射峰形状，函数关系式如下所示：

$$L = \frac{2}{\pi H_k} \cdot \frac{1}{1 + 4\dfrac{(2\theta - 2\theta_k)^2}{H_k^2}} \tag{2-11}$$

式中，H_k 为 k 方向衍射峰的半高宽，一般情况峰的宽化，由仪器宽化和晶粒宽化两项决定，可以表示为线性加和的关系：

$$H_k = \Delta 2\theta_{\mathrm{inst}} + \Delta 2\theta_{\mathrm{sample}} \tag{2-12}$$

晶粒宽化：晶粒宽化通常可以用谢乐(Scherrer)公式粗略估计，为了方便 X 射线全谱拟合需要从布拉格公式出发推导其普遍化的公式：

首先定义 hkl 衍射的倒易失量：

$$H_{hkl} = ha^* + kb^* + lc^* \tag{2-13}$$

其模长为 hkl 晶面间距的倒数，

$$|H_{hkl}| = \frac{1}{d_{hkl}} \tag{2-14}$$

然后微分 Bragg 公式，$n\lambda = 2d \sin \theta$ 可得到：

$$\Delta 2\theta_{\mathrm{sample}} = \frac{\lambda}{\cos \theta_{hkl}} \Delta\left(\frac{1}{d_{hkl}}\right) = \frac{\lambda}{\cos \theta_{hkl}} \Delta|H_{hkl}| \tag{2-15}$$

式(2-15)就是晶粒宽化计算公式，如果将一个微小晶粒看成一个三维空间的椭球，球面上的点，可以表示为矢量 $x = r_a a + r_b b + r_c c$，晶粒在椭球的 a、b、c 三个轴方向的尺度分别为 L_a、L_b 和 L_c，球面上的点满足如下方程：

$$r_a^2 \left(\frac{a}{L_a} \right)^2 + r_b^2 \left(\frac{b}{L_b} \right)^2 + r_c^2 \left(\frac{c}{L_c} \right)^2 = 1 \tag{2-16}$$

则可以推导出:

$$\Delta |H_{hkl}| = |H_{hkl}| \left[h^2 \left(\frac{L_a}{a} \right)^2 + k^2 \left(\frac{L_b}{b} \right)^2 + l^2 \left(\frac{L_c}{c} \right)^2 \right]^{-1/2} \tag{2-17}$$

将式(2-17)代入式(2-15)即可获得晶粒宽化。

仪器宽化:在理想情况下,布拉格衍射应该是狭窄的对称峰,然而事实并非如此。仪器引起的衍射峰宽化和不对称情况经常出现。仪器宽化随角度而变化,可以采用 Caglioti 于 1958 年提出的公式描述:

$$2\theta_{\text{inst}} = (U \tan^2 \theta + V \tan \theta + W)^{1/2} \tag{2-18}$$

式中,U、W 必须是非负值,而且如果 V 为负值,则 V^2 必须小于 $4UW$。

择优取向校正:择优取向指晶粒沿着某个方向有定向排列的趋势,导致在某个衍射方向的衍射强度增加而另外一些方向强度减少,为了模拟这一效果需要对特定方向乘以比例因子。通常情况有两种函数被用来描述这种效果。

Dollase 于 1986 年提出的 March-Dollase 函数和 Rietveld 于 1969 年提出的 Rietveld-Toraya 函数,二者对拟合效果影响不大,这里采用 March-Dollase 函数进行择优取向校正:

$$P_k = \left(R_0^2 \cos^2 \alpha + \frac{\sin^2 \alpha}{R_0} \right)^{-3/2} \tag{2-19}$$

式中,R_0 为可调参数;k 为择优取向方向;α 为某个衍射方向与择优取向方向之间的夹角。

2.1.4　点阵参数的测定

X 射线衍射技术确定材料晶体结构的点阵参数是其最基本的功能,点阵参数在研究电池材料固态相变、确定固溶体类型、测定固溶体溶解度曲线、测定电池循环过程中体积变化等方面都有重要应用。其方法主要是通过检索数据库,比对标准卡片的形式初步确定基本晶胞参数,可以通过检索软件"PCPDFWIN"、"Highscore"和"MDIJade"等实现。这种结果比较粗略,材料制备过程结晶性能影响点阵参数大小,可以通过简单的公式从衍射数据中计算或者回归得到相对准确的点阵参数。如果谱线质量较高，更精确的方法是通过全谱拟合的形式，同时获得点阵参数、微观应力、颗粒尺寸等，相关软件有"FullProf"、"GASA"以及"MaterialsStudio"中的"Reflex"模块。

2.1.5　微观应力的测定

微观应力是由于材料形变、相变、多相物质的膨胀等因素而引起，存在于材料内各晶粒之间或晶粒之中。X 射线入射到具有微观应力的样品上时，由于微观区域应力取向不同，各晶粒的晶面间距产生了不同的应变，某些晶粒中晶面间距扩张，而另一些晶粒中晶面间距压缩，结果使其衍射线并不像被宏观内应力影响得单一地向某一方向位移，而是在各方向上都平均地位移，总的效果是导致衍射线弥散宽化。材料的微观残余应力是引起衍射线宽化的主要原因，因此衍射线的半峰全宽(full width at half maximum, FWHM)即衍射线最大强度一半处的宽度，是描述微观残余应力的基本参数。

2.1.6　纳米材料粒径的表征

纳米尺度的电池材料，体现出不同于微米或者更大尺度活性颗粒的电化学性质，因此在电池材料研究过程中，材料的平均粒径是一个关键参数，X 射线衍射可以很方便地估算纳米材料的粒径。尽管后面讲述的电子显微镜可以获得颗粒的大小，但是显微镜观察得到局部的、团聚颗粒的尺寸，X 射线衍射常常获得一次粒径的平均值。X 射线衍射线线宽法，也就是谢乐公式，用于估算纳米粒子的平均粒径。谢乐微晶尺度计算公式为：

$$D = \frac{0.89\lambda}{\beta_{hkl}\cos\theta} \tag{2-20}$$

式中，λ 为 X 射线波长；β_{hkl} 为衍射线半峰全宽处，因晶粒细化引起的宽化度，测定过程中选取多条低角度($2\theta \leqslant 50°$)X 射线衍射线计算纳米粒子的平均粒径。

2.2　扫描电子显微镜技术

扫描电子显微镜(scanning electron microscope, SEM)是材料科学常用的电子光学仪器，可以简单地将其当作一个放大倍率更大的显微镜，只不过光源使用的是细聚焦的电子束，而非自然光线。1924 年德布罗意发现粒子的波动性后，人们认识到电子波长比光波的波长短很多，由此推想电子显微镜能够获得比光学显微镜更高的分辨能力。使用高能电子束在磁透镜作用下逐点扫描样品表面，用探测器收集在电子束作用下，样品中产生的电子信号，把信号转换成图像，就可以得到与电子信号相关的二维信息。固体样品在电子束的轰击下会产生多种信号，如背散射电子、二次电子、透射电子、特征 X 射线、俄歇电子等。扫描电子主要借助二次电子成像，背散射电子也可以用来分析表面形貌，透射电子成像在下面一节介绍。

背散射电子是被固体样品中的原子核反弹回来的一部分入射电子，其中包括弹性背散射电子和非弹性背散射电子。弹性背散射电子能量没有损失，非弹性背散射电子与样品撞击后损失了能量也改变了方向。背散射电子产生于距表面几百纳米深度范围。由于背散射电子对样品原子序数敏感，不仅能用作形貌分析，而且可以用来显示原子序数衬度。在入射电子束轰击下，样品表面原子的核外电子被撞击出来称为二次电子，二次电子的能量较低，一般在表层 5~10nm 深度发射出来，对样品的表面形貌十分敏感，因此，能非常有效地显示样品的表面形貌。

一般扫描电子显微镜(图 2-2)是由电子光学系统，信号收集处理、图像显示和记录系统，真空系统三个基本部分组成。电子光学系统包括电子枪、电磁透镜、扫描线圈和样品室。扫描电子显微镜样品制备较方便，所以被广泛使用，由于在高真空下操作，药品需要干燥，除去挥发性组分，电子轰击样品表面累积了电荷，如果表面导电性差，容易产生放电，所以对于不导电的样品需要喷金喷碳增加表面导电性。样品一般可以在样品室平移和旋转，因此可以从各种角度对样品进行观察。扫描电子显微镜的景深大，较光学显微镜大几百倍，比透射电子显微镜大几十倍。图像富有立体感，分辨率从十几倍到近百万倍。

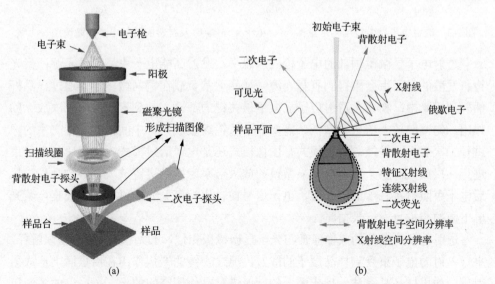

图 2-2　扫描电子显微镜的结构示意图(a)及电子束与样品表面之间作用示意图(b)

2.3　透射电子显微镜技术

透射电子显微镜(transmission electron microscope, TEM)与扫描电子显微镜类似，使用了高能电子束作为照明光源，但是与扫描电子显微镜不同的是，透射电子显微镜收集穿过样品的透射电子产生的信号，扫描电子显微镜主要收集照明电子轰击样品表面产生的二次电子或者背散射电子。透射电子显微镜通常要比扫描电子显微镜复杂，使用更多的电磁透镜对电子束进行汇聚和偏转。典型的透射电子显微镜基本构造如图 2-3 所示。

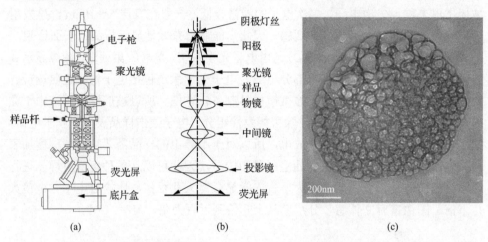

图 2-3　透射电子显微镜结构示意图(a)、电子光路图(b)及材料的透射电子显微镜图(c)[2,3]

透射电子显微镜顶部的电子枪顾名思义，发射高能电子束，提供光源；聚光镜将发散的电子束会聚得到平行光源；样品通常负载在铜网微栅上，通过样品杆插入到镜筒中；物镜是透射电子显微镜最关键的部分，起到聚焦成像一次放大的作用，物镜的放大倍数非常低，需要多个透镜逐级放大；中间镜对物镜产生的像进行二次放大，并控制成像模式是图像模式还是电子衍射模式；投影镜对电子束进行三次放大，整个透射电子显微镜的放大倍率为所有透镜放大倍数的乘积；最后电子束照射在底部的荧光屏，电子信号被转化为可见光，供操作者观察；荧光屏下面的相机负责记录拍照。

透射电子显微镜的成像原理与光学显微镜极相似，可以用阿贝成像原理解释，平行入射的电子束受到样品原子的散射，通过物镜的聚焦作用在后焦面上形成衍射谱，如果样品是晶体，后焦面上的衍射谱是晶体倒空间的像。衍射谱的各级衍射通过干涉在像平面上形成了反映样品形貌特征的放大像。理解阿贝成像原理，容易解释成像模式和衍射模式。透射电子显微镜工作在成像模式时，中间镜的物平面与物镜的像平面重合，在荧光屏上看到的是像平面样品的放大像。选区光阑在物镜的像平面位置，在成像模式下，将选区光阑插入物镜像平面，可以选择观察样品的特定区域。透射电子显微镜工作在衍射模式时，需要调节中间镜的物平面为物镜的后焦面，则是将后焦面上的衍射像放大，就看到了样品的倒空间信息。

透射电子显微镜中电子枪产生电子束，电子枪有直热式灯丝，如纯钨材料，加热电流直接通过灯丝；间热式采用六硼化镧阴极，它分为轰击型和加热型两种。电子光学系统需要在高真空条件下工作，空气泄漏容易氧化灯丝，电子与空气分子碰撞，影响成像质量。透射电子显微镜的真空系统由机械泵和扩散泵两级串联组成，为了进一步提高真空度，还可以采用分子泵和离子泵等。

电子束照射样品之后，部分电子被吸收和散射，高角度散射电子在普通透射电子显微镜中不参与成像，样品不同区域的散射能力存在差异，利用物镜光阑隔离高角度散射电子，则放大了散射能力差异的不同区域的像的衬度，这种衬度被称为吸收衬度。样品不同区域对于电子散射能力的差异对参与成像的透射电子的振幅和相位的调制不同。例如透射波振幅和强度与样品局部厚度和质量密度相关，厚样品和致密样品对透射波的衰减较多，这就是所谓质厚衬度。此外，对于晶体，不同区域晶面取向对满足和不满足布拉格条件的电子散射也不同，产生了衍射衬度。

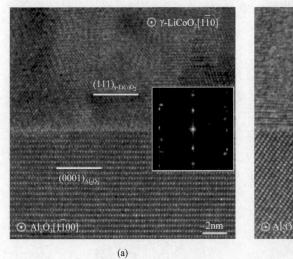 

(a) (b)

图 2-4　电池钴酸锂材料沿不同晶轴的晶格像(衬底是氧化铝)[4]

电子束穿过较薄的样品时，除了振幅的衰减，相位产生差异。相位衬度成像是多束干涉成像，高分辨透射电子显微术就是将样品原子势场作用下的电子波的相位变化转变成可以观察的像的强度分布，获得相位衬度即高分辨像[3]。高分辨像有一维条纹、二维点阵等(图 2-4 给出了典型钴酸锂材料的点阵像)。在接近完整晶体条件下，电子束沿着晶体某个晶带轴入射，容许透射束和零阶劳埃区若干个衍射束同时参与成像，可以得到二维点阵像，提供了晶体的二维平移周期信息，但不能揭示单胞内原子分布细节。

为了获得原子的分布像，需要扫描透射电子显微镜(scanning transmission electron microscopy，STEM)，扫描透射电子显微镜利用极细的电子束在样品表面扫描，电子束聚焦到原子尺度的束斑，通过线圈控制逐点扫描样品的一个区域。在每扫描一点，探测器接受被散射的电子，转换成电流强度，记录成像。样品上的每一点与所产生的像点一一对应。

为了进一步提高透射电子显微镜的分辨率，球差校正技术被逐步应用于透射电子显微镜的光电系统(图 2-5)。电磁透镜无法做到绝对完美，存在球面相差。以光学凸透镜为例，透镜边缘的会聚能力比透镜中心更强，从而导致所有的光线无法会聚到一个焦点从而影响成像能力。球差成为影响透射电子显微镜分辨率最主要和最难校正的因素。1992 年德国的科学家研发使用多极子校正装置调节和控制电磁透镜的聚焦中心从而实现对球差的校正，最终实现了亚埃级的分辨率。色差是由于能量不均一的电子束经过磁透镜后无法聚焦在同一个焦点而造成的，它是仅次于球差的影响透射电子显微镜分辨率的因素。引入双球差物镜色差校正，透射电子显微镜的分辨率进一步被提高，成为材料科学研究的利器，为科学家研究亚原子尺寸物理现象提供了重要工具。

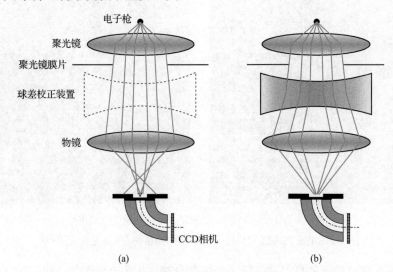

图 2-5　透射电镜的球差校正原理
(a)没有使用球差矫正器的光路；(b)使用了球差矫正器的光路

2.4　电子衍射技术

电子衍射谱是将透射电子显微镜物镜后焦面上倒空间信息放大记录所得。电子衍射本质和 X 射线衍射的衍射几何基本相同，只不过电子衍射在透射电子显微镜中获得，所用照明光线是电子束而非 X 射线。X 射线辐射样品时，原子核与所带电荷基本不发生变化，对 X 射线衍射谱图进行傅里叶变化，可以分析晶体中电子密度的分布。电子衍射过程中，电子束与晶体中原子核和电子存在库仑作用，受到了库仑场的散射，因此对电子衍射谱图进行傅里叶分析，可以得到晶体内静电场的分布。此外，电子衍射可以表征微小区域，X 射线衍射获得的是集合信息，粉末 X 射线获得的是大量颗粒衍射汇总。微区分析能力是电子衍射的优势，当然电子衍射的劣势在于，分析起来不如 X 射线方便，电子穿透能力比 X 射线弱，所以只能分析超薄的样品。

电子衍射也服从布拉格方程，布拉格方程中 n 为晶面的 (hkl) 衍射级数，(hkl) 晶面的 n 级衍射可以换做 (nh, nk, nl) 的一级衍射，所以简化后的布拉格方程 $n=1$。电子的波长与加速电压相关[如式 (2-21) 所示]，加速电压提高，电子波长变短。

$$\lambda = \frac{12.26}{E^{1/2}(1+0.9788\times10^{-6}E)^{1/2}} \tag{2-21}$$

当波长为 λ 的电子波以入射角 θ 照射晶面间距为 d 的平行晶面时，产生一个以样品为中心，$1/\lambda$ 为半径的 Edwald 球（图 2-6）。如果晶面的散射正好满足布拉格条件，则 Edwald 球正好与倒空间晶面间距为 d 的格点 (G_{hkl}) 相交，对照几何关系就是入射波矢为样品中心到倒易原点矢量，衍射波矢为样品中心到 G_{hkl} 格点矢量，二者夹角为 2θ，二者差值为倒易矢量 $\vec{G}_{hkl}$。可以求证三角形边角关系正好满足布拉格方程：

$$\frac{1}{d} = \frac{2}{\lambda}\sin\theta \tag{2-22}$$

通常在电子衍射条件下，衍射角很小，上述三角形和底片上的放大像相似，所以得到了 $r\times d = L\times\lambda$，这里 L 是相机常数，r 是底片上 hkl 衍射点离中心斑点的距离，量取 r 值可以计算出不同 hkl 晶面的晶面间距 d 值。通常情况靠一两个晶面间距很难确定材料的结构，这种方法是作为一种补充手段验证已知材料的微区结构。电子衍射通常呈现两种方式：

第一种是多晶产生的衍射环，如图 2-7 所示。对于衍射环量取每个环的半径直接分析晶面间距，对多晶电子衍射图谱做环形积分，可以得到类似多晶 X 射线衍射花样，只不过电子衍射环形积分的曲线以 $1/d$（单位 1/nm）作为横坐标。

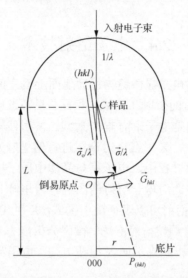

图 2-6　Edwald 球构建电子衍射几何[5]

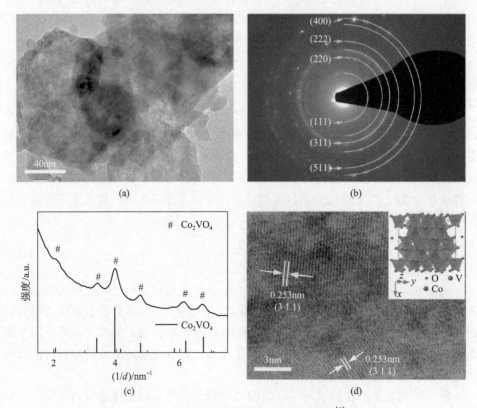

图 2-7　Co₂VO₄ 材料的电子衍射环分析[6]

(a)TEM 图；(b)电子衍射环；(c)环向积分图；(d)材料晶格相和晶体结构

第二种是单晶衍射，如图 2-8 所示总体呈现点阵花样，这类电子衍射图除了提供晶面间距信息，还有重要的面夹角信息，需要进一步分析。电子衍射花样是沿着带轴方向上二维投影放大，量取点阵中距离中心斑点较近的两个不共线的初级基矢，由这两个基矢组成的平行四边形，通过平移能够重复所有点阵点。量取两个基矢的长度和夹角，在已知候选材料中比对，可以获得相应的晶面指数。电子衍射分析过程常常存在一些测量误差，高指数晶面 d 值非常接近，所以在 d 值接近的晶面很多，猜错概率高，需要多次尝试。电子衍射标定过程可以在"Digital Micrograph"软件直接进行，很多学者在该软件基础上二次开发提供了很多电子衍射分析的工具，例如"PASAD"和"Diff Tools"插件等。

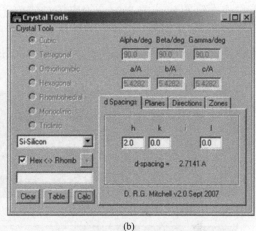

图 2-8　单晶衍射分析示意(a)和 Diff Tools 分析工具(b)[7]

电子衍射技术对分析电池材料中晶粒结构非常有用，尤其是充放电过程中结构相变的分析非常需要高质量的电子衍射。但是电子衍射需要注意消光现象，并不是所有的晶面都能出现衍射斑点，尤其是存在滑移面和螺旋轴的晶体。衍射消光现象和 X 射线一样，计算结构因子[式(2-5)]可以精确获得斑点是否出现的信息，也可以根据空间群查找国际晶体学表格。

2.5　能 谱 技 术

扫描电子显微镜和透射电子显微镜中常配有能量色散X射线谱(energy dispersive X-ray spectrum，EDS)，EDS 分析是最廉价的化学成分分析技术之一，当电子轰击样品时，发生非弹性散射，电子的动能部分传递给样品表面原子的内壳层电子，如果这个能量大于轨道束缚能，内壳层电子被撞飞，脱离表面形成二次电子，内壳层的空位迅速被外层电子填充，由于内外层轨道能量差异，这个过程辐射出 X 射线光子，光子能量取决于原子结构，具备原子特异性，适合作原子定性分析。

如果 K 层电子被激发，外层电子回填空位发射出的 X 射线是 K 系辐射，类似 L 层或者 M 层电子空穴所发射的特征 X 射线被称为 L 系辐射或 M 系辐射。X 射线能谱的能量分辨率一般在 100eV 左右，所以以能谱技术获得 X 射线特征峰不能分辨样品中原子的化学信息。

　　扫描电子显微镜和透射电子显微镜配备能谱分析可以非常方便地分析微小区域内的化学成分，还可以适当地进行定量分析。使用电子束扫描样品表面，可以获得全谱信息，也可以根据不同的元素设定不同的能量窗口，针对样品进行一维线扫和二维面扫，获得产生特定能量窗口的元素的空间分布，即元素分布图。图 2-9 给出了一个 TiO_2 包覆的碳化细菌负载 S 正极材料的实例，图 2-9(a~d) 为扫描电镜照片，图 2-9(e) 给出了扫描电子显微镜上配置的 EDS 获得的能谱元素分析图。图 2-9(f~i) 是 STEM 电镜照片，图 2-9(j~l) 则是 STEM 上配置的 EDS 获得能谱元素分布图。扫描电子显微镜和透射电子显微镜上的能谱分析原理相似，分辨率有很大区别。

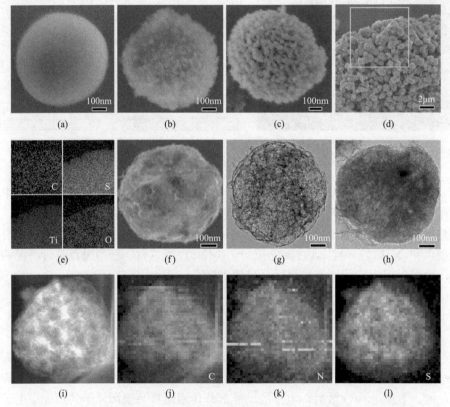

图 2-9　能谱元素分析谱图(以 TiO_2 包覆的碳化细菌负载 S 正极材料为例说明)
(a)金黄色葡萄球菌；(b)表面改性的细菌；(c,d)沉积 TiO_2 的细菌的 SEM 图；(e)SEM 图中选区能谱元素分布图；(f,g)除去了外壳 TiO_2 的碳化的细菌的 SEM 和 TEM 图；(h)内部负载了 S 的 TEM 图和(i)STEM 图；(j,k,l)是 C，N，S 元素的能谱分析图[8]

2.6　X 射线光电子能谱

X 射线光电子能谱（X-ray photoelectron spectroscopy, XPS）既能获得表面组成元素，还能确定元素的化学状态。X 射线光电子能谱使用能量为 $h\nu$ 的高能 X 射线光子轰击样品表面，表面原子的某个轨道上的电子束缚能 E_b 小于 $h\nu$，则有可能激发该轨道上的电子成为光电子，光电子发射过程能量守恒方程为：

$$E_k = h\nu - E_b \tag{2-23}$$

测量光电子的能量 E_k 便可获得样品表面原子的束缚能，每个元素的束缚能除了与原子结构有关，还受到化学环境的影响，因此光电子能谱中束缚能峰是独一无二的，所以可以用来鉴别样品的元素组成，分析化学状态。XPS 可以分析除了 H 和 He 以外的所有元素，而且灵敏度高，相邻元素的同类能级谱线相隔较远，相互干扰少，元素特定的标示性强。XPS 除了定性分析，还可以测定不同元素的相对浓度，定量不同化学状态的相同元素的相对浓度。XPS 高灵敏度的超微表面分析技术，样品分析的深度约 2nm，信号只来自表面的几个原子层。

光电子能谱分析主要看元素的特征峰，图 2-10 所示是金属 Ni 的 2p 轨道 XPS 谱图，图中呈现两个主峰，分别对应自旋轨道分裂的 Ni 2p$_{3/2}$ 和 Ni 2p$_{1/2}$ 峰。电子的轨道运动和自旋之间存在相互作用，自旋轨道耦合的结果使轨道能级发生分裂。对于角量子数 l 大于零的内壳层，这种分裂可以用内量子数 j 来表示，对于 l 不等

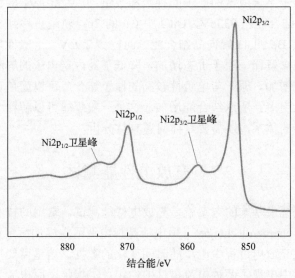

图 2-10　Ni 的 2p 轨道 XPS 谱图

于零的轨道(即非 s 轨道)，$j = l \pm \frac{1}{2}$，有两个不同的数值。Ni 的 2p 轨道 $l=1$，所以出现了两个 $2p_{3/2}$ 和 $2p_{1/2}$ 峰。通过查数据手册或者文献报道，比对峰位置可以获得元素信息。

XPS 谱图中除了主峰以外，还有一些伴线，如振离、振激、能量损失、X 射线卫星峰、多重分裂、俄歇电子。

振离过程：表示原子一个内层电子被 X 射线激发电离，原子有效电荷突变，导致一个外层电子激发到连续能级(电离)，结果在谱图主峰低动能(高结合能)端出现平滑的连续谱，连续谱的高动能端出现陡峭形状。

振激过程：表示原子内层一个电子被 X 射线激发之后，原子电荷突变导致一个外层电子跃迁到激发的束缚态，外层电子的跃迁导致发射的光电子动能减少，XPS 谱图中主峰的低动能边出现分立的伴峰。

能量损失谱线：表示光电子在穿过样品表面时，与原子发生非弹性碰撞损失一部分动能，结果 XPS 谱图中主峰的低动能方向出现了一些伴峰，金属主峰的低动能 5～20eV 处出现损失峰，半导体通常出现长尾巴的拖尾峰。

X 射线卫星峰：是由于 X 射线源(阳极材料)Mg 或者 Al $K\alpha_{1,2}$ 中混杂了 $K\alpha_{3,4,5,6}$ 和 $K\beta$ 射线，这些 X 射线的伴线同样也会激发光电子，这些光电子通常具有较高的动能，因此在结合能较低位置出现伴峰，称为卫星峰。

以上介绍了原子结构对 XPS 峰的影响，实际电池材料研究过程中更关注原子化学状态变化产生的峰位移，称为化学位移。研究原子的化学状态或者化学环境，需要考察和该原子结合成键的原子的种类和数量，以及该原子的价态。例如金属 Cu 的 $2p_{3/2}$ 轨道结合能在 933eV，CuO 中 Cu 的 $2p_{3/2}$ 轨道正移到 933.5eV。Be 被氧化成 BeO 的，Be 的 1s 峰向高结合能方向位移 2.9eV。一般性规律可以用氧化价态和电负性概念解释，原子价态增加，降低了对内层电子的屏蔽效应，导致内壳层电子结合能增加。原子与电负性较高的原子结合，可以简单认为电子转移向电负性高的元素更多，所以结合能增加。这种一般规律可以解释大多数情况，但是对于相对复杂的体系，还需要具体问题具体分析。

2.7 充放电性能测试

电池性能表征最基本的方案就是充放电性能测试，常用的技术是恒电流充放电(galvanostatic charge/discharge)。恒电流是指电池两端施加恒定正电流充电，负电流放电，记录充放电过程中电压随时间变化的数据。这里需要指出，在早期的电化学研究过程中出现了两种电流极性的约定：①指定还原电流为正，相应的氧化电流为负，但是需要注意还原过程是电压负极化过程；②指定正电流对应电压正极化，负电流对应电压负极化。第二种情况已经成为主流，但是一些早期文献还是使用第一种电流极性标记。

在恒电流充放电末端，可以设置某种电压和容量截止条件。例如，电压截止指设定充电最高电压，达到电压停止，如果需要后续继续恒电压保持，计量电流衰减幅度到达额定值的一定百分比后，转向放电测试。也可以设定容量截止条件，在恒电流充放电到一定容量之后转换电流方向。某些情况下也可以直接恒电压充电，不过恒电压充放电瞬间初始电流很大，对电池材料要求有一定耐受力。

恒电流充放电的电流通常按照电池的理论容量设定，工业界使用的倍率电流值即 C 值(图 2-11)，可以通过下面方法计算。例如，电池或者电极的理论容量为 x mAh。设定 $1C$ 充放电的电流值为 x mA，nC 充放电意味着充放电电流值为 nx mA。测试过程考察在不同 C 电流值下，电池表现的容量保持值作为测试电池性能的考核指标。

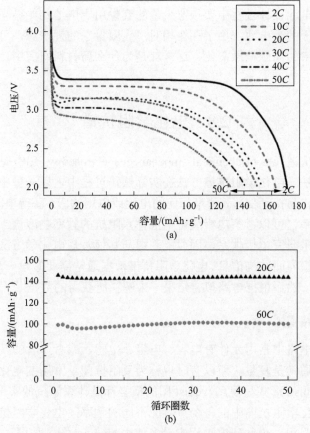

图 2-11　恒电流充放电曲线及倍率性能[9]

　　恒电流充放电曲线通常以电压随着容量或者比容量的变化形式呈现[图 2-11(a)]。材料的比容量需要将测试过程得到的电量值除以电极材料的质量,适合开发新材料过程研究对比不同材料的储锂能力,掩盖了电池大小的信息,因为活性材料负载量对电池容量发挥有很大影响,有时也需要使用恒电流充放电测试,展示电压和绝对容量的关系。另外一点,在研究活性材料的电化学性质时,比容量计算通常除以活性材料质量;如果研究电极尺度电化学性质,比容量计算需要除以极片上活性涂层所有物质的质量;如果研究整体电池的电化学性质,原则上需要除以整体电池核心组件的质量。不同基准比容量计算数值差异很大。

　　由于正负极容纳锂离子的量以及初始循环中正负极消耗锂离子用于形成 SEI 层,所以充电放电容量不相等,二者的比值称为库仑效率。库仑效率是影响电池循环寿命的重要参数,恒电流充放电测试给出另外一个重要信息是库仑效率随循环圈数的变化规律。一个好的电池应该在初始几圈迅速提升库仑效率接近 100%。做到这一点,首先要匹配正负极容量,因为初始循环,正负极都要消耗一定可循环的锂离子,电池设计过程中要预留少量的容量用于电池初始循环中形成 SEI。使用金属锂负极的半电池,由于存在相对"无限量"的锂来源,可以将正负极相互影响库仑效率的问题稍微简化,这样就是为什么新材料研究中,经常使用半电池的原因。

2.8　电化学阻抗谱

　　电化学阻抗谱(electrochemical impedance spectroscopy, EIS)是一种常用的电池性能表征方法。电化学阻抗谱方法在实际操作过程中,以一种小振幅的正弦波电势或者电流作为扰动信号,测量相应的电流或电压响应,获得电池的阻抗信息,改变正弦波频率,可以考察电极或者电池体系阻抗的频率响应谱。因为可以在很宽的频谱范围来研究电极体系,因而能获得与其他常规电化学方法相比,较独特的动力学和电极界面结构信息。电化学阻抗谱数据通常需要假设一个合理的模型,建立等效电路,然后根据电路拟合结果,来解释所获得的数据[10,11]。

2.8.1　等效电路模拟

　　简单等效电路中常用元件有电容、电阻、电感,或者三者的某种组合。电池的电化学阻抗通常是复数,所以有时也称为复阻抗图。常用的电化学阻抗谱图以奈奎斯特(Nyquist)形式呈现。Nyquist 图的横坐标是体系阻抗的实部,纵坐标是虚部的负数。电化学阻抗图中的每个点对应不同的频率,电化学阻抗图也可以以伯德(Bode)形式呈现,电池研究过程中较多使用 Nyquist 图。如图 2-12 所示,纯电阻 R 在 Nyquist 图上是横坐标上一个点,对应其电阻值 R,不随频率变化而变化;

纯电容 C 与电阻 R 串联时在复阻抗图中呈现垂直的线条，与横轴截距为串联电阻值 R，垂线上每一个点上的阻抗值为 $R - j/\omega C$，其中 ω 为角频率，$j = \sqrt{-1}$；纯电阻和电容并联的 RC 回路的复阻抗变现为半圆弧，复阻抗为：

$$Z = \frac{R}{1 + j\omega RC} = \frac{R}{1 + (\omega RC)^2} - j\frac{\omega R^2 C}{1 + (\omega RC)^2} \qquad (2\text{-}24)$$

当极低频时，$\omega RC \ll 1$，$|Z| \approx R$，对应半圆与横坐标右边截距为电阻值 R；当极高频时，$\omega RC \gg 1$，$|Z| \approx 1/\omega C$，电路阻抗相当于电容 C 的阻抗。

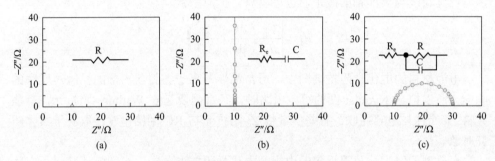

图 2-12　几个典型组件的复阻抗图

(a)纯电阻；(b)RC 串联；(c)RC 并联

2.8.2　沃伯格阻抗元与扩散系数

实际电池体系的电化学阻抗谱图要比上述简单电路组合复杂。锂离子从溶液相通过界面反应进入固相材料中，因为电池材料中锂离子的扩散速度极慢。固相锂离子扩散系数比溶液相低几个数量级。为了考察锂离子在电池材料内部扩散过程不得不引入一个特殊的电路元件，称之为沃伯格(Warburg)阻抗元件 Z_w，它随频率变化关系如下：

$$Z_\mathrm{w} = \sigma \omega^{-0.5} - j\sigma \omega^{-0.5} \qquad (2\text{-}25)$$

式中，σ 为 Warburg 系数。

$$\sigma = \frac{V_\mathrm{m}(\mathrm{d}E/\mathrm{d}x)}{\sqrt{2}nFSD_\mathrm{Li}^{1/2}} \qquad \omega \gg \frac{2D_\mathrm{Li}}{L^2} \qquad (2\text{-}26)$$

式中，V_m 为材料的摩尔体积；$\mathrm{d}E/\mathrm{d}x$ 表示电池电压随着充电状态变化曲线上某点的斜率；n 为电荷转移数目；F 为法拉第常数；S 为固体/电解质界面面积；D_Li 为锂离子扩散系数；L 为电极的厚度。

式(2-26)适用的条件是在相对中高频的范围，或者换句话说，是在较厚的电极，较小的扩散系数条件下，也就是常说的半无限大扩散假设。满足这些条件，会在复阻抗平面上表现出45°的直线[图2-13(a)]。将直线部分阻抗的实部或者虚部对$\omega^{-0.5}$作图，直线的斜率可得到Warburg系数。获得了Warburg系数就可以根据式(2-26)求出锂离子的扩散系数，这是最常用的一种测量材料扩散系数的方法。

详细的推导过程可以参考Huggins等于1980年发表的文献[11]。Huggins还给出了另外一种极限情况[图2-13(b)]，对于超薄的电极、较快的扩散系数，或者较低频率情况下，$\omega \ll \dfrac{D_{Li}}{L^2}$，复阻抗图在低频区出现接近垂直的尾巴，通过低频区尾巴延长线与实部轴的截距，也可以获得扩散系数。

$$R_L = \left| \frac{V_m}{zFS} \left(\frac{dE}{dx} \right) \left(\frac{L}{3D} \right) \right| \tag{2-27}$$

电池材料的电化学阻抗谱图中，通常都涉及离子在材料内部的扩散对频率的响应，所以拟合Nyquist图的等效电路时，经常需要包含Warburg阻抗元，有些人将Z_w元件与电容并联，有些学者将Z_w阻抗元与RC回路串联，取决于具体研究对象。

在典型的发生法拉第反应的电极的电化学阻抗谱图中，半圆弧还与界面电化学反应相关，其中半圆弧的直径就是界面电荷转移电阻θ，可以在Nyquist中直接量取，也可以通过线性化BV方程在平衡电势附近的区域获得(下式中I_0是交换电流密度)。

$$\theta = \frac{\delta E}{i} = \frac{RT}{nI_0 F} \delta E \ll \frac{RT}{F} \tag{2-28}$$

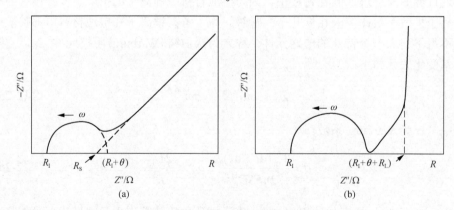

图2-13 两种典型的EIS谱图

(a)低频扩散控制向高频电荷转移控制转变的EIS; (b)薄膜电极或者有限扩散模型对应的EIS谱图[11]

实际电池测量过程中电化学阻抗谱图未必是上述情况，半圆弧可能被压扁，或者出现多个半圆的重叠，Warburg阻抗区域的直线并非严格45°，出现尾巴少许上翘，或者下弯，这些问题需要具体对待，直接套用公式会得出不准确的结论。

2.8.3　常相位角元

电极和溶液界面的双电层，一般可以等效为电容，称为双电层电容，但是实验中发现固体电极的双电层电容与纯电容有一定差异，这种差异有多种原因，导致了半圆弧压扁的情况，如果不涉及机理分析，有时直接将电容更换成常相位角元(constant phase element, CPE)来描述。常相位角元的阻抗表示为：

$$Z_Q = \frac{1}{Y_0} \cdot (j\omega)^{-n}, \quad Z_Q' = \frac{\omega^{-n}}{Y_0}\cos\left(\frac{n\pi}{2}\right), \quad Z_Q'' = \frac{\omega^{-n}}{Y_0}\sin\left(\frac{n\pi}{2}\right), \quad 0 < n < 1$$

$$(2\text{-}29)$$

式中，Y_0 是导纳；$n=1$ 就表示纯电容性质；$n=0$ 表示纯电阻。这种笼统的数学处理方便了数据的拟合，但是不利于机理的解释。CPE 产生的精确理论尚不清楚，但是可能与下面几种情况有关。

首先是电极表面粗糙度，对于一个粗糙的具有分形结构的表面，分形维度介于 2 和 3 之间，2 是绝对平整表面，3 是带有三维结构的表面。界面阻抗(电荷传递和双电层)被一个指数 n 调制 $n=1/(D-1)$。对光滑表面 $D=2$，$n=1$，对于高度弯曲的表面 $n=0.5$。对于许多金属和固体电极，测量的阻抗在双电层区不包含法拉第电流时符合指数规律。就像 CPE 的指数 n 在 $0.9\sim1$，电容的相角不是 90° 而是 $(n\times90)°$，观察值经常在 80°~90°。当这个电容与电荷传递电阻并联时，Nyquist 图的半圆弧被压制，圆心位于横轴之下。另外一个解释就是表面上的非均相反应速率，例如碳电极表面活性位点有分布。例如玻璃碳表面暴露的边角位点分率与 CPE 有关联，与表面的分形维度无关，汞电极几乎是原子尺度均匀的，与多晶金属材料不同，所以不产生 CPE。第三个解释就是涂层厚度不均一导致的。电流分布不均匀也是影响 CPE 指数的重要参数，比如在毫米级电极上中心的 CPE 指数是 1 而边缘的 n 变成 0.83，电流分布在边缘时由于边缘效应扰动，电力线不是垂直于表面，这些效果都可能改变 CPE 指数。

当 Nyquist 图上有一个 45° 直线时，对应产生了 $n=0.5$ 的 CPE。可以套用 Warburg 扩散元解释，但并不唯一是因扩散引起。换句话说，用一个 Warburg 阻抗元能够模拟半无限大线性扩散，只是 $n=0.5$ 的 CPE 的一个特殊例子，即相角 45° 不随频率变化。Warburg 阻抗的幅度与频率的 1/2 次方成反比，Warburg 阻抗是特殊的 CPE，因为其实部和虚部在所有频率下都相等。Warburg 阻抗有时很难区分，因为总是和电荷传递电阻和双电层电容混在一起。

2.8.4　特征频率

在电化学阻抗谱模拟电路中，用 C_{DL} 和 R_{CT} 分别表示双电层电容和界面反应电阻，它们不是常数，随时间、温度、电池的使用状态、充电情况、充放电电流而变。电流流过电池界面时分成两部分，一部分用于电化学反应，另一部分则流向双电层，因为双电层只容纳很少量的电荷，所以时间很短，过后所有电流用于电化学反应。这相当于双电层电容和界面反应电阻组成的单元 $(R_{CT}//C_{DL})$ 形成一个低通滤波器，双电层电容只承载"高频"成分。电池正负极对于频率响应不同，对于铅酸电池正极材料通常有 $7\sim70\mathrm{FAh^{-1}}$，而负极则只有 $0.4\sim1.0\mathrm{FAh^{-1[10]}}$。

电荷转移电阻是半圆直径（见图 2-12），半圆顶点的频率为截止（cut off）频率。对于一个电池而言，正负极两个电极参数不同，所以结果可能叠加在一起。时间常数依赖于材料和表面性质，对于电池来说，时间常数在微秒和数秒之间。车用铅酸电池，负极的截止频率为 10Hz 左右，而对于正极在 100Hz 左右。这意味频率高于 100Hz 的交流组分不能用于电荷转移反应，它们会被双电层滤掉。脉冲电流被滤掉，电荷转移反应只看到平均电流，结果导致脉冲电流越高，则温度升高，电能都用来发热。

2.8.5　典型电池电化学阻抗谱图分析

实际电池的电化学阻抗谱类似图 2-14 所示，但是由于电池容量或者负载量、材料导电性、电解质润湿状态、电池的充电状态等存在显著差异，实际电池 EIS 谱图与前述的理想情况有差异。电池响应的时域范围从微秒到几年数量级。这么宽的范围有不同的物理因素产生影响。例如，描述扩散的时间常数很大程度取决于电极的厚度和结构，典型的响应时间在秒和分钟之间，在低频（$f<1\mathrm{Hz}$）范围，阻抗主要表现为物质传递影响。

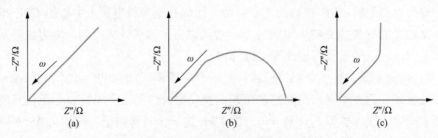

图 2-14　描述扩散效应的三类 Nyquist 图

(a)半无限大扩散；(b)具有有限扩散层厚度，在边界有理想活性组分储备；(c)有限扩散层和固定量的活性组分[10]

图 2-14(a) 对应半无限大扩散层，典型例子就是平板电极放在无限电解质的储罐中，低频率的电压信号波感受不到物质浓度的边界。在这种情况下，阻抗谱图

在整个频谱范围表现出 45°斜线，即 Warburg 阻抗元。

图 2-14(b)是一类典型的具有有限扩散边界的例子，在边界处有理想的电解质储备，比如旋转圆盘电极实验中，在电极表面上存在薄的扩散层，扩散层外是理想的电解液储备，在高频下这个阻抗等同于 Warburg 阻抗元，在扩散层中的扩散不受有限扩散层厚度的影响。类似图形可以用 Gerischer 组件来描述，Gerischer 组件是指带有前置化学反应的电化学体系。

图 2-14(c)对应有限活性物质的情况，这类阻抗曲线是电极上负载有限量的活性物质，在高频等同于 Warburg 阻抗元，在低频区物料供给速度低于电压变化所能驱动的理想电化学反应，所以限制了实际电化学速率，产生了类似电容的效应，导致 Nyquist 图上低频区域曲线向垂线靠拢。在低频范围，等效回路相当于一个电阻和一个电容串联。在超级电容 EIS 测试过程中常常得到如图 2-14(c)的 EIS 图。

2.8.6　多孔电极的 EIS

电极结构也会对电极的动态行为产生很大影响，在电池研究过程中，常常会用到多孔电极。电池充放电过程中孔结构可能会发生变化，电子和离子通路被改变。在分析此类电极时，常常引入多组电阻、电容元件的串并联网络结构模拟实际 EIS 谱图(图 2-15)。由于这种组合具有一定随意性，通常需要和实际例子结合起来，考虑充放电或者循环老化过程中电化学阻抗谱图的整体变化。

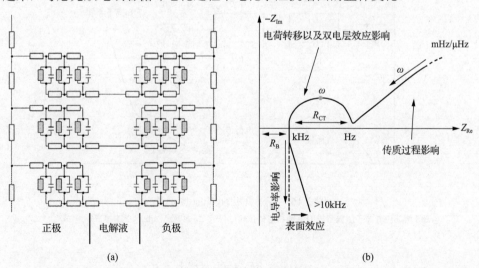

图 2-15　多孔电极 EIS 谱解析

(a)多孔电极组成的电池等效电路示意图；(b)以铅酸电池为例说明 Nyquist 图中基本特征的物理化学基础[10]

一般来说，随着频率增加，离子在多孔电极中的穿透深度减小，电极越来越像一个平板电极，在高频范围两个电极形成一个简单的平板电容器，电阻项包含电解质、集流体、活性物质电阻，服从欧姆定律。在有些电池中，例如大容量的电池和频率在 1kHz 以上的情况还需要考虑电感元件。在高频范围另外一个不容忽视的效应是趋肤效应(skin effect)，由电磁场效应导致交流电穿透深度受限制。电流的穿透深度减少了集流体的可用截面积，如果电流深度很小，增加了电池欧姆电阻，当然这部分电阻只与电流的交流部分有关系，直流电不受影响。图 2-15(b)总结了几种效应反映在 EIS 曲线上的特征。

2.8.7　锂离子电池负极阻抗谱分析

锂离子电池的负极中由于形成了显著的固体电解质界面(SEI)，所以 Nyquist 图表现出多个半圆的重叠，总体上呈现一个扁平的半圆弧(图 2-16)，这个半圆弧出现在 Nyquist 图的高频段。在实际模拟过程中将 SEI 层看作具有一定离子传递性质的多层膜，既有电阻值也有一定的容抗，这种多层膜结构很可能成为负极中锂离子迁移的控制步骤。相比而言，界面电荷传递反应的时间常数和锂离子在溶液中扩散可以忽略不计，因此膜表面的半圆是 Nyquist 图中的主要特性。图 2-16给出了石墨负极典型的 EIS 图谱，出现了多个半圆弧和扩散组元，相应的模拟电路如图 2-16 所示，基于机理的理解构建的模拟电路才有物理意义。

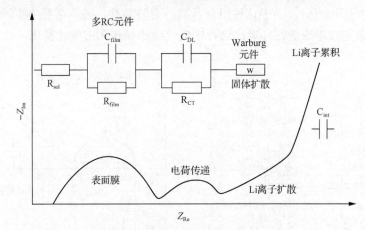

图 2-16　石墨负极 Nyquist 图示意
EIS 组元由表面多层膜形成的半圆和电荷传递过程组元，以及 Warburg 固体扩散元组成[12]

2.9　循环伏安法

循环伏安法是在线性扫描伏安法(linear sweep voltammetry, LSV)基础上，周期性转变电压信号的极性，记录电流随电压变化的技术。扫描速率 v 是循环伏安法中一个重要参数，表示单位时间电压 E 递增或者递减的数量，图 2-17 表示电压随着时间增加的曲线, 斜率为扫描速率, 单位为 $mV \cdot s^{-1}$, 在固态电极中扫描速率可能使用更小的单位 $\mu V \cdot s^{-1}$。图 2-17(b), (c), (e), (f) 显示电压线性扫描过程中电流的响应。

在溶液电化学体系中, 如果包含一个可逆电化学反应的情况, 电压正向扫描过程中在较平衡电势更正的电势处, 出现氧化峰, 回扫过程中在比平衡电势更负的位置出现还原峰, 图 2-17(e) 就是典型的 CV 曲线。氧化峰和还原峰之间的电势差取决于体系的可逆性。通过分析 CV 曲线的特征, 可以获得电极上发生的电化学反应的动力学参数。

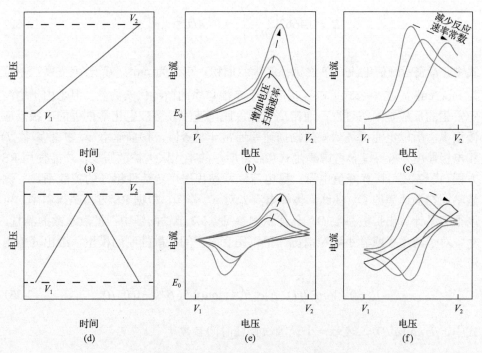

图 2-17　线性伏安和循环伏安技术

(a)LSV 施加的电压波形; (b)增加电压扫描速率的电流响应; (c)不同反应速率常数的 LSV 的电流响应曲线;
(d)CV 施加的电压波形; (e)增加电压扫描速率的电流响应; (f)不同反应速率常数的 CV 曲线

理想完全可逆的氧化还原反应中, 两个峰间距 ΔE 和峰电流 i_p^a / i_p^c 有以下关系。

$$\Delta E = E_p^a - E_p^c = \frac{59}{n} mV , \quad \left| \frac{i_p^a}{i_p^c} \right| = 1, \quad i_p^a, \; i_p^c \propto \sqrt{V} \qquad (2\text{-}30)$$

式中, E_p^a 和 E_p^c 表示阳极峰和阴极峰电势; n 表示传递电子个数; i_p^a 和 i_p^c 表示阳极峰和阴极峰电流。在溶液循环伏安法的动力学过程中, 电流电压关系的推导是基于电活性组分在半无限大液体中扩散的假设, 所谓半无限大扩散假设是指[13]:

$$\frac{\delta^2}{D} \gg \frac{1}{fv} \text{ 或者 } \beta = \frac{nFv}{RT} \cdot \frac{\delta^2}{D} \gg 1 \tag{2-31}$$

式中，$f = \dfrac{F}{RT}$；D 为组分的扩散系数，单位 $\text{cm}^2 \cdot \text{s}^{-1}$；$\delta$ 为扩散层厚度。上述关系表示了扩散过程的特征时间 $\dfrac{\delta^2}{D}$ 远远大于电化学反应的时间 $\dfrac{1}{fv}$。在具有半无限大液体的体系中，循环伏安曲线的峰值电流用 Randles-Sevchik（RS）方程描述。

$$i_p = 0.4663 \left(\frac{F^3}{RT} \right)^{1/2} n^{3/2} A D_0^{1/2} C_0^* v^{1/2} \tag{2-32}$$

式中，i_p 表示峰值电流，单位 A；A 表示面积，单位为 cm^2；C_0^* 表示浓度，单位为 $\text{mol} \cdot \text{cm}^{-3}$。这个公式可以直接应用于电池体系的循环伏安测量，但是由于电池中发生的反应是固态过程，通常离子嵌入脱出速率较溶液电化学过程的电极反应慢很多，所以电池循环伏安的扫描速率通常非常缓慢。扫描速率 v、扩散系数 D 和电极厚度 δ 需要综合考虑满足式(2-31)所示的半无限大扩散假设，才能使用 RS 方程[式(2-32)]计算峰值电流。峰电流经常被用来确定活性组分的扩散系数，测量不同扫描速率的 CV 曲线，将峰电流 i_p 对 $v^{1/2}$ 作图，根据 RS 方程获得斜率，可以很容易计算出扩散系数 D，具体示例参见 4.5.2 节钴酸锂中锂扩散系数的测量。

对于薄电极或者小颗粒情况，可以用有限空间扩散控制的模型，给出峰值电流为：

$$i_p = 0.446 nFA(D/\delta) c_0 \beta^{0.5} \tanh(0.56 \beta^{0.5} + 0.05 \beta) \tag{2-33}$$

式中，$\beta = nfv(\delta^2/D)$，表示一个无因次特征时间参数。

2.10 恒电流滴定技术

恒电流间歇滴定技术（galvanostatic intermittent titration technique，GITT）通过施加一系列恒电流脉冲和弛豫，测量电压变化过程[14]。弛豫过程就是指在这段时间内没有电流通过电池，相当于只测量开环电压（OCV）。GITT 有两个重要参数：电流强度（i）与时间参数（τ）。GITT 技术只有在一定的假设成立的条件下才可以使用。例如，在时间间隔 τ 下，电流被中断的同时电极材料组成也发生微弱变化，在弛豫时间内假设体系达到平衡，锂离子的活度发生了相应的变化。GITT 实际上就是通过计算锂离子的活度变化考察扩散过程。例如，在离子插层材料中发生如下反应

$$Li_yB + \delta Li \longrightarrow Li_{y+\delta}B \tag{2-34}$$

$$\Delta\delta = \frac{I_0\tau M_B}{Z_A m_B F} \tag{2-35}$$

式 (2-34) 是简单的电化当量关系，其中 δ 表示在时间间隔 τ 内，嵌入电极材料中的锂离子的数量；y 表示阶跃之前电极材料中锂离子的数量。式 (2-35) 中，I_0 表示阶跃电流大小；M_B 表示 B 的原子量；m_B 表示 B 组分的质量；Z_A 表示离子的电荷 (锂离子情况为 1)。通过求解简单的平面扩散方程，得到的级数解在 $\tau \ll L^2 / \tilde{D}$ 时可以适当简化如下：

$$\tilde{D} = \frac{4}{\pi\tau}\left(\frac{m_B V_m}{M_B S}\right)^2\left(\frac{\Delta E_s}{\Delta E_t}\right)^2 \quad (\tau \ll L^2 / \tilde{D}) \tag{2-36}$$

这个关系是 GITT 最重要的用途之一，通过此公式可以计算锂离子在电极材料中的扩散系数。式 (2-36) 中 ΔE_s 表示单个恒电流脉冲作用前后"拟平衡"状态下电势的变化；ΔE_t 表示这整个脉冲电流作用条件下扣除了欧姆压降 (IR) 的总电压变化；V_m 表示样品的摩尔体积；S 表示固体与电解质界面的表面积。

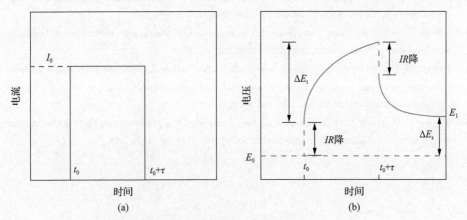

图 2-18　恒电流滴定技术确定电池材料动力学参数方法
(a) 电流阶跃波形；(b) 电压响应曲线图

GITT 的另外一个重要用途是测量电极材料在整个充放电过程中直流电阻的变化。如图 2-18 所示，在整个电压窗口范围内，不同电势处，电池的电阻实际上可能变化非常大。因为 GITT 是恒电流脉冲，反应速率维持恒定，图 2-18 中电势变化反映了电极材料内部动力学的变化，表示不同充放电状态下离子脱嵌阻力不同，这种差异可能来自于材料电子结构和晶体结构的变化。

参 考 文 献

[1] 梁敬魁. 粉末衍射法测定晶体结构(上下册). 第二版. 北京: 科学出版社, 2003.

[2] Williams D B, Carter C B. Transmission electron microscopy (I, II, III, IV). London: Springer, 2009.

[3] 王蓉. 电子衍射物理教程. 北京: 冶金工业出版社, 2002.

[4] Huang R, Hitosugi T, Fisher C A J, Ikuhara Y H, Moriwake H, Oki H, Ikuhara Y. Phase transitions in LiCoO$_2$ thin films prepared by pulsed laser deposition. Materials Chemistry and Physics, 2012, 133(2-3): 1101-1107.

[5] 黄孝瑛. 电子显微镜图像分析原理与应用. 北京: 宇航出版社, 1989.

[6] Zhu C, Liu Z Q, Wang J, Pu J, Wu W L, Zhou Q W, Zhang H G. Novel Co$_2$VO$_4$ anodes using ultralight 3D metallic current collector and carbon sandwiched structures for high performance Li-ion batteries. Small, 2017, 13(34): 1701260.

[7] Mitchell D R G. Diff Tools: Electron diffraction software tools for digital micrograph. Microscopy Research and Technique, 2008, 71(8):588-593.

[8] Wu W L, Pu J, Wang J, Shen Z H, Tang H Y, Deng Z T, Tao X Y, Zhang H G. A biomimetic bipolar microcapsule derived from staphylococcus aureus for high performance lithium-sulfur battery cathodes. Advanced Energy Materials, 2018, 8(12): 1702373.

[9] Kang B, Ceder G. Battery materials for ultrafast charging and discharging. Nature, 2009, 458: 190-193.

[10] Jossen A. Fundamentals of battery dynamics. Journal of Power Sources, 2006, 154(2): 530-538.

[11] Ho C. Raistrick I D, Huggins R A. Applications of A-C techniques to the study of lithium diffusion in tungsten trioxide thin films. Journal of Electrochemistry Society, 1980, 127(2): 343-350.

[12] Aurbach D. Review of selected electrode-solution interactions which determine the performance of Li and Li ion batteries. Journal of Power Sources, 2000, 89(2): 206-218.

[13] Levi M D, Salitra G, Markovsky B, Teller H, Aurbach D, Heider U, Heider L, Solid-state electrochemical kinetics of Li-ion intercalation into Li$_{1-x}$CoO$_2$: Simultaneous application of electroanalytical techniques SSCV, PITT, and EIS. Journal of the Electrochemical Society, 1999, 146(4): 1279-1289.

[14] Weppner W, Huggins R A. Determination of the kinetic parameters of mixed-conducting electrodes and application to the system Li$_3$Sb. Journal of the Electrochemical Society, 1977, 124(10): 1569-1578.

第3章 水系充电电池材料

水系可充电电池是指以水作为电解质溶剂，主要是相对于有机溶剂体系的锂离子电池和固态电池而言。水系电池种类很多，如锌锰电池、铅酸电池、镍镉电池、镍氢电池、镍金属氢化物电池、镍锌电池、镍铁电池等。氧化锰类材料也可以用作锂离子电池，本章以材料为主，兼顾氧化锰在有机体系锂离子电池的应用。磷酸亚铁锂是常用在锂离子电池体系的材料，也可以组成水系电池，本书中将其放在锂离子电池章节讲述。

3.1 氧化锰类电池

3.1.1 二氧化锰类电池材料

氧化锰类电池主要是指以二氧化锰为正极的水系电池。氧化锰是一类非常重要的电池材料，不仅广泛应用于锌锰电池的正极，而且在锂离子电池正极也有应用。自然界中二氧化锰主要以软锰矿的形式存在，呈黑色粉末。二氧化锰存在很多种晶体结构，软锰矿只是其中一种（β型）。商业用二氧化锰主要包括化学方法制备二氧化锰（CMD）和电解法制备二氧化锰（EMD），电解氧化锰过程通常将硫酸锰加入硫酸中，然后通过电氧化在阳极获得 EMD，电解氧化锰纯度和结构非常重要，因此下面章节详细介绍各种氧化锰材料相关的不同晶型，首先以纯二氧化锰开始，然后介绍锰酸锂，最后介绍富锂锰材料。

MnO_2 是$[M^{4+}X_2]$大类材料中最复杂的一类材料。其复杂多变的结构可能与 Mn^{4+}离子半径（r=0.53Å）较小有关。因为小的阳离子半径原则上有利于形成四面体配位，但是由于 Mn^{4+} 的电子构型是 $3d^3$，能够稳定八面体配位环境，所以四价锰的氧化物中缺少四面体配位。为了理解方便，MnO_2 多形结构可以描述成，尺寸较小的 Mn^{4+}离子填充在半径较大的氧离子密排阵列的间隙。MnO_2 结构复杂的第二个因素是因为常常出现某种程度的阳离子有序，适当还原 MnO_2 产生了 Mn^{4+}和 Mn^{3+}，甚至 Mn^{2+}的混合价态氧化物，为复杂结构添加另一个变量。

下面分类介绍几个重要的 MnO_2 材料：①具有大通道结构的 α-MnO_2（hollandite）；②化学纯度高和结构易表征的金红石结构 β-MnO_2（pyrolusite）；③混合结构的 γ-MnO_2（nsutite）；④立方尖晶石结构 λ-MnO_2；⑤与 γ-MnO_2 相似具有更多孪晶相的 ε-MnO_2；⑥容易包含碱金属或者碱土金属离子或者水分子的 M^+和 M^{2+}，水钠锰矿"（birnessite）型 δ-MnO_2。

1. α-MnO₂

α-MnO₂ 在自然界以锰钡矿(hollandite，BaMn₈O₁₆)和锰钾矿(cryptomelane，KMn₈O₁₆)形式存在，α-MnO₂ 结构中每个 Mn⁴⁺离子被六个氧离子包围形成 MnO₆ 八面体结构，八面体通过共棱的形式在 c 轴方向形成链条，每两个链条通过共棱的性质形成平行双链，每四条双链通过共顶点的方式绕 c 轴围成一个 2×2 的通道。如图 3-1 所示，在大通道之间还存在平行的 1×1 小通道。α-MnO₂ 具有四方结构，其中 a=9.815Å，c=2.847Å，属于 $I4/m$ 空间群(群号 87)。平均 Mn—O 键长 1.892Å。纯的 α-MnO₂ 结构不稳定，所以通常在 2×2 通道中容纳半径达 0.15nm 的阳离子或者水分子，形成各种各样的硬锰矿类材料，在锰钡矿和锰钾矿中 Ba 离子和 K 离子位于 2×2 通道的中心稳定结构。天然硬锰矿中夹杂这些阳离子表现出较好的高温稳定性，阳离子占据隧道空间，为了保持电荷平衡，MnO₆ 八面体中的 Mn 被部分还原，或者出现阳离子空位。大的阳离子存在会阻碍锂离子的扩散，所以这种硬锰矿不适合直接作为锂离子插层电极。

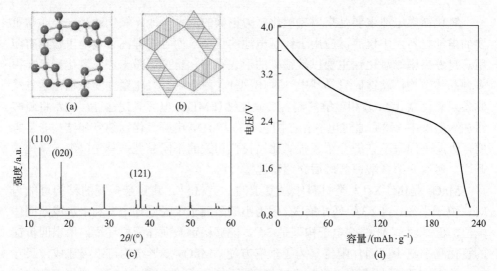

图 3-1   α-MnO₂ 的晶体结构(a)、多面体模型(b)、模拟 X 射线衍射图谱(c)和
Li/α-MnO₂ 的电池初始放电曲线(d)

在没有如 Ba²⁺和 K⁺等大的阳离子出现的情况下，α-MnO₂ 可以通过 Mn₂O₃ 或者 Li₂MnO₃ 与硫酸反应制备，α-MnO₂ 结构也可以被水分子或者 H₃O⁺稳定，质子位于 2×2 通道中心，可以加热到 300℃以上除去水分子，而且结构不会塌陷，脱水的 α-MnO₂ 若暴露于空气中，有强烈的吸附水分子趋势，如果置于水中，则反应相当剧烈，就这种现象而言，α-MnO₂ 和介孔分子筛很相似。

α-MnO$_2$ 可以容纳大量的 Li 离子，如果放电到 2V，可以产生超过 210mAh·g^{-1} 的容量，大约每个锰离子氧化还原可传递 0.7 个 Li$^+$，但是在 3.8~2V 范围循环时，容量损失很严重，这种损失和 2×2 通道不稳定有关系，在电化学循环中 Mn 和 O 原子会位移到 2×2 通道中，产生相对稳定的 Li$_x$MnO$_2$ 结构，这种原子移动虽然损失了一些容量，但是获得了一定程度的循环稳定性。

2. β-MnO$_2$

β-MnO$_2$ 具有金红石结构（软锰矿，pyrolusite），属于四方晶系，空间群为 *P*42/*mnm*，空间群号为 136。基本晶胞参数，*a*=*b*=4.404Å，*c*=2.876Å。其中 Mn 占据 2a 位置，O 在 4f 位置，MnO$_6$ 形成压缩的八面体结构，其中基面 Mn—O 键长 0.1887nm，轴向 Mn—O 键长 0.1874nm。β-MnO$_2$ 是最稳定最致密的 MnO$_2$（密度为 5.19g·cm^{-3}）。

β-MnO$_2$ 结构如图 3-2 所示，从多面体结构图可看出，β-MnO$_2$ 是氧离子形成扭曲的 hcp 堆积，虽然偏离理想的 hcp，但是没有改变结构的拓扑性质，一半的密排列的八面体位点被 Mn^{4+} 占据，MnO$_6$ 八面体沿着 *c* 轴方向共棱连接形成链条，每个链与四个周围平行链之间通过共顶点方式连接，留出 1×1 的通道，XRD 谱在 28.64° 出现主强峰，对应 110 晶面间距为 3.114Å。这是完美的 β-MnO$_2$ 的结构，天然的 β-MnO$_2$ 实际上含有 Mn^{3+} 和 Mn^{4+}，并不符合化学计量比。

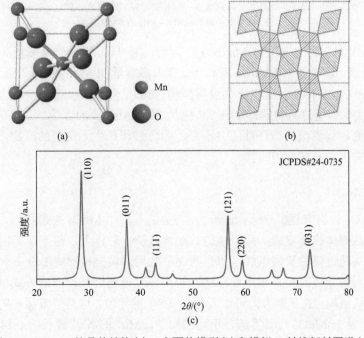

图 3-2　β-MnO$_2$ 的晶体结构(a)、多面体模型(b)和模拟 X 射线衍射图谱(c)

β-MnO$_2$ 由于间隙通道为 1×1 结构，氧阵列是 hcp 堆积，所以在间隙空间中的八面体与 MnO$_6$ 八面体共面，这种结构不适合做锂离子嵌入电极。高度结晶的 β-MnO$_2$，对应每个锰离子只能容纳 0.2 个锂离子。

如果使用强还原剂，如正丁基锂，可以进一步锂化 β-MnO$_2$。因为锂离子嵌入八面体空位，与共面的 MnO$_6$ 八面体中的锰离子存在较大的库仑排斥，有可能导致锰离子协同位移到另一个空位八面体，整体结构从金红石转变为尖晶石，转变过程结构如图 3-3 所示。

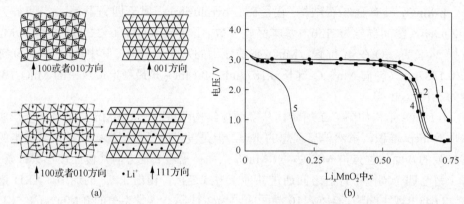

图 3-3　β-MnO$_2$ 结构与电化学性质

(a)显示了 β-MnO$_2$ 向尖晶石 MnO$_2$ 转变过程中的结构变化；(b)显示了不同制备条件得到的 β-MnO$_2$ 的放电曲线：
1. 300℃制备的低结晶度 β-MnO$_2$；2. 420℃制备；3. 电解制备 350℃处理；4. 电解制备 420℃处理；
5. 400℃热分解 Mn(NO$_3$)$_2$ 制备的 β-MnO$_2$

β-MnO$_2$ 可以通过热分解 Mn(NO$_3$)$_2$ 得到，在 400℃形成结晶度很高的 MnO$_2$，XRD 峰很锐，但是这种 β-MnO$_2$ 基本上没有太多容量。β-MnO$_2$ 还可以通过 γ-MnO$_2$ 加热到 300℃，获得某种程度结晶度很低的 MnO$_2$，结晶度低是因为表面积高和存在大量应力，但是这种材料却能在 3V 提供 210mAh·g^{-1} 的容量，这种高容量归因于低结晶度，当然电极循环性能并不好。循环过程产生无定型的产物，表明结构塌陷，有向尖晶石转变的趋势。

3. R-MnO$_2$

R-MnO$_2$ 为斜方锰矿(ramsdellite)，与金红石型 β-MnO$_2$ 关系相近，区别在于由共棱的八面体长链变成共两个棱的八面体双链。总体上，斜方锰矿由 MnO$_6$ 八面体结构共棱链接的长链组成，每个八面体共用的棱链接形成沿着 c 轴方向连续的长链，两条长链共棱连续形成双链，每两条双链通过共顶点的方式链接，形成三维网络状结构，在 z 轴方向可以看得出 2×1 的孔道，这是斜方锰矿的结构特点(图 3-4)。所有 MnO$_6$ 八面体都有相同的构型，Mn—O 平均键长为 0.1489nm。这种方式的链结构产生两种不同的氧原子。

（1）平面氧，处于三个 Mn^{4+} 离子构成的三角形的重心位置，几何结构相似于 sp^2 杂化的 O 原子，相似于 β-MnO_2，其中两个 Mn—O 键长 1.86Å，一个 Mn—O 键长 1.91Å。

（2）锥形氧，与三个 Mn^{4+} 组成三角锥，O 处于锥的顶点，形成 sp^3 杂化，所以这里的 O 在碱性电池中容易被质子化为 α-MnOOH，此处有两个键长为 1.92Å 的 Mn—O 键和一个键长为 1.89Å 的 Mn—O 键。

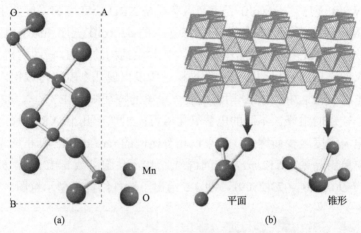

图 3-4　斜方锰矿结构的 MnO_2 多面体结构示意

斜方锰矿 MnO_2 在热力学上不稳定，多数样品结晶度不好，合成纯的 R-MnO_2 都不成功，即使高度结晶的斜方锰矿型 MnO_2 也含有很少量的 β 区域的 γ-MnO_2。斜方锰矿 MnO_2 在碱性或者中性电解液中放电性能差。使用强还原剂锂化斜方锰矿 MnO_2 有可能破坏结构导致通道塌陷，这些都可以在 X 射线衍射图谱上表现出来，用 LiI 在 80℃乙腈中制备 $Li_{0.9}MnO_2$ 能够保持结构。结构精修斜方锰矿及其锂化物显示，为了适应嵌入的 Li 和 Mn 之间的静电相互作用，hcp 氧阵列向 ccp 转变，导致结构严重变形，正交晶系产生各向异性膨胀。对于 $Li_{0.9}MnO_2$，a 增加 5.6%，b 增加 16.5%，c 增加 1%，总体积膨胀 21.4%，这毫无疑问严重影响循环性能。

锂化的斜方锰矿 MnO_2 适当加热很容易转变成尖晶石相，例如 $Li_{0.5}MnO_2$ 在 300℃转变成 $LiMn_2O_4$，如果在空气中加热，则有可能缓慢地形成富氧的尖晶石 $Li_2Mn_4O_9$。这一过程涉及氧阵列变成立方密排结构，而且一半的 Mn 离子位移到邻近的八面体空位。

4. γ-MnO_2

在所有 MnO_2 的晶型中，γ 相是最早被应用的电池材料，γ 相主要用在 Zn/MnO_2

和早期的 Li/MnO$_2$ 电池中。γ 相的 XRD 通常显示出较低的衍射质量，在弥散的背景曲线上能分辨出少量相对较锐的峰。有少部分衍射花样或多或少的与 β-MnO$_2$ 匹配，大多数则与斜方锰矿相像。De Wolff 发现 ramsdellite 和 β 相在 a 和 c 轴方向有相似的排列，只是在 b 轴方向 MnO$_6$ 八面体的数量或者宽度不同，为此提出了一个混合结构模型，该结构是由斜方锰矿的 2×1 通道和 β 结构的 1×1 通道组成的共生结构。这种共生结构最终在天然样品中被 HRTEM 证实。这种共生结构被称为 de wolff 无序。de wolff 无序和微孪晶是 XRD 峰宽度和强度发生变化的主要原因。ε-MnO$_2$ 也有相似结构，只是二者融入的 de wolff 无序和微孪晶的量不同。通常很难获得 γ-MnO$_2$ 的精确结构信息，因为共生结构的 XRD 谱图解析比较困难。由于整体氧的结构还是扭曲的六方密堆积，所以出现几个宽峰可以用六方结构标记，比如电解氧化锰中在 22.2° 附近出现一个宽的特征峰，在 37.1°、42.4°、56.2° 附近有三个较锐的主峰，不同的电解氧化锰可能出现十几个 XRD 峰，峰的数目随着电解电流密度减少而增多。如果以相等比例的 ramsdellite 和 β 形成的模型结构参数获得单斜晶系，$C12/m1$，空间群号为 12，晶胞参数 a=13.7Å，b=2.867Å，c=4.46Å，$β$=90.5°（01-073-2509），图 3-5 给出了这种结构模型示意图。

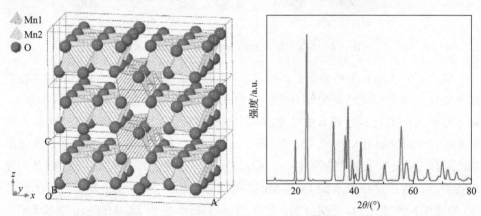

图 3-5   等比例的 ramsdellite 和 β 形成的 γ-MnO$_2$ 结构模型示意图和模拟 XRD

γ-MnO$_2$ 最早是在 Nsutite 矿物中发现，后来研究发现通过电解和化学方法制备，两种方法制备的材料都包含水，既有位于晶界的水分子，也有结构内部水。锂电池需要无水 MnO$_2$，通常加热到 350～400℃ 除去水，失水过程相对少量增加 β-MnO$_2$ 的成分，减少了结构容纳锂离子的能力。γ-MnO$_2$ 的氧晶格与 β-MnO$_2$ 类似，是扭曲的六方密堆积排列，在锂离子嵌入过程扩展程度较大。在放电过程中，锂离子主要嵌入到斜方锰矿区域的 2×1 通道中，初始容量可达 250mAh·g^{-1}，但是循环过程会损失容量（图 3-6）。

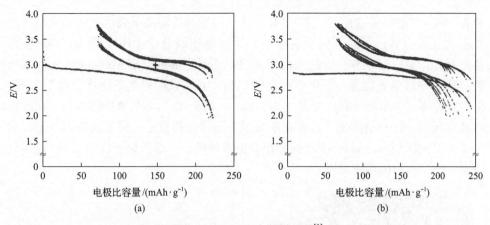

图 3-6　γ-MnO$_2$ 电池循环图[1]

(a) 电解制备的 γ-MnO$_2$ 在 250℃热处理；(b) 电解制备的 γ-MnO$_2$ 在 400℃热处理

5. δ-MnO$_2$

δ-MnO$_2$ 晶体是层状结构，自然界存在 δ 型结构氧化锰，通常称为水钠锰矿 (birnessite)。水钠锰矿的矿物化学式一般是 $(Na_{0.3}Ca_{0.1}K_{0.1})(Mn^{4+},Mn^{3+})_2O_4 \cdot 1.5H_2O$，颜色呈棕黑色到黑色。这些化合物也可以通过低温合成路径实现，例如，在碱性溶液中通过氧化反应制得，在酸性溶液中通过还原高锰酸盐而获得，或者通过水热法实现。最初的产物通常含有大量的水和稳定阳离子(如 Li^+、Na^+、K^+ 等)存在于 MnO_6 八面体组成的层与层之间，层间距大约为 7Å，如图 3-7 所示。由于层间距较大，可以容纳不同半径的阳离子和水分子。常见的水钠锰矿是 $C2/m$ 空间群，其中晶胞参数如表 3-1 所示。

表 3-1　δ-MnO$_2$ 晶体参数[2]

晶胞参数	晶胞参数(空间群 $C2/m$)			
晶胞参数	a=5.174, b=2.850, c=7.336; α=90, β=103.18, γ=90; V=105.326; D=3.377			
	原子位置参数			
原子	x	y	z	占位数
Mn	0	0	0	1
O1	0.376	0	0.133	1
Na	0.595	0	0.5	0.145
Water2	0.595	0	0.5	0.3
Water3	0	0	0.5	0.15

应用表 3-1 中的参数模拟粉末 X 射线衍射如图 3-7 所示。由于结晶性不太好，X 射线衍射强度较弥散。层状结构的存在，使 XRD 衍射图在 12.38°和 24.91°位置出现衍射峰，因此可以这两个峰作为 δ-MnO$_2$ 的判断。Giovanoli 等为了解释不同

的 δ-MnO₂ 有着异常的性质，提出 Mn—O 层与层间的阳离子或水分子的排列可能存在的几种方式：①排列完全有序；②层间原子或分子无序，但 Mn—O 层有恒定层距，呈有序堆积；③层间原子无序，而且层面内全部 Mn—O 片呈不等同的漂移，导致沿 c 轴方向呈不成配比的结构，且在该层内电子密度呈漫散分布；④完全无序。当阳离子和水分子不均匀分布，Mn—O 层不呈周期性堆积，在晶格的某些区域，没有杂阳离子，却有水分子，层距变得很小；可是在将阳离子或水分子隔开的区域内，Mn—O 片彼此却有正常的键长，这类化合物的 XRD 谱图只出现 (100) 与 (110) 两个峰[3]。

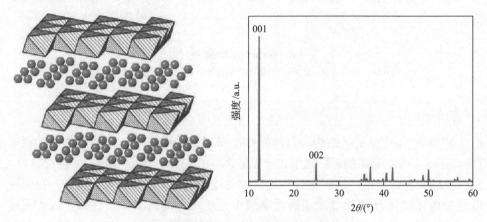

图 3-7　δ-MnO₂ 的晶体结构和模拟 XRD 图
图中多面体为 MnO₆，球位点为水分子和杂质 Na

δ-MnO₂ 的制备方法有溶液沉淀法、水热法、电沉积、离子交换法等，例如将 0.016mol 的 KMnO₄ 加入到 200mL 去离子水中，加入 0.066mol 的 HCl 然后定容至 400mL，搅拌 15min 之后微波水热 110℃ 1 小时可以发生如下反应[4]。

$$AMnO_4 + \left[(1-x+2y)\right]H_2O \longrightarrow A_xMnO_2 \cdot yH_2O + (1-x)AOH + \left[(3+x)/4\right]O_2$$

$$(3-1)$$

反应生成 $A_xMnO_2 \cdot yH_2O$（A = Na, K），一般认为层与层之间主要是靠 H_2O 占据，杂阳离子的位置取决于阳离子自身的性质，如 $Na_{0.58}MnO_2 \cdot 1.5H_2O$ 中，Na^+ 占着层内的晶格点，而在 $Mg_{0.29}MnO_2 \cdot 1.7H_2O$ 中，Mg^{2+} 却处于 Mg—O 层与水分子片之间的八面体四周[2]。$A_xMn_{1-x}^{4+} \cdot Mn_x^{3+}O_2$ 实际上当单价的碱金属离子进入层间，四价的 Mn 被还原成了三价，由于 δ-MnO₂ 晶体相对较大的层间距，当用作锂离子电池正极材料时，锂离子嵌入和脱嵌阻力相对较小[5]。

一般认为很难除去所有的层间水，同时不破坏 MnO₂ 的层状结构，但是实际上加热至 80~250℃，MnO₂ 层状结构大多数能够维持，这些部分脱水的材料中每一个锰离子对应能够脱嵌 0.7 个锂离子,产生高达 $200mAh \cdot g^{-1}$ 的容量,显示出 4~2V 的斜坡状电压曲线。但是这种材料循环性能并不好,容量保持很差。δ-MnO_2 晶体有用作超级电容和锂离子电池的报道。

6. ε-MnO_2

ε-MnO_2 这个名字被不同作者用来描述各种不同的难于表征的氧化锰的结构,所以有时有些歧义。ε-MnO_2 最早是 Kondrashev 等开始使用,描述化学方法制备的氧化锰中存在的六方结构,Brenet 等将一种单斜结构 a = 7.2Å, b = 3.1Å, c = 4.5Å,β = 92°指定为 ε-MnO_2。最近的文献中 ε-MnO_2 被指定为电化学制备的氧化锰中表现出高度取向的纤维形貌。这种结构的特点是 Mn^{4+} 离子随机填充在氧的六方密排结构的一半的八面体空隙中,是一个有缺陷的 NiAs 结构。由于可能出现 Mn^{4+} 和空位的部分有序,所以在 XRD 图的 4.2°观察到又宽又弥散的衍射峰,有序性的出现是为了避免相邻共面的两个八面体中出现两个 Mn^{4+},增加排斥能,但是这种衍射相对比较弥散,不同样品有一定差别。类似的天然样品被称为 akhtenskite。通常用于电池中的活性电解氧化锰本质上可能是 γ-MnO_2 和 ε-MnO_2 两种的组合。另外一种被称为 ε-MnO_2 的结构参数为:$a=b=2.7860$Å,$c=4.4120$Å,$P63/mmc$ 空间群,群号为 194,Mn 占据一半 2a 八面体位点,O 在 2c 位点,模拟的 XRD 如图 3-8。

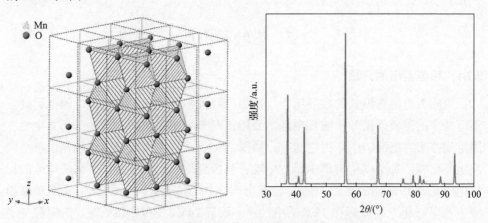

图 3-8 ε-MnO_2 结构模型示意图和模拟 XRD

7. λ-MnO_2

λ-MnO_2 本质上是尖晶石相 $LiMn_2O_4$ 完全脱出锂离子之后的产物。制备方法是通过混合 $Li_xMn_2O_4$ 和稀盐酸制备,锂离子被脱出之后经过水洗和干燥得到了保持

尖晶石框架的 λ-MnO_2。其中的锂离子主要被质子取代。Mn 处于 O 构成的立方密堆积结构的间隙，Mn 部分占据了八面体位点，所有的四面体位点都是空的，λ-MnO_2 也被认为是有缺陷的岩盐相。由于 λ-MnO_2 和尖晶石相锰酸锂之间紧密的关系，因此关于 λ-MnO_2 的结构放在锰酸锂章节叙述。

3.1.2　锌锰电池

日常生活中常用的干电池就是锌锰电池，具有价格便宜、容量大、安全无毒、存储方便等优点。锌锰电池由 MnO_2 正极和金属 Zn 负极组成，电解液一般使用强碱性的 KOH 溶液。在放电时 Zn 负极被氧化成为氧化锌，电子在外电路做功之后进入 MnO_2 正极，正极中 Mn 离子被还原，同时伴随着质子嵌入到 MnO_2 晶格，形成 MnOOH，如果继续放电有可能产生 $Mn(OH)_2$。

如前所述 MnO_2 有多重形态，在锌锰电池中主要是 γ-MnO_2，相比其他类型的 MnO_2 电化学活性高。锌锰电池虽然优点很多，但是由于存在一系列问题，使得锌锰电池只能被用作一次电池。例如，正极导电性差，如果尝试反复充放电，则形成惰性的 Mn_3O_4，体积也会发生变化，阻止 MnO_2 的反复充放电；另外，负极 Zn 的可逆性交叉，易出现腐蚀、枝晶、钝化等一系列问题，关于 Zn 电极的问题参见后面镍锌电池的章节。目前锌锰可充电电池也是学术界一个研究热点，主要是 Zn 和 Mn 两种元素比较廉价，并且环境友好。

3.2　铅酸蓄电池

3.2.1　铅酸蓄电池介绍

铅酸蓄电池有很长的发展历程，在国民经济各个领域，铅酸蓄电池都起到了不可缺少的重要作用。铅酸蓄电池主要用作汽车启动用电源、电动车动力电池、固定阀控密封电池、矿灯用电池等。如图 3-9 所示，商用铅酸蓄电池是由单个模块组装而成，每个模块内部由铅酸电池正负极交替排列而成。单个铅酸电池的标称电压是 2.0V，能放电到 1.5V，能充电到 2.4V。在应用中，经常用 6 个单格铅酸电池串联起来组成标称 12V 的电池组，还有 24V、36V、48V 等。铅酸蓄电池原料易得、价格低廉、可高倍率放电性、温度性能良好，可在 $-40 \sim +60℃$ 的环境下工作。相比后面介绍的镍基电池，铅酸蓄电池无记忆效应；相比锂离子电池，铅酸蓄电池容易回收。但是铅酸蓄电池的缺点也很明显，首先比能量低，仅有 $30 \sim 40 Wh \cdot kg^{-1}$，使用寿命短，使用了金属铅作为负极材料，制造过程容易产生污染。

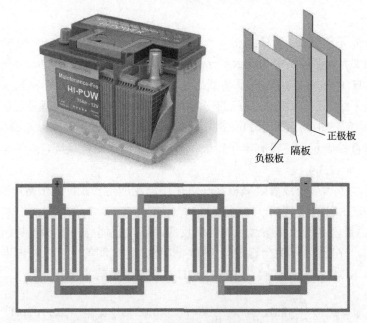

图 3-9　铅酸蓄电池示意图

铅酸蓄电池正极为氧化铅，氧化铅浆料是涂布在铅-锑-钙合金网格状栏板上。负极同样使用铅-锑-钙合金作为栏板，在负极上负载了海绵状活性物质金属铅。铅酸蓄电池的隔板使用多微孔隔板，电解液可以透过，但是阻断了正负极接触。铅酸蓄电池使用硫酸作为电解液，电解液润湿整个电池的活性材料。铅酸蓄电池的外壳和盖子一般为 ABS 树脂，由于电池充放电过程可能产生气体，铅酸蓄电池会设有安全阀，电池内压高于正常压力时释放气体，保持压力正常，同时也可以阻止氧气进入。

3.2.2　铅酸蓄电池工作原理

铅酸蓄电池的放电化学反应，是铅酸蓄电池中的 PbO_2 与 Pb 和 30%～40%的稀硫酸溶液，反应生成硫酸铅和水。总方程式为：$PbO_2(s) + Pb(s) + 2H_2SO_4(aq) \longleftrightarrow 2PbSO_4(s) + 2H_2O(l)$。分解为两个半反应，负极反应：$Pb + SO_4^{2-} \longleftrightarrow PbSO_4 + 2e^-$；正极反应：$PbO_2 + 4H^+ + SO_4^{2-} + 2e^- \longleftrightarrow 2H_2O + PbSO_4$。相应的充电化学反应为硫酸铅和水转化成二氧化铅、海绵铅与硫酸。

理解铅酸蓄电池工作原理，需要认识铅-硫酸水溶液的电势-pH 图（又称 Pourbaix diagram，图 3-10）。电势-pH 图中曲线表示反应两边物质转换达到平衡时的电势与溶液 pH 之间的关系。纵坐标为氧化还原电对平衡电极电势，横坐标为 pH。由电势-pH 图可以知道各组分生成的条件及组分稳定存在的范围，从热力学角度说明反应的可能性和反应进行的方向。图 3-10 中曲线规律可大致总结为以下几类：

(1)首先是氢线(a)和氧线(b)，对应于氢气析出和氧气析出，电极电压，随pH 的变化关系，两条线中间表示水分子稳定区域。氧线之上的电压，水被氧化析出氧气($O_2+4H^++4e^- \longleftrightarrow 2H_2O$)，氢线之下的电压，析出氢气($2H^++2e^- \longleftrightarrow H_2$)。

(2)水平线表示氧化还原反应的平衡电极电势值与pH 无关，或者说质子或氢氧根不参与反应，如(1)线表示 $Pb+SO_4^{2-} \longleftrightarrow PbSO_4+2e^-$ 半反应，与 pH 无关。

(3)垂直线表示反应没有电子得失，不是氧化还原电极反应，而是与质子和氢氧根有关，如(2,3,4 线)。

(4)斜线表示质子或者氢氧根参与氧化还原反应电极反应，平衡电势与 pH 有关，如(5,6,7,8 线)。

从图中很容易看出每条线上的化学反应，以及它们与 pH 和电势的关系，以(6)线为例，(6)线表示两个稳定区 PbO_2 和 $PbSO_4$ 之间的反应，写出半反应方程为：$PbO_2+SO_4^{2-}+4H^++2e^- \longleftrightarrow PbSO_4+2H_2O$。电极电势为：

$$\varphi = \varphi^{\ominus} + \frac{RT}{2F}\ln(\alpha_{SO_4^{2-}} \times \alpha_{H^+}^4) = \varphi^{\ominus} + 0.0295\lg\alpha_{SO_4^{2-}} - 0.1182pH \qquad (3\text{-}2)$$

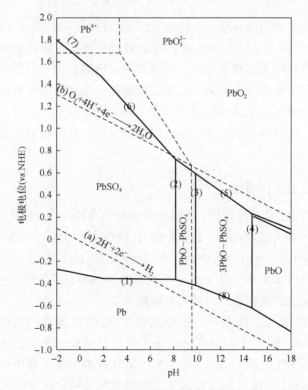

图 3-10　Pb 在 H_2SO_4 体系中的电势-pH 图

3.2.3　Pb 负极

金属 Pb 负极在充放电过程发生了金属和硫酸铅之间的转化反应,材料结构中的原子排布发生了重新排列。这种充放电过程存在几种不同的机理解释:①溶解沉淀机理认为放电时发生阳极 Pb 原子首先失去电子被氧化,然后 Pb^{2+} 离开电极表面进入硫酸溶液相,当溶液相 Pb^{2+} 的浓度与 SO_4^{2-} 离子浓度积超过 $PbSO_4$ 溶度积时,在铅电极附近产生 $PbSO_4$ 沉淀。②固相反应机理认为铅电极的电势正向极化超过固相成核过电势时,发生固相反应,SO_4^{2-} 离子会直接与铅表面碰撞产生固态的 $PbSO_4$,而不经过溶解成离子的过程。无论哪种机理,在铅酸蓄电池正常放电过程中形成 $PbSO_4$,但实际操作条件的不同可能会产生 PbO 和 PbO_2,因此需要了解 Pb 负极的极化反应。

图 3-11(a)显示 Pb 负极的极化曲线,其中 AB 段是铅氧化,发生 $Pb+SO_4^{2-} \longrightarrow PbSO_4+2e^-$ 的反应,阳极电流随电势正移而增加,到 B 点时电流急剧下降,CD 段电流很小,当电势从 C 到 D 过程中,$PbSO_4$ 部分氧化为 PbO,而且到 D 点电流又一次增加,这时 $PbSO_4$ 可氧化为 PbO_2,发生图 3-10 中(6)线上的反应,该过程可如图 3-11(b)所示。当电势过 D 点后,电流又急剧增大,此时电极上发生析氧反应。极化曲线上的 AB 段为活化区,铅正常溶解,B 点为钝化临界点,BC 段为钝化过渡区,CD 段为完全钝化区,DE 段是新的电极反应,即发生氧析出反应。

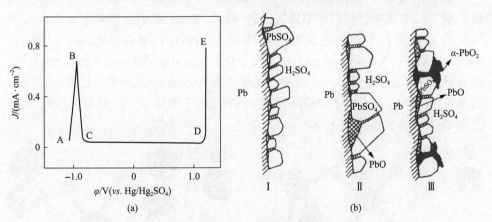

图 3-11　Pb 负极放电过程[6]

(a)铅在 H_2SO_4 中的极化曲线,(b)Pb 负极阳极氧化过程示意:(Ⅰ)在 $PbSO_4$ 稳定电势区,(Ⅱ)PbO 稳定区,(Ⅲ)大于 0.95V 是 PbO_2 稳定区

铅酸蓄电池负极通常使用海绵铅,如图 3-12 所示,海绵铅表面积大,热力学不稳定,循环过程存在表面收缩趋势。为了阻止表面收缩,需要负极添加剂。常用无机添加剂有乙炔黑、木炭粉、硫酸钡。加入乙炔黑的目的是增加分散性,提高导电性,$PbSO_4$ 与 $BaSO_4$ 结构相似,容易诱导形成成核中心,低过饱和度可结

晶，晶粒相对粗大一点，减小了 PbSO$_4$ 覆盖 Pb 负极颗粒的可能性和致密度，推迟了钝化作用。有机添加剂的作用是，吸附在活性物质上，降低了电极-溶液相界面的自由能，防止海绵铅表面收缩。

图 3-12　海绵铅 SEM

3.2.4　PbO$_2$ 正极

图 3-13 显示了 PbO$_2$ 的两种晶型，α-PbO$_2$ 和 β-PbO$_2$。α-PbO$_2$ 为斜方晶系（铌铁矿型），可以在碱性溶液中阳极氧化 Pb 形成。Bode 和 Voss 证实了 α-PbO$_2$ 是可以出现在铅酸蓄电池的正极活性物质中。α-PbO$_2$ 的晶胞参数 $a = 4.938$Å，$b = 5.939$Å，$c = 5.486$Å。α-PbO$_2$ 中铅离子被固定在八面体中心，每个八面体中，铅离子周围环绕着 6 个氧离子。铅离子半径为 0.084nm，氧离子半径为 0.132nm，氧离子之间间距 2.16Å。β-PbO$_2$ 属四方晶系（金红石型），$a = 4.945$Å，$b = 3.378$Å。其中 Pb 在扭曲的八面体中心。

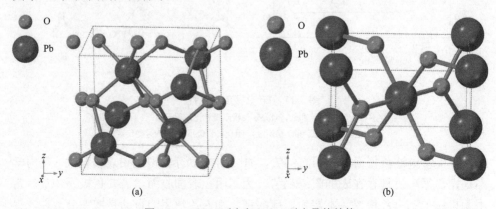

图 3-13　α-PbO$_2$（a）和 β-PbO$_2$（b）晶体结构

两种晶体结构存在紧密的关系，差别在于八面体之间的链接方式。图 3-14 显示两个结构八面体的堆垛方式。β-PbO₂ 中邻近的八面体共棱链接，形成线型长链。每条链之间通过共顶角形式链接。α-PbO₂ 中也是共棱链接，不过形成了 Z 字形链条。

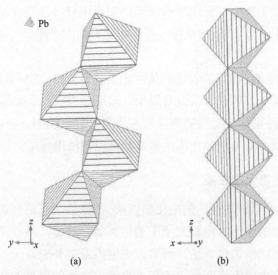

图 3-14　α-PbO₂(a) 和 β-PbO₂(b) 中多面体堆积顺序

α-PbO₂ 的晶粒小而致密，但导电性较差。β-PbO₂ 的晶粒大，稳定性、导电性、催化活性都优于 α-PbO₂。α-PbO₂ 和 β-PbO₂ 在一定的条件下可相互转换。在研磨或高压条件下，β-PbO₂ 可转化为 α-PbO₂。在 296℃和 301℃条件下，α-PbO₂ 转化为 β-PbO₂。

PbO₂ 的电阻率介于导体和绝缘体之间，具有半导体的性质。α-PbO₂ 和 β-PbO₂ 的电阻率分别为 $10^{-3}\Omega\cdot cm$、$10^{-4}\Omega\cdot cm$。氧化铅晶格中既有氧空位也有自由电子，在电场作用下，电子在晶体中运动形成电子导电；而氧离子可通过氧空位发生跃迁，形成离子导电。由于自由电子运动对电流的贡献比氧离子运动更大，因此 PbO₂ 是一种 n 型半导体。α-PbO₂ 和 β-PbO₂ 的带隙大概在 1.45eV 和 1.4eV。

3.2.5　铅酸蓄电池非活性组件

(1) 集流体：板栅是电极的集电骨架，起传导、汇集电流并使电流分布均匀的作用，同时对活性物质起支撑作用，是活性物质的载体。正极活性物质 PbO₂ 导电性差，电阻率为 $2.5\times10^{-1}\Omega\cdot cm$。而含 Sb 5%～12% 的铅锑合金，电阻率仅为 2.46～$2.89\times10^{-5}\Omega\cdot cm$。即 PbO₂ 的导电能力比 Pb-Sb 合金小 10 倍。而负极中的惰性

$PbSO_4$ 的电阻率更大，因此，将活性物质涂填在板栅上，可大大降低电池内阻。

铅酸蓄电池在充放电时，活性物质密度发生变化。充电结束时，正极 PbO_2 的密度是 $9.4g \cdot cm^{-3}$，负极海绵铅的密度是 $11.3g \cdot cm^{-3}$，正负极放电产物 $PbSO_4$ 的密度是 $6.2g \cdot cm^{-3}$，即放电时活性物质由 PbO_2 及海绵铅转化为 $PbSO_4$，摩尔体积将明显增加，发生极板"膨胀"或变形，而充电时，活性物质体积减小，即发生极板"收缩"，因此，板栅的支撑，可以防止极板因"膨胀"和"收缩"引起活性物质脱落。

(2)铅酸蓄电池的隔板：主要目的是阻止正负极短路，主要有微孔硬橡胶隔板、聚氯乙烯塑料隔板、玻璃棉纸浆复合隔板、玻璃丝隔板及套管等类型。

(3)铅酸蓄电池电解液是稀硫酸，常常需要一些添加剂，如硫酸钾、硫酸钠、硫酸亚锡等。电解液添加剂的作用主要是增强电解液电导率。

3.2.6　铅酸蓄电池电化学性能

图 3-15(a)显示铅酸蓄电池的电化学性质。在低倍率下铅酸蓄电池能够输出较多容量，高速放电条件下，电极空隙中的电解质被耗尽，不能及时得到补充，导致电压下降。采用间歇放电方法，可容许电解质及时补充，所以能够改善高速放电性能。高倍率放电的容量降低，宏观上表现出电池的内阻增加，内阻包括电池的欧姆电阻和极化电阻。硫酸电解液的欧姆电阻与电解液的组成、浓度和温度有关。要求选择高电导率的电解液。实际使用的硫酸质量分数为 36%～40%，硫酸质量分数应>10%。

图 3-15(b)显示了铅酸蓄电池在不同温度的放电曲线。放电曲线随着温度的降低明显降低，但是在-40℃依然能够放出 20%的电量，说明铅酸蓄电池具有较宽的温度范围。

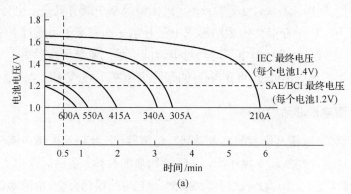

(a)

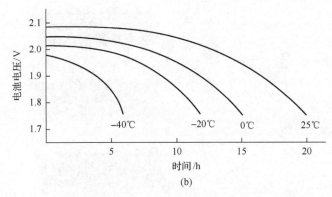

图 3-15　铅酸电池在不同倍率(a)和温度(b)下的放电曲线($C/20$)[7]

3.3　氢氧化镍正极

氢氧化镍是很多镍基电池共有的正极材料,例如镍镉电池、镍氢电池、镍金属氢化物电池、镍锌电池和镍铁电池等。因此在这里我们首先介绍氢氧化镍正极,有些书中直接称为氧化镍正极或者镍电极。氧化镍电极在使用中存在四种可能晶型之间的转变,如 α-Ni(OH)$_2$、β-Ni(OH)$_2$、β-NiOOH、γ-NiOOH。正常充放电过程中,发生的相变主要在 β-Ni(OH)$_2$ 和 β-NiOOH 之间,因此先了解它们的晶体结构。

3.3.1　β-Ni(OH)$_2$ 结构

β-Ni(OH)$_2$ 属于六方结构(图 3-16),晶胞参数 a 和 c 分别为 3.13Å 和 4.63Å,属于 164 号 $P\bar{3}m1$ 空间群,单位晶胞中有一个 Ni(OH)$_2$ 单元,其中 Ni—O 键长 2.12Å。β-Ni(OH)$_2$ 属于层状结构,由 NiO$_6$ 八面体单元共棱形成层,每个氧原子上连接的氢主要位于层与层之间,层与层间靠范德瓦耳斯力结合,这种 β-Ni(OH)$_2$ 与水镁石的 Mg(OH)$_2$ 具有等价结构。一般水溶液合成很容易得到 β-Ni(OH)$_2$,氧原子呈现 ABAB 堆积,XRD 图上呈现典型的 19.2° 特征峰。

第一性原理计算出来 β-Ni(OH)$_2$ 是一个半导体,带隙为 2.9eV,紫外可见光谱测量带隙在 3～3.5eV。电池材料的电子电导对放电性能影响显著,β-Ni(OH)$_2$ 表现得更像绝缘体,但是吸收水分子后的还原态 β-Ni(OH)$_2$ 电子电导有所增加,例如吸收 2% 的水分,β-Ni(OH)$_2$ 电导在 10^{-4}S·cm^{-1}。但是当电池充电之后,也就是 Ni(OH)$_2$ 转变成 NiOOH 后,电子导电性能显著提高,接近导体。

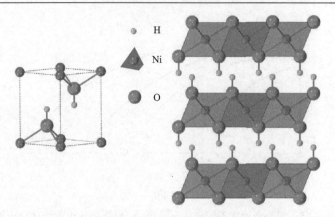

图 3-16　β-Ni(OH)₂ 晶体结构

3.3.2　β-Ni(OH)₂ 充放电过程

β-Ni(OH)₂ 在充电过程中，失去质子，同时二价 Ni 被氧化成三价，形成 β-NiOOH。有一些观点认为 β-NiOOH 晶体结构与 β-Ni(OH)₂ 相似，依然属于六方层状化合物，另一些研究显示脱嵌质子后的 β-NiOOH 晶体结构变成了 $C2/m$ 空间群，精修后晶胞参数 a=4.883Å，b=2.921Å，c=9.24Å，β=88.8°。NiO₆ 八面体扭曲，ab 面内产生大量微观应力。Ni—O 平均键长减少到 2.0Å，这是因为 Ni^{3+} 与 O^{2-} 之间吸引相比 β-Ni(OH)₂ 中的 Ni^{2+} 增强。质子的脱嵌导致上下两层之间静电排斥增加，所以 β-NiOOH 的层间距增加到 4.85Å。同时 β-NiOOH 中层与层之间产生位移，产生了 ABCA 的堆积顺序（图 3-17），这种堆积顺序可以看成 β-Ni(OH)₂ ABAB 堆积排列的某种堆垛层错，非常有可能本来就存在于 β-Ni(OH)₂ 中，如果 β-Ni(OH)₂ 继续过氧化，也就是电池过充，就可能形成 γ-NiOOH。γ-NiOOH 层排列呈现 ABBCCA 顺序。

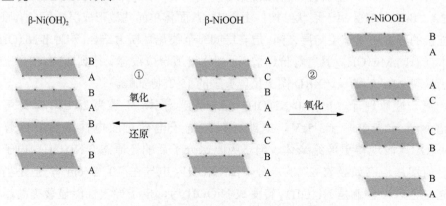

图 3-17　氧化镍正极充放电过程晶体结构变化[8]
①正常充放电；②过充情况

Bode 等发现和解释了几种晶型之间的转变，图 3-18 给出 β-Ni(OH)$_2$ 在充电过程转变为 β-NiOOH，一般情况对每个 Ni(OH)$_2$ 单元，0.8 个电子转移能维持 β-Ni(OH)$_2$ 到 β-NiOOH 的可逆转变，Ni 的平均氧化状态提高到 2.8。如果施加强电氧化作用，过充形成 γ-NiOOH。γ-NiOOH 结构中有可能包含 Ni^{4+}，并且层间距被拉大到 7Å，伴随较大的体积膨胀，导致电池极片上活性材料和导电剂之间接触变差，使电池容量损失，寿命衰减，因此电池使用过程中要避免过充使用。γ-NiOOH 在放电过程会转变成 α-Ni(OH)$_2$，α-Ni(OH)$_2$ 在强碱性溶液中脱水又会转变成 β-Ni(OH)$_2$。α-Ni(OH)$_2$ 和 γ-NiOOH 也可以通过充放电相互转化，但是这些转变的可逆性较 β-Ni(OH)$_2$ 到 β-NiOOH 的转变差。

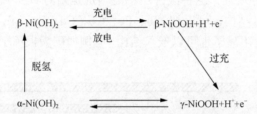

图 3-18　不同氢氧化镍晶型在充放电过程中的相互转化

3.3.3　α-Ni(OH)$_2$ 结构

α-Ni(OH)$_2$ 中 NiO$_6$ 八面体层类似 β-Ni(OH)$_2$ 平行于基面排列，但是层间嵌入了水分子，因此层与层间间距增加，β-Ni(OH)$_2$ 层间距为 4.6Å，α-Ni(OH)$_2$ 层间距增加到 7.8Å。层间水分子相对于 α-Ni(OH)$_2$ 的量 x 大概在 0.41~0.7，因此使用 α-Ni(OH)$_2$ 化学式有些误导，严格化学式应该写成 α-Ni(OH)$_2$·xH$_2$O。水分子的嵌入充当一个无定型的胶水作用，将上下两层黏附在一起，结果邻近的两层之间几乎没有取向相关性。这种随机层取向被称为"乱层(turbostratic)结构"(图 3-19)。与 β-Ni(OH)$_2$ 相比，α-Ni(OH)$_2$ 结构中 Ni—Ni 间距缩小了 0.05Å。

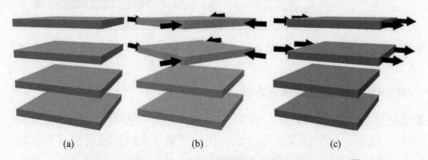

(a)　　　　　　　　　(b)　　　　　　　　　(c)

图 3-19　Ni(OH)$_2$ 结构中的堆垛层错导致无序结构示意[9]

(a)没有堆垛层错的结构；(b)绕 c 轴旋转的层无序缺陷；(c)沿着 ab 面内的平移层错

3.3.4　Ni(OH)₂ 结构中的无序性

除了晶体结构被解析的氢氧化镍，实际中常常遇到结构无序的氢氧化镍，包括外源离子取代、不同程度的水合，以及堆垛层错等(图 3-20)。结构无序会产生重要的后果，例如，结晶很好的 β-Ni(OH)₂ 相的电化学活性低于无序的 β-Ni(OH)₂，结构无序和性能之间的深层关系还不清楚。

β-Ni(OH)₂ 的阳离子位点很容易被取代形成双金属氢氧化物，一般形式如 $Ni_{1-x}M_x(OH)_2$，其中 M 可以是 Ca、Mg、Al、Co、Cu、Zn、Cd 等，这些杂离子取代还是呈现 β 相结构，晶胞参数有少量变动，使用 Co 取代 Ni 能够增加 β-Ni(OH)₂ 相质子导通性，这种改善还不能确定是因为质子空位引起还是堆垛层错导致。α-Ni(OH)₂ 结构也可以被 Mn、Fe、Co、Cu、Zn、Y、Yb 等取代。除了阳离子取代，实际上阴离子也可以嵌入结构中，例如碳酸根离子等，形成如图 3-20 中的结构。

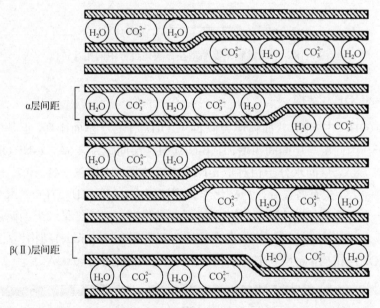

图 3-20　Ni(OH)₂ 结构中层间嵌入外源分子(如 H_2O)和离子(如 CO_3^{2-})的结构示意[10]

3.3.5　Ni(OH)₂/NiOOH 的制备方法

氢氧化镍制备有很多方法，例如，化学沉淀法、电化学法、溶胶凝胶法、水热-溶剂热合成等。化学沉淀法使用氢氧化钠或者氨水沉淀硫酸镍或者氯化镍水溶液，溶液 pH 足够高时，超过氢氧化镍溶度积，就会沉淀出氢氧化镍。离子浓度、温度和 pH 是影响沉淀的主要因素，一般在室温下容易形成 α-Ni(OH)₂，升高温度

产生 α-Ni(OH)$_2$ 和 β-Ni(OH)$_2$ 混合相，也有观点认为总是先形成 α-Ni(OH)$_2$，然后老化形成结晶度更高的 β-Ni(OH)$_2$。直接形成 β-Ni(OH)$_2$ 相需要温度接近或者高于水的沸点，水热合成可以提高温度，升高压力，有助于形成 β-Ni(OH)$_2$ 相。

电化学法是在电极表面上通过电氧化或者电还原的方式诱导沉淀 Ni(OH)$_2$ 相。包括 α-Ni(OH)$_2$ 和 β-Ni(OH)$_2$ 单相或者混合相，都有文献报道通过电化学还原的方式生成。电还原过程是在电极上施加负电压，导致水分解产生氢气，溶液 pH 升高，从而沉淀氢氧化镍。或者在溶液中添加硝酸盐，硝酸根离子被还原，导致氢氧根离子增多，然后诱导二价镍离子沉淀，所以阴极电镀过程中金属 Ni 的价态没有变化。如果要控制纯 β-Ni(OH)$_2$ 相可以通过适当升高电还原温度的方式实现。

$$NO_3^- + H_2O + 2e^- \longrightarrow NO_2^- + 2OH^- \tag{3-3}$$

$$Ni^{2+} + 2OH^- \longrightarrow Ni(OH)_2\downarrow \tag{3-4}$$

电氧化也是一种重要的形成氧化镍电极材料的方法，只不过在电极上施加正电压，导致二价 Ni 离子被氧化成三价 Ni，然后再以 NiOOH 的形式沉淀，半反应方程如式 (3-5) 所示。这种方法形成的氧化镍黏附在电极表面，结合比较紧密，除了用作电池材料，还可被用来制作电致变色窗。

$$Ni^{2+} + 2H_2O \longleftrightarrow NiOOH + 3H^+ + e^- \tag{3-5}$$

溶胶凝胶法先要制备一个溶胶，它是非常细小颗粒的胶体悬浮态，颗粒的粒径至少在一个维度小于 $1\mu m$，当溶胶转变成凝胶时，已经形成了共价的聚合物网络结构。氢氧化镍的溶胶也是通过化学沉淀形成，例如，使用有机金属前驱物水解产生氢氧化镍的溶胶，然后老化和干燥产生高孔隙率高比表面积的气溶胶状氢氧化镍。

不同方法制备氢氧化镍的尺寸形貌有别，实际商业镍基电池的氢氧化镍常采用高密度球形形貌，平均粒径为 $10\mu m$，振实密度为 $2.2g \cdot cm^{-3}$，比表面积为 $10\sim 20m^2 \cdot g^{-1}$。因为球形氢氧化镍容易制浆，负载后极片密度高。

3.3.6　Ni(OH)$_2$ 电池极片制备方法

烧结式镍电极的制备工序主要包括基板烧结、活性物质填充和后处理。镍电极基板的烧结温度一般低于镍粉的熔点，烧结气氛为还原性气氛。烧结的原材料大多采用羰基镍粉。烧结时，镍粉发生颗粒间的融合而形成多孔状的整体基板结构。活性物质的填充是以烧结后的基板为母体，通过静态浸渍、电解浸渍等方法完成。其中，静态浸渍的主要过程是通过镍盐与强碱的化学沉淀反应进行活性物质的填充。一般填充的材料为 Ni(OH)$_2$。而电解浸渍则是通过电解镍盐的方法提高溶液在基板附近的 pH，从而在烧结基板的空隙、表面沉积活性物质 Ni(OH)$_2$。

烧结式镍电极的主要优点是能量密度高、循环寿命长。

黏结式镍电极的制备方法主要有刮浆法、热挤压法等。刮浆法的基本工艺是活性材料、导电剂和添加剂经过充分混合、粉碎、过筛、调浆后，通过刮浆、干燥、滚压等工序制得。热挤压法则是通过热挤压使得正极物料成膜，将所得膜层裁切后滚压于集流体上而成。黏结式镍电极制造工艺简单，成本低，但电化学稳定性不高。

泡沫式镍电极是以泡沫镍为集流体、活性物质为载体的电极。由于泡沫镍孔率高，活性物质填充量大、利用率高，因此适合作大电流、高容量电池的镍电极。制作工艺首先是将活性材料、导电剂和添加剂制成浆料，然后将浆料均匀涂覆到泡沫镍上，最后经过干燥、压片和切片等制得电极片。泡沫式镍电极的制作简单，性能较好，适合连续生产，可在实际生产中大规模应用。

3.3.7 Ni(OH)$_2$电极性能改善

由于Ni(OH)$_2$导电性差，存在电子传输、离子脱嵌的困难，尤其是高密度球形氢氧化镍，离子扩散距离较长，影响了电池容量发挥和电池稳定性。在实际生产过程中除了添加导电炭黑和纤维镍提高宏观电导率外，还可以在颗粒表面包覆导电涂层(如氧化钴)形成导电网络。氢氧化镍的制备过程中引入钴离子掺杂，提高材料本征电导率。钴相对其他材料价格昂贵，导致成本增加。纤维镍的添加增加了非活性物质的量，降低了比能量。

氢氧化镍电极在充电时，电势接近氧气的析出电势，容易发生析氧反应，降低库仑效率。为了抑制析氧反应，提高析氧过电势，从材料的角度在氢氧化镍电极中引入析氧过电势高的杂质阳离子，例如 Zn 离子。针对高温型氢氧化镍还可以引入 Ca(OH)$_2$、CaF$_2$、Y$_2$O$_3$ 等添加剂抑制析氧；从电解质的角度，加入 LiOH 至 KOH 溶液中，Li 离子进入 Ni(OH)$_2$ 晶格也能提高析氧过电势。

3.4 镍镉电池

镍镉电池在历史上发挥了重要作用，因为镉具有生物毒性，随着锂离子电池等盛行，镍镉电池逐渐被淘汰，这里做简单原理介绍。镍镉电池负极为海绵状金属镉，正极为氢氧化氧镍(NiOOH)，电解液为 NaOH 或 KOH 的水溶液。镍镉电池是最早的二次碱性电池，第一个专利由瑞典人 Waldemar Jungner 发表。在负极上发生 $Cd+2OH^--2e^- \rightleftharpoons Cd(OH)_2$(电极电势为-0.809V)。反应机理为溶解-沉积机理，需要大表面积的海绵镉。镉电极放电时，如果电流密度过大，温度过低，或电解液浓度过低都易引起镉电极钝化，钝化原因是 Cd(OH)$_2$ 易脱水形成 CdO 覆盖电极表面所致。析氢反应 $2H_2O+2e^- \longrightarrow H_2\uparrow+2OH^-$(电势为-0.828V)，略低于负极反应电极电势，但是镉电极的析氢反应过电势更高，析氢过程并不严重，镍镉电池可以稳定循环。

与氢氧化镍搭配组成电池的反应为：

$$Cd(OH)_2 + 2Ni(OH)_2 \longleftrightarrow Cd + 2NiOOH + 2H_2O \qquad (3-6)$$

镍镉电池的优势在于工作温度范围广（–40～50℃），低温工作性能良好，使用寿命长，可充放电次数多，可以连续过充过放，内阻低并且放电电压稳定，电池稳定性很好。但是镉是生产锌的副产品，因此镉产量较低，成本很高，镍镉电池总的成本很高，是铅酸电池的 10 倍，但最致命的缺点还是金属镉的高生物毒性，因废弃电池对环境和人体的危害，许多国家的法律都对镉的应用有限制，尤其是在欧盟的法律中，镉的应用受到了严格的限制。即使这样，由于镍镉电池使用寿命长，可靠性高，依然在很多应用上广受欢迎，如急救灯、电网切换工作和马达启动等，由于其良好的低温性能，镍镉电池还广泛应用于太空卫星动力系统和飞行器中。

3.5　镍氢电池

3.5.1　镍氢电池原理

镍氢电池于 20 世纪 70 年代开发，并在美国海军导航卫星 NTS-2 上首次使用。镍氢电池现在主要应用于宇航领域，包括哈珀望远镜也使用镍氢电池。镍氢（Ni-H$_2$）电池采用氢电极为负极，Ni(OH)$_2$ 材料为正极，在两个电极之间夹有吸饱 KOH 溶液的石棉膜作为电池隔膜。氢电极是以镍网为骨架，活性炭为载体，Pt 为催化剂，聚四氟乙烯（PTFE）为黏结剂制备而成的多孔气体扩散电极，负极的活性物质是电池内部预先充入的氢气。Ni-H$_2$ 电池克服了镍镉电池的放电深度不足，使用寿命较短等问题。镍氢电池的表达式为：(–)Pt, H$_2$| KOH | Ni(OH)$_2$(+)。负极反应：$H_2O + e^- \longleftrightarrow 1/2H_2 + OH^-$，结合 Ni(OH)$_2$ 正极，总的电池反应为：Ni(OH)$_2 \longleftrightarrow$ NiOOH + 1/2H$_2$，电池的电压为 1.318V。

正常充电条件下，正极的 Ni(OH)$_2$ 发生氧化生成 NiOOH，负极发生 H$_2$O 的还原生成 H$_2$。在放电过程中，正极发生 NiOOH 的还原反应生成 Ni(OH)$_2$，负极发生 H$_2$ 的氧化反应生成 H$_2$O。当正极的 Ni(OH)$_2$ 向 NiOOH 转化完成时，正极在氧化电势的作用下会发生水的电解析出 O$_2$，负极在还原电势作用下继续析出 H$_2$，此时电池发生过充现象，发生水被电解的反应。负极本身是贵金属 Pt 为催化剂的多孔电极，过充条件下正极上析出的 O$_2$ 扩散到负极表面，在催化剂的作用下，与负极上析出的 H$_2$ 反应生成 H$_2$O。复合反应速率非常快，电池内部 O$_2$ 分压很低。从电化学反应分析，连续过充电并不发生水的总量和 KOH 浓度的变化，表明镍氢电池具有耐过充电能力。

镍氢电池过放电时，正极进入反极状态，析出 H_2，氢电极上仍然进行 H_2 催化氧化生成水的过程，电池总反应保持物料平衡，电池内部压力保持不变。同时，电池过放电反应不会造成 KOH 溶液浓度的变化，表明 Ni-H_2 电池具有耐过放电能力。

3.5.2 镍氢电池构造

镍氢电池与其他电池显著不同在于氢气需要压力容器(图 3-21)，整体上电池由镍电极、氢电极、隔膜、电解液等部分组成。Ni-H_2 电池的镍电极与镍镉电池的类似，采用电化学浸渍的烧结式 $Ni(OH)_2$ 电极，电化学浸渍使活性物质在多孔基板的孔壁表面分布均匀，有利于降低活性物质与基板间的电阻，提高活性物质的利用和电池使用寿命。电化学浸渍能够降低基板受腐蚀程度，有利于保持电极尺寸稳定。氢电极主要是以镍网或者泡沫镍作为集流体，负载铂基催化剂，使用聚四氟乙烯作为黏结剂。

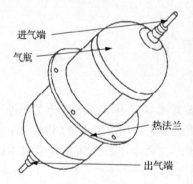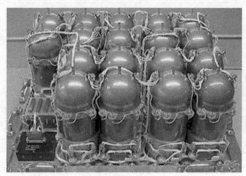

进气端
气瓶
热法兰
出气端

图 3-21　镍氢电池以及高压氢气罐[11]

Ni-H_2 电池的隔膜有石棉膜和氧化锆布，它们具有较好的热稳定性和润湿性，较强的电解液保持能力。石棉膜不透气，在充电和过放电时镍电极上析出的 O_2 首先要进入电极组合压力容器的空间，再扩散进入负极催化层的三相界面与 H_2 复合生成水。氧化锆布具有较好的化学和物理稳定性，具有储存电解液的作用，能够透过气体，又被称为双功能隔膜。

Ni-H_2 电池的电解液一般采用 KOH 溶液。此外，为了增加电池的容量和循环寿命，通常在电解液中加入少量的氢氧化锂。

镍氢电池具有如下特点[12]：①可靠性强。具有较好的过放电、过充电保护，可耐较高的充放电倍率；②质量比容量较镍镉电池的高；③循环寿命长，可达几千次之多；④与镍镉电池相比，全密封，维护少；⑤低温性能优良，在−10℃时，容量没有明显改变；⑥可以通过氢压来指示电池荷电状态。Ni-H_2 电池也有其缺点[13]：①电池内部氢气压力较高，增加了电池的密封难度；②壳体需要采用较重的耐压容器,降低了电池的比能量;③电池自放电问题严重;④可能存在氢气泄露而引起安全问题,这也限制了它的应用。因此,高压镍氢电池主要应用于空间技术等特定的领域。镍氢电池相对铅酸电池和镍镉电池具有较高的理论能量,但实际应用中这种高比能量不容易发挥,表 3-2 给出了上述三种电池的比能量比较。

表 3-2　几种二次电池的比能量[12]

电池	比能量/(Wh·kg⁻¹)		能量密度/(Wh·L⁻¹)	
	理论值	实际值	理论值	实际值
铅酸	161	30～40	720	50～100
镍镉	209	35～50	751	70～140
高压 Ni-H₂	378	45～70	273	30～40

3.5.3　镍氢电池的电化学性能

1. 镍氢电池的充放电性能

图 3-22 给出了 Ni-H₂ 电池的充放电过程中电压和压力的变化曲线,从图中可以看出,充电时,氢气压力线性增加,充电电压平台在 1.4V 左右,充电结束镍电极达到完全的充电状态。随后如果继续充电,电池发生过充,正极上析出氧气,并在负极发生复合反应,压力保持稳定。放电时,氢气压力线性下降,放电电压平台在 1.3V 左右,直到氧化镍电极完全放电为止,放电结束。如果继续放电,电池发生过放电,正极上析出氢气,并在负极发生复合反应,压力重新保持稳定。图 3-23 给出了 Ni-H₂ 电池的放电容量和温度的关系曲线,图 3-23 中可以看出随着温度的升高,电池的放电容量降低。

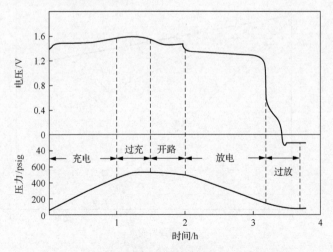

图 3-22　镍氢电池充放电曲线和压力之间关系[7]
1psig=6894.76Pa

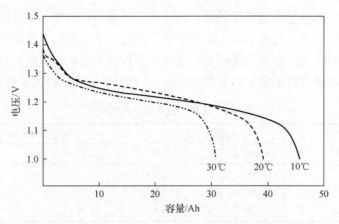

图 3-23 Ni-H$_2$ 电池的放电容量和温度的关系曲线[7]

2. 镍氢电池的自放电性能

电池静置期间会发生自放电过程,因为镍氢电池电极被一定压力的 H$_2$ 包围,H$_2$ 扩散速率极快,正常放电时 H$_2$ 通过电化学方式还原氢氧化镍电极,实际在长时间放置过程中,氢气也会化学还原氢氧化镍电极,导致电池的容量降低。Ni-H$_2$ 电池的自放电性能可以通过测定电池在静置后的容量获得,也可以通过测试电池在静置过程中氢压的变化得出。电池内部的氢压是容量的直接指标,自放电率正比于 H$_2$ 压力。图 3-24 为 Ni-H$_2$ 电池在不同温度下的自放电曲线,从图中可以看出,电池的温度越高自放电率越大。

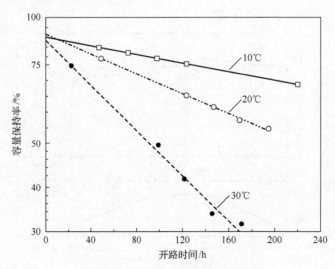

图 3-24 镍氢电池的自放电曲线[7]

3. 镍氢电池的循环寿命

$Ni-H_2$ 电池具有非常好的循环性能, 其使用寿命可达 10 年以上。单体电池工作寿命结束的标志是放电电压下降到 1V 以下。导致电池工作寿命降低以及失效的主要原因如下。

(1) 镍电极膨胀: 镍电极中的活性物质随着循环的进行而不断发生体积膨胀和收缩, 最终导致镍电极上活性物质脱落或者镍电极解体。此外, 镍电极膨胀还会挤出隔膜中浸润的电解液, 导致电池干涸失效。

(2) 密封壳体泄露: 由于 $Ni-H_2$ 电池中的负极活性物质 H_2 是以气体的方式密封在电池壳体内部, 如果电池密封壳体发生泄露, 就会造成 H_2 的流失, 从而使得电池性能下降或者失效。

(3) 电解液再分配: 电解液再分配是指在充电过程中电解液中产生的气体在溢出到电池内部空间时, 会发生电解液被气体带出电极和隔膜的现象, 从而造成电解液再分配, 影响电池寿命。

3.5.4 镍氢电池发展

由于使用了高压氢气罐, 成本高昂, 因此镍氢电池主要集中应用在宇航领域, 与民用领域的电池技术发展相比较而言进展缓慢。最近崔屹等将 Ni-Mo-Co 合金引入镍氢电池的负极, 替换了贵金属 Pt, 制备了如图 3-25 所示的新型镍氢电池, 应用于大规模储能领域[14]。这种新催化剂能够在碱性电解质中有效地催化 H_2 的析出和氧化过程, 实现了 $140Wh \cdot kg^{-1}$ 的比能量。开发这种 NiMoCo 催化剂显著降低了使用 Pt 催化剂的镍氢电池的成本, 另外 NiMoCo 合金可以直接电沉积在三维电极上, 不需要导电碳和黏结剂作为辅料, 提高了电池整体电导率, 有助于改善催化剂的脱落问题。

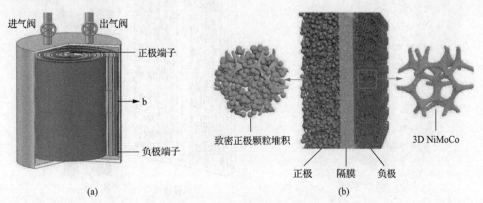

图 3-25　圆柱状镍氢电池示意图, 镍氢电池正负极组件的组装示意图 (a), 正极使用氢氧化镍颗粒, 负极为电沉积在三维泡沫镍上的 NiMoCo 合金[14] (b)

　　镍氢电池的发明主要是为了取代镍镉电池在宇航领域的应用，中小型卫星空间体积有限，无法容纳大体积的镍氢电池，目前随着锂离子电池技术的进步，许多太空探索开始使用锂离子电池，减少了镍氢电池的应用。或许替换贵金属 Pt，采用廉价的催化剂，镍氢电池能在大规模储能领域得到一定的应用。

3.6　镍-金属氢化物电池

3.6.1　镍-金属氢化物电池介绍

　　镍氢电池由于使用了高压气罐，严重制约了其应用领域。贮氢合金材料能够可逆吸放氢气，因此将贮氢合金作为负极与氢氧化镍正极搭配产生了镍-金属氢化物电池。Philips 公司将 $LaNi_5$ 贮氢合金作为负极材料应用于镍氢电池中[15]。随后的几十年中，这种利用贮氢合金的电化学吸放氢特性研制成功的镍-金属氢化物 (Ni-MH) 电池得到了迅速的发展。美国的 Ovonic 公司，日本东芝、松下以及三洋等电池公司也相继开发出商用 Ni-MH 电池。Ni-MH 电池与传统的镍镉电池比较，具有如下优点：①具有高的能量密度；②可快速充放电；③几乎无记忆效应；④耐过充和过放电性能好；⑤环境污染小；⑥长的循环寿命；⑦工作电压与传统镍镉电池相同，可直接取代有毒污染的镍镉、铅酸电池。与镍氢电池高压气罐不同，在金属氢化物电池中，正负极材料都是粉末，可以通过刷浆工艺制备成薄层电极，然后卷绕成圆柱状电池，如图 3-26 所示。

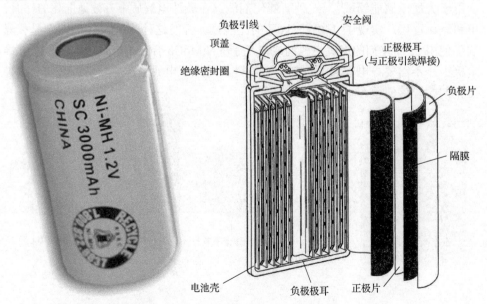

图 3-26　圆柱状镍-金属氢化物电池实物照片以及剖面示意图

Ni-MH 电池的综合性能指标明显优于铅酸电池、镍镉电池、镍铁电池和镍锌电池，但是 Ni-MH 电池的自放电率相对较高。锂离子电池放电比能量虽然优于 Ni-MH 电池，但安全性等方面不如 Ni-MH 电池。作为一种高容量绿色电池，Ni-MH 电池在许多领域得到广泛使用。

3.6.2　Ni-MH 电池原理

Ni-MH 电池是以贮氢合金为负极活性材料，负极发生的电化学反应为：$M + H_2O + e^- \longleftrightarrow MH + OH^-$。Ni-MH 正极活性材料为氢氧化镍，电解液通常采用 $6 mol \cdot L^{-1}$ 氢氧化钾溶液，整体电池化学表达式为：$(-)$ M/MH | KOH | Ni$(OH)_2$/NiOOH$(+)$。Ni-MH 电池的反应式可表示为：$M + Ni(OH)_2 \longleftrightarrow MH + NiOOH$。

理想充放电过程中，发生在 Ni-MH 电池正负极上的电化学反应属于固相转变机制，整个反应过程中不产生任何中间态的可溶性金属离子，也没有电解液组成的消耗和生成。因此，Ni-MH 电池可以实现完全密封和免维护，其充放电过程可以看作氢从一个电极转移到另一个电极的循环过程。具体而言，充电过程中，正极活性物质中的 H^+ 首先扩散到正极/溶液界面与溶液中的 OH^- 反应生成 H_2O。接着，溶液中游离的 H^+ 通过电解液扩散到负极/溶液界面发生电化学反应，生成氢原子并进一步扩散到负极材料贮氢合金中与之结合形成金属氢化物。放电过程是充电过程的逆过程。

Ni-MH 电池在实际充电过程中，由于充电控制方法和充电控制器等均会造成 Ni-MH 电池不同程度的过充电，因此要求 Ni-MH 电池采用负极过量的方式设计，即电池负极的容量超过正极容量，负极、正极容量的比例可以达到 1.5 : 1，甚至更高。在 Ni-MH 电池过充电时，正极上的 Ni$(OH)_2$ 全部转化为 NiOOH，充电反应转变为正极上电解水析出 O_2 的反应，正极上析出的 O_2 可以通过隔膜扩散到负极表面与 H 复合还原为 H_2O 和 OH^-，从而避免或减轻电池内部压力升高现象。但是，氢与氧反应会释放出热量，因此也不能对镍氢电池过充太多。过放电时，正极上的 NiOOH 全部转化为 Ni$(OH)_2$，放电反应转变为正极上电解水析出 H_2 的反应，正极上析出的 H_2 通过隔膜扩散到负极表面可以被贮氢合金迅速吸收。因此，MH/Ni 电池具有耐过充放电性能。

Ni-MH 电池中最关键的是负极材料，AB$_5$ 型贮氢合金是 Ni-MH 电池负极主要使用的活性物质。近年来 La-Mg-Ni 系贮氢合金在高能量密度 Ni-MH 电池中也得到一定程度应用。贮氢合金作为 Ni-MH 电池负极材料需满足下列要求：①电化学比容量高；②充放电可逆性好，工作温度范围宽；③高倍率充放电性能好；④电催化活性好，有利于氢的扩散；⑤抗粉化能力强，耐碱液腐蚀，具有长的循环寿命；⑥无记忆效应；⑦原材料来源丰富，成本低，安全性高，绿色环保等。

3.6.3　贮氢合金机理

1. 贮氢合金的固-气吸放氢原理

贮氢合金吸放氢的过程取决于金属和氢的相平衡关系。许多金属可固溶氢形成含氢的固溶体(MH_x),其溶解度$[H]_M$与固溶体平衡氢压(p_{H_2})的平方根成正比[16]:$p_{H_2}^{1/2} \propto [H]_M$。贮氢合金吸氢形成固溶体后,在一定温度和压力条件下,固溶相MH_x可与氢反应生成金属氢化物:

$$\frac{2}{y-x}MH_x + H_2 \longleftrightarrow \frac{2}{y-x}MH_y + Q \tag{3-7}$$

反应需要在一定压力下进行,压力即为反应平衡压力。氢化反应(正向)吸氢放热,逆向反应放氢吸热。通过改变反应的温度与压力条件可以使反应向正、反方向反复交替进行,从而使贮氢合金起到可逆吸放氢的作用。金属-氢系的相平衡可由压力-组成等温线(PCT曲线)表示,以$LaNi_5$合金的PCT曲线为例[17](图3-27)。从图左向右开始吸氢,首先$LaNi_5$吸氢形成氢的 α 相间隙固溶体,此时氢原子在$LaNi_5$合金中处于无序分布状态,如图 3-27 最左边合金晶体与氢的作用示意。当吸氢至拐点 I 时,氢化反应开始,此时 $LaNi_5$ 合金中氢浓度显著增加但氢压几乎不变,α 相继续吸氢逐渐生成 β 相金属氢化物,在平台区内 α 相和 β 相共存。当吸氢至拐点 II 时,$LaNi_5$ 从 α 相向 β 相的氢化反应结束,$LaNi_5$ 合金完全变成 β 相金属氢化物。β 相中的氢原子处于有序分布状态,如图 3-27 最右边合金晶体与氢的作用示意。当再增加氢压时,又在氢化物的基础上形成新的固溶体。金属氢化物放氢过程按反方向进行。图 3-27 中水平段(两相共存区)压力即为平衡压力,该

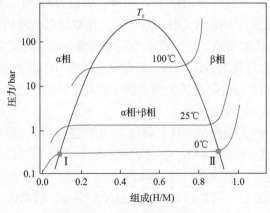

图 3-27　$LaNi_5$ 的 PCT 曲线

1bar=10^5Pa

段氢浓度(H/M)代表了金属氢化物在不同温度时的有效吸氢量。由图 3-27 还可以看出，温度升高，平衡压力增大，有效氢容量减少。

2. 贮氢合金的电化学吸放氢原理

贮氢合金的电化学吸放氢发生 $M + xH_2O + xe^- \longleftrightarrow MH_x + xOH^-$ 反应。如果发生过充则水分子被还原析出氢气，如果发生过放电，则氢氧根被氧化析出氧气。合金氢化物电极的平衡电势与贮氢合金气态平衡压力之间的关系为[18]：

$$E_{MH_{eq}}\left(vs.\ Hg, \frac{HgO^-}{OH}\right) = -0.9324 - 0.0291Lg[p_{H_2}/p^0] \qquad (3\text{-}8)$$

MH 电极过程是由一系列性质不同的步骤组成，除了连续进行的步骤外，还可能存在平行的步骤。贮氢电极的电化学吸放氢过程可用以下几个步骤表示[19-26]：①液固界面附近的液相传质过程；②电极表面的电荷转移过程：$M + H_2O_{(s)} + e^- \longleftrightarrow MH_{ads} + OH^-_{(s)}$；③氢向体相的扩散及 OH^- 的液相传质过程；④氢化物的相变过程，即含氢固溶体 MH_α 和氢化物 MH_β 之间的反应平衡过程。

3.6.4　贮氢合金负极

1. 贮氢合金分类

贮氢合金通常是由 A 侧金属元素(如 La、Zr、Mg、V、Ti 等)与 B 侧金属元素(如 Cr、Mn、Fe、Co、Ni、Cu、Zn、Al 等)组成的金属间化合物。A 侧元素通常较易与氢发生反应形成稳定的氢化物，其主要作用为控制合金的贮氢量，B 侧元素通常不能和氢形成稳定氢化物，使得氢较易在其中移动，其主要起控制合金吸放氢可逆性的作用[16]。目前作为 Ni-MH 电池负极材料研究的贮氢合金主要有以下几种类型：AB_5 型稀土系贮氢合金、AB_2 型 Laves 相贮氢合金、$AB_{3\sim3.5}$ 型 La-Mg-Ni 系贮氢合金、AB 型钛镍系合金、A_2B 型镁基贮氢合金以及 V 基固溶体型贮氢合金等几种类型。下面主要介绍 AB_5 型贮氢合金。

2. AB_5 型合金介绍

AB_5 型贮氢合金为 $CaCu_5$ 型六方结构，典型代表为 $LaNi_5$ 合金，$LaNi_5$ 合金具有易于活化，平衡氢压适中，吸放氢滞后小，吸氢量大，动力学性能优良以及抗杂质气体中毒性能好等优点。在 25℃及 0.2MPa 压力下，$LaNi_5$ 吸氢后形成 $LaNi_5H_6$，气固贮氢量达到 1.4wt%，理论电化学放电容量达 $372mAh \cdot g^{-1}$。虽然 $LaNi_5$ 合金具有很高的电化学贮氢容量和较好的吸放氢动力学性能，但由于合金吸氢后晶胞体积膨胀较大(24.3%)，很容易引起 $LaNi_5$ 合金的粉化，从而导致表面的稀土元素暴露在碱液环境下被氧化腐蚀，造成贮氢合金发生不可逆的容量损失，而且随着充放电循环的进行，容量衰减迅速，循环寿命很短，只有几十次。因此，$LaNi_5$二元合金本身并不适合直接用作 Ni-MH 电池的负极材料[27]。从 20 世纪 70 年代开始，人们尝试在 A、B 两侧通过元素替代形成三元、四元甚至多元合金来改善其性能。同时也采用不同的材料制备与后续处理工艺，非化学计量比等技术手段对材料进行优化。到目前为止，多元 AB_5 型稀土系贮氢合金的开发基本上解决了合金的实用化问题，$LaNi_5$ 型贮氢合金已成为 Ni-MH 电池生产中使用最为广泛的材料。

AB_5 型贮氢合金具有良好的性价比、制备简单、易于活化，是目前国内外 Ni-MH 电池生产中使用最为广泛的负极材料。我国具有丰富的稀土资源，发展稀土贮氢合金有利于民族工业的发展[28,29]。但是，随着 Ni-MH 电池产业的迅速发展，对电池的能量密度和充放电性能的要求也不断提高，进一步提高电池负极材料的性能已成为 Ni-MH 电池产业持续发展的关键。目前，对合金的化学成分(包括 A 侧的混合稀土组成和 B 侧的合金元素组成)和制备工艺优化是进一步提高合金电极性能的主要途径[27]。

1)$LaNi_5$ 型合金结构

图 3-28 给出了 $LaNi_5$ 合金的晶体结构[30,31]，属于六方点阵，空间群为 $P6/mmm$。La 原子占据 Ni 与 La 原子共面上的 1a(0, 0, 0)位，Ni 原子存在两种非等价的 Ni1 和 Ni2 原子，Ni1 原子占据 Ni 与 La 原子共面上的 2c(1/3,2/3,0)和(2/3,1/3,0)位，Ni2 原子占据全部为 Ni 原子面上的 3g(1/2,0,1/2)、(0,1/2,1/2)和(1/2,1/2,1/2)位。$LaNi_5$ 合金的晶格参数 $a = 5.016$Å，$c = 3.982$Å，$c/a = 0.794$，晶胞体积 86.80Å^3。

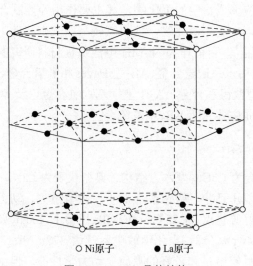

○Ni原子　●La原子

图 3-28　$LaNi_5$ 晶体结构

从几何的角度来看，$LaNi_5$ 晶胞由 20 个多面体堆垛而成，其多面体类型如图 3-29 所示。2 个 La 原子和 6 个 Ni2 原子组成 1 个十二面体[图 3-29(a)]，2 个 La 原子与 2 个 Ni1 原子和 2 个 Ni2 原子组成的八面体有 3 个[图 3-29(b)]，1 个 La 原子与 1 个 Ni1 原子和 2 个 Ni2 原子组成的四面体有 12 个[图 3-29(c)]，1 个 Ni1 原子和 3 个 Ni2 原子组成 4 个四面体[图 3-29(d)]。构成晶体的基本单元是四面体，因为不共面的四个原子必然构成一个四面体。上述的十二面体可以分为 6 个四面体，这里有两种划分方式。一种分法为：1La，3Ni2；另一种分法为：2La，2Ni2。一个八面体可以分为四个四面体，其划分方式也有两种。一种分法为：1La，1Ni2，2Ni1。另一种分法为：2La，1Ni2，1Ni1。如果 $LaNi_5$ 晶胞按四面体划分，可以分为 34 个四面体。两个图 3-29(d)中的四面体也可以构成一个六面体，也可以认为一个 $LaNi_5$ 晶胞是由一个十二面体，三个八面体，两个六面体和 12 个四面体组成。

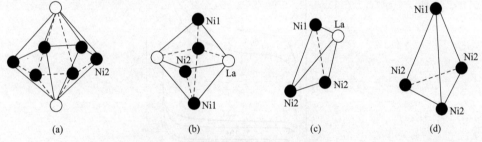

图 3-29　$LaNi_5$ 晶胞中多面体的类型[32]

贮氢合金中并不是所有的间隙位置都能贮氢，其中氢的占位需要满足两个条件：第一，多面体间隙的半径要大于氢原子的半径；第二，氢原子和金属原子之间能够以共价键形式相结合。这说明合金中间隙周围金属原子的电负性和电子分布状况也会影响氢的占位。此外，合金中的四面体间隙只能部分被氢占位，这是因为四面体间隙贮氢还要受到 Shoemaker 填充不相容规则的限制，即两个共面的四面体间隙不能同时被氢原子占据[33]。晶体学研究表明[34]，$LaNi_5$ 晶胞中的间隙可分为 3f(八面体间隙)、4h(四面体间隙)、6m(四面体间隙)、12o(四面体间隙)和 12n(四面体间隙)这五种形式。这五种间隙的特征如表 3-3 所示。研究表明，对于固溶体 $LaNi_5H_x$(x=0.1 和 0.4)，氢原子优先占据 3f 和 12n 的位置。

表 3-3　$LaNi_5$ 晶胞中五种间隙的特征[34]

间隙种类	位置/(x, y, z)	坐标	间隙半径/Å
3f	1/2,0,0	2La,2Ni1,2Ni2	0.257
4h	1/3,2/3,0.37	1Ni1,3Ni2	0.301
6m	0.137,0.274,1/2	2La,2Ni2	0.551
12o	0.204,0.408,0.354	1La,1Ni1,2Ni2	0.388
12n	0.455,0,0.117	1La,2Ni1,1Ni2	0.408

2) LaNi₅ 合金的性能

图 3-30 是 LaNi₅ 二元合金在不同温度条件下的吸氢和放氢压力与氢量之间的关系曲线 (PCT 曲线)[35,36]。常温下一个 LaNi₅ 分子可以储存 6 个 H 原子，相当于储存 1.37wt%的氢。LaNi₅ 常温吸放氢平衡压接近 2 个大气压，平台平整度好，吸放氢滞后很小。随着温度的升高，有效吸放氢量减小，吸放氢平台升高，平台倾斜度和吸放氢滞后增加。在 80℃时，吸放氢平台压分别约为 15 个大气压和 12 个大气压。温度越高，滞后效应越明显。

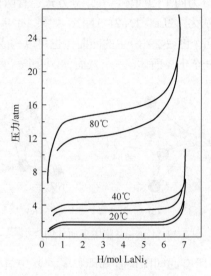

图 3-30　LaNi₅ 的等温吸放氢曲线[35]

1atm=1.013×10⁵Pa

图 3-31 给出的是 LaNi₅ 二元合金的电化学循环曲线[37]。从图中可以看出，LaNi₅ 合金活化性能较好，经过几圈充放电活化即可达到最大放电容量，约 330mAh·g⁻¹，活化性能较好，但是随着充放电循环圈数的增加，容量发生快速衰减，经过 400 圈循环后容量就低于 50mAh·g⁻¹。造成 LaNi₅ 合金容量衰减的主要原因是充放电循环中合金的吸氢粉化和氧化腐蚀[38,39]。在碱性溶液中 LaNi₅ 合金表面会形成 La(OH)₃、Ni(OH)₂ 和金属镍，其中 La 比 Ni 更易被腐蚀[37,40]。从热力学上讲，La 在 KOH 电解液中的腐蚀是不可避免的，LaNi₅ 被氧化的自由能变化 ΔG 为 -472kJ·mol^{-1}，

而 LaNi₅ 本身的生成焓变只有 -273kJ·mol^{-1}，前者明显大于后者。尽管 La(OH)₃ 和 Ni(OH)₂ 的生成可以阻止 LaNi₅ 的进一步腐蚀，但由于 LaNi₅ 在充放电过程中体积变化很大，LaNi₅ 合金会发生表面粉化，暴露出新鲜表面，这些新鲜表面又重新被腐蚀成 La(OH)₃ 和 Ni(OH)₂。La(OH)₃ 和 Ni(OH)₂ 的形成实际上降

低了可提供有效容量的合金量，另一方面，表面 La(OH)$_3$ 和 Ni(OH)$_2$ 增加了合金电化学反应阻抗，也会造成容量损失。当合金粉化及相应的腐蚀达到严重时，合金的容量将变得很小。此外，LaNi$_5$ 合金在气固吸放氢过程中抗气体中杂质 CO、O$_2$、H$_2$S、SO$_2$ 等的毒化能力也很差[41-43]，即使添加了很少量的 Al，CO 仍然很容易让合金中毒。因此，LaNi$_5$ 二元合金不适宜作为镍氢电池的电极材料。

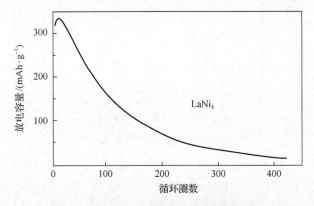

图 3-31　LaNi$_5$ 二元合金充放电循环曲线

多元合金化是提高贮氢合金性能的主要途径。对于以 LaNi$_5$ 为代表的稀土系 AB$_5$ 型多元贮氢合金，多元合金化在一定范围内可以使合金保持 CaCu$_5$ 型单相六方结构，但可以改变合金的晶胞参数，增大晶格间隙，提高合金贮氢容量。但是合金放电容量增加的同时，也会加剧合金吸放氢过程中的粉化程度，导致合金的循环性能降低。因此在通过元素合金化提高贮氢合金放电容量的同时，要综合考虑合金电极的循环性能，已达到改善贮氢合金的综合电化学性能的目的。

3.6.5　Ni-MH 电池的性能

1. 充放电特性

Ni-MH 电池与镍镉电池采用相同的正极和电解液，工作电压同为 1.2V，但贮氢合金拥有较高的比容量(AB$_5$ 型：约 300mAh·g^{-1}，AB$_2$ 型：约 400mAh·g^{-1})，且容量密度明显优于镉电极，因此，镍氢电池拥有对镍镉电池能量(特别是能量密度)上的优势。Ni-MH 电池的充放电曲线与镍镉电池的类似，如图 3-32 所示。但是 Ni-MH 电池的放电容量几乎是镍镉电池的 2 倍。电池的放电容量和电压也与放电倍率、温度等有关，一般放电倍率越大，放电容量与放电电压越低，如图 3-33 所示。

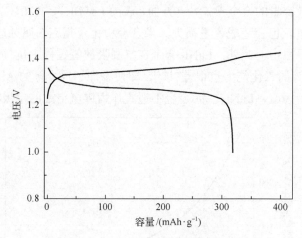

图 3-32　Ni-MH 电池的充放电曲线

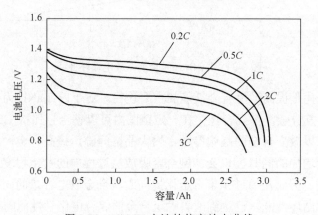

图 3-33　Ni-MH 电池的倍率放电曲线

2. 自放电特性

Ni-MH 电池的自放电比镍镉电池的大。贮氢合金的组成、使用温度以及电池组装工艺等都会影响 Ni-MH 电池自放电特性。贮氢合金的析氢平台压力越高，吸收的氢气越容易从合金中逸出，进一步与正极的 NiOOH 反应，造成电池的自放电。因此，最佳的贮氢合金的析氢平台压为 $10^{-4}\sim1\mathrm{MPa}$。Ni-MH 电池使用温度越高，自放电越大。此外，Ni-MH 电池自放电引起的容量损失是可逆的，长期放置的 Ni-MH 电池，经过几次小电流的充放电循环后电池的容量即可恢复。

3. 循环寿命

Ni-MH 电池的循环性能主要取决于负极合金，造成负极合金容量衰减的原因有：①电化学吸放氢过程中贮氢合金粉化；②元素表面腐蚀使得贮氢合金失去贮氢能力；③充放电循环过程中，贮氢合金表面形成 $La(OH)_3$，不利于合金的吸氢，使得电池内部氢气的分压增高，不利于电池循环性能；④电池内部氢压过高时，会发生气体泄露，造成电解液的挥发，使得电池容量降低，循环性能下降。此外，电池寿命还取决于电极构造、放电机制与放电深度等多方面因素。

3.6.6 Ni-MH 电池的应用

Ni-MH 电池经过几十年的发展，无论在技术上还是应用上都趋于成熟，同时也存在极大的发展空间。目前它的主要应用或潜在应用领域主要包括以下三方面：①便携式电子设备市场。Ni-MH 电池曾一度统治手机、笔记本电脑电源等领域，而后被锂离子电池抢占了市场份额。②电动汽车领域，包括纯电动汽车(EV)、混合动力汽车(HEV)、插电式混动车(PHEV)。Ni-MH 电池在此领域面临的竞争仍来自于锂离子电池。但是从技术角度讲，Ni-MH 电池在成熟度、安全可靠性和成本方面较锂离子电池更具优势。丰田 PRIUS 混合动力轿车采用了高功率 Ni-MH 电池，目前 PRIUS 已经发展到第三代，其 Ni-MH 动力电池的比功率超过了 $1300W \cdot kg^{-1}$。③大规模静态使用。Ni-MH 电池在能量、功率、高低温性能、循环稳定性、部分荷电态工作能力、免维护以及环保性能等重要技术指标上具有很大优势。与被广泛看好的锂离子电池相比，Ni-MH 电池的优势在于：安全可靠性更好、成本更低。Ni-MH 电池虽然比能量低于锂离子电池，但其体积能量密度已与锂离子电池相当。因此，Ni-MH 电池是一种比较具有潜力的储能技术。

3.7 镍锌电池

镍锌(Ni-Zn)电池是一种碱性体系的蓄电池(图 3-34)，由负极锌电极和正极镍电极组成。与其他电池相比，镍锌电池兼具了银锌电池中锌负极高容量以及镍镉电池中镍电极长寿命的特点。锌价电子结构为 $3d^{10}4s^2$，较易失去外层电子，具有较活泼的化学性质，因此电极电势较负，因此电池工作电压(1.65V)高于镍镉和镍氢电池。因此和其他镍基电池相比，镍锌电池能量密度高($50\sim110Wh \cdot kg^{-1}$)，可以在较宽的温度范围($-20\sim60℃$)工作，无记忆效应等优点。此外 Zn 元素丰富，无毒性，导电性良好，化学性质易控制，相对具有高的安全性。Ni-Zn 电池在生产和使用过程中绿色环保，对环境无污染，是一种绿色高能环保的二次电池。

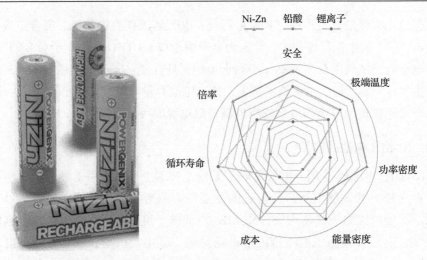

图 3-34　镍锌电池样品及其与铅酸和锂离子电池的性能比较[11]

3.7.1　镍锌电池原理

Ni-Zn 电池的原理类似于镍镉电池，只是将镉换成锌。正极为 $Ni(OH)_2/NiOOH$，负极为高比表面积的 ZnO/Zn，电解液为 KOH 饱和 ZnO 水溶液。充电时 $Ni(OH)_2$ 被氧化为 $NiOOH$，ZnO 被还原为 Zn，放电时反之。Ni-Zn 电池的负极电势为–1.24V，正极电势为 0.49V，其理论开路电压为 1.73V。KOH 水溶液在电池的充放电反应中不仅提供离子迁移电荷，而且 H_2O 和 OH^- 在电化学反应中均参与了电极反应。

Ni-Zn 电池的电化学反应式：

$$正极反应：NiOOH + H_2O + e^- \longleftrightarrow Ni(OH)_2 + OH^- \tag{3-9}$$

$$负极反应：Zn + 4OH^- \longleftrightarrow Zn(OH)_4^{2-} + 2e^- \tag{3-10}$$

$$总反应：Zn + 2NiOOH + H_2O \longleftrightarrow ZnO + 2Ni(OH)_2 \tag{3-11}$$

但是也有研究者对锌在电解液中的放电反应持有两种不同的观点。第一种观点认为锌放电的主反应为：$Zn + 2OH^- \longrightarrow ZnO + H_2O + 2e^-$，副反应为：$Zn + 4OH^- \longrightarrow Zn(OH)_4^{2-} + 2e^-$。第二种观点认为，锌放电生成 $Zn(OH)_4^{2-}$ 的反应可以分为三步：Zn 失去电子变成氢氧化锌[$Zn + 2OH^- \longleftrightarrow Zn(OH)_2 + 2e^-$]，然后脱水形成了氧化锌 [$Zn(OH)_2 \longleftrightarrow ZnO + H_2O$]，氧化锌在强碱体系发生溶解形成 $Zn(OH)_4^{2-}$ 配合物。虽然对锌负极在放电过程的反应机理持不同的观点，但放电的最终产物没有太大区别。

镍锌电池的充电过程实际上是一个电解的过程，当镍锌电池过充电时会发生电解水的反应，也就是镍电极析出氧气和锌电极析出氢气反应，同时氢气和氧气可以复合生成水。如果在密闭的环境中，镍电极上产生的氧气可以与锌电极上面的锌金属反应生成氧化锌；锌电极上产生的氢气可以还原氧化镍正极。氢气和氧气的析出有可能增加电池的内压。当镍锌电池过充电较严重时，镍电极的表面甚至可能会生成不稳定的四价镍化合物($NiOOH + OH^- \longrightarrow NiO_2 + H_2O + e^-$)，$NiO_2$ 极易分解产生氧气($4NiO_2 + 2H_2O \longrightarrow 4NiOOH + O_2$)。通常在设计镍锌电池时，一般采用负极 Zn 过量的方式，在电池过充电时产生的氧气可以与负极中的锌发生反应生成氧化锌，降低电池的内压。

3.7.2　锌电极构成与制备

金属锌为一种银灰色两性金属，具有密排六方结构。金属锌化学性质活泼，在常温下，金属锌也能与酸和强碱发生反应。当暴露于空气中时，金属锌表面会与空气中的氧和水等反应生成碱式碳酸锌膜。镍锌电池负极除了 Zn 活性材料，还需要黏结剂(～5%)和添加剂(～5%)。黏结剂有亲水性黏结剂和疏水性黏结剂，包括羧甲基纤维素钠(CMC-Na)、羟丙基甲基纤维素(HPMC)、聚乙烯醇(PVA)、聚四氟乙烯(PTFE)、丁苯橡胶(SBR)和聚氧化乙烯(PEO)等。锌负极中以 HPMC、PVA 和 SBR 联用的效果较好，所制得的电极片柔韧性好、强度高。为了改善锌负极的电极性能和电池的循环寿命，有时也需要向锌负极中添加金属氧化物或氢氧化物。金属锌的放电产物氧化锌是一种 n 型半导体材料，由氧的六方密堆积和锌的六方密堆积反向嵌套组成，每个锌原子与四个氧原子结合成正四面体。常规的氧化锌颗粒的形貌以六棱柱为主。不同的条件下，可以得到带状、针状、球状、片状和线状等形貌的氧化锌。由于氧化锌导电性差，如果锌负极中氧化锌的比例较高时，宜采用小电流长时间的活化方式，以获得较好的电化学性能。

3.7.3　隔膜与电解液

镍锌电池除了正极镍和负极锌外，还有包覆多层无纺布的隔膜(聚丙烯和聚酰胺两种)。隔膜可吸纳贮存电解液和防止锌枝晶穿透。另外镍锌电池还包括电解液、气阀、辅助电极和电池容器等构件。

隔膜的主要作用是避免电池正负极接触造成内部短路，此外还可以为电池充放电过程中的离子迁移和气体扩散提供通道。Ni-Zn 电池对隔膜的要求较高，首先要求能压制锌枝晶穿透、耐强碱、抗氧化等，其次还要求隔膜有良好的润湿性、较好的柔韧性、较高的离子电导率和一定的机械强度。由于单层隔膜难以同时满足上述要求，因此在实际使用中都是采用双层膜。主膜起隔离、防氧化的作用；辅助膜起吸收电解液和保持润湿液的作用。主膜有聚丙烯微孔膜、尼龙纤维或者聚烯烃纤维无纺布、聚乙烯醇膜等。辅助膜常采用尼龙毡、水化纤维素膜、维纶/聚丙烯无纺布等。

通常情况下镍基碱性电池多采用 20wt%~45wt%浓度的 KOH 水溶液为电解液。KOH 的浓度越高，电池的容量、大电流充放电性能会更好。镍锌电池采用的 KOH 水溶液浓度为 30wt%~35wt%较为适宜。主要是因为锌负极中的活性物质 ZnO 在碱性电解液中具有一定的溶解度。随着电解液中碱浓度的提高，ZnO 的溶解量增加。电解液中锌酸根离子的增加，锌负极出现形变、枝晶生长、钝化等的可能性增加，导致镍锌电池失效。KOH 的浓度过低会影响电池的放电容量和大电流放电性能。

通常电解液中还会引入少量的 LiOH 或者 NaOH 来改善镍锌电池性能。LiOH 有利于提高镍电极性能。Li^+通过掺入到 $Ni(OH)_2$ 的晶格中，可以增强质子的迁移能力、抑制 K^+等的掺入，从而有利于稳定晶格间的游离水，进而稳定 Ni^{3+} 和 Ni^{2+} 间的转化效率，提高镍电极的循环寿命。此外，Li^+能够消除 Fe 的毒化作用。高浓度的 LiOH 会降低电解液的导电性，导致电池的工作电压降低。加入 NaOH 替代部分 KOH，以降低 KOH 浓度对锌负极的不利影响。

3.7.4　镍锌电池存在的问题

由于热力学性质不稳定，镍锌电池的充电产物和放电产物在碱性溶液中有一定溶解度，容易造成锌负极变形、枝晶生长、钝化以及自腐蚀等问题，从而使得电池寿命衰减或者失效。

(1)锌形变。在镍锌电池充放电过程中，反复发生负极在金属和氧化物之间的转化反应，原子不断发生重整。锌负极的活性物质在电极表层分布不均匀使电极发生形变(图 3-35)。负极的形变将直接影响电池的有效活性面积以及降低电流密度的均匀性，从而影响电池的循环寿命。锌负极发生形变的原因和机理，有各种解释模型[44]，如隔膜传输模型[45]、浓差电池模型[46]和密度梯度模型[44]等。没有一个模型能完美地解释锌负极形变的全部问题，但是普遍认为充放电过程中锌酸盐浓度的变

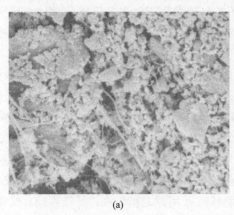
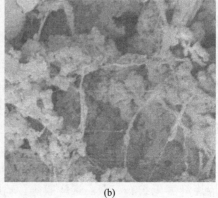

(a)　　　　　　　　　　　　　　　　(b)

图 3-35　新制备的 Zn 电极(a)和循环 500 圈之后的 Zn 电极(b)SEM 图[7]

化、极化的大小、电流密度分布是否均匀、电极表面的对流等传质过程以及电池相对重力场的方向等因素对锌负极在碱性二次电池中的变形、枝晶影响很大[47]。

（2）锌枝晶。锌负极的活性物质在碱性电解液中有一定的溶解度。在电池充电过程中，溶解至电解液中的活性物质会沉积到电极片上，生长出一些树枝状突出的沉积物，这就是锌枝晶[48]。在此过程中，不断生长的锌枝晶会刺穿电池隔膜，造成电池短路或者是活性物质脱落（图 3-36），进而影响电池的循环稳定性。电流密度、沉积过势的差异会使得锌枝晶具有卵石状、苔藓状、针状和树枝状等形貌。此外，电解液中的表面活性剂、活性物质的传递以及电化学极化等因素也会影响锌枝晶的生长。为了抑制锌枝晶的生长，主要从电极添加剂、隔膜、电解液添加剂和充电方式等方面进行处理。

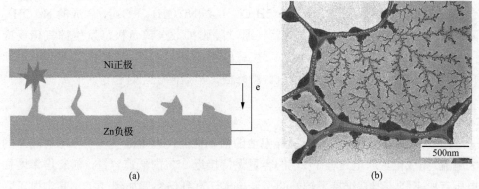

图 3-36　枝晶刺穿隔膜短路示意图（a）和 Zn 枝晶的生长形貌 TEM 图（b）[11]

（3）钝化。锌负极的钝化主要与活性物质在碱性电解液中的溶解有关。溶解在碱性电解液的锌负极活性物质会生成锌酸盐，附着在电极表面的放电产物 ZnO 或 $Zn(OH)_2$ 为固相疏松多孔状时锌负极可正常工作，若放电条件使得电极表面生成致密的 ZnO 或 $Zn(OH)_2$ 时，会造成电极真实表面积减少，电流密度增加，电极的极化加剧等问题，锌负极就进入钝化状态。

（4）自腐蚀。镍锌电池的自放电主要是由于金属在碱性溶液中的电化学腐蚀引起的。电池实际工作环境的复杂性、电极制作工艺的缺陷等使锌表面呈现非均匀性，电极表面电化学活性的高低区域分别构成了腐蚀电池的阳极和阴极。锌电极的自腐蚀减少了有效电化学反应中可用的 Zn。自腐蚀产生的氢气在镍锌电池中如果无法及时复合，会在电池内累积，恶化了电池使用的内部条件。若镍锌电池中采用真实表面积较大的多孔电极，这一问题将更为突出。

镍锌电池除了氢氧化镍正极共性问题外，还有镍锌电池的特殊问题，就是锌对镍正极的毒化。在镍锌电池中，锌负极的活性物质 ZnO 会通过直接或者间接的方式进入电解液。在充电过程中，锌电极表面的 OH⁻浓度的增加会进一步溶解负极活性物质，从而使得锌负极附近的 $Zn(OH)_4^{2-}$ 浓度增加，在正极和负极之间产生的浓度梯度使得 $Zn(OH)_4^{2-}$ 向镍正极扩散。此时，处于充电态的镍正极表面的 OH^- 浓度降低，扩散过来的 $Zn(OH)_4^{2-}$ 由于过饱和而在镍正极间隙或者表面上析出 ZnO 或者 $Zn(OH)_2$。ZnO 或者 $Zn(OH)_2$ 的形成降低镍电极的孔隙率，阻碍电解液的液相传递途径，降低活性物质的利用率。当镍正极处于过充电状态时，镍正极析出的氧气产生微搅拌作用，从而加快 $Zn(OH)_4^{2-}$ 的扩散，进一步毒化镍正极。

镍锌电池的自放电是指当电池不与外电路连接时，电池内部自发进行化学反应而引起的电能损失。从理论上来讲，充电态电池的电极都处于热力学不稳定态，不可避免地发生自放电。镍锌电池的自放电主要由镍正极的析氧、锌负极的析氢引起。充电态镍正极的活性物质主要为 NiOOH，存储过程中该物质是不稳定的，会缓慢地发生分解反应 $[4NiOOH + 2H_2O \longrightarrow 4Ni(OH)_2 + O_2]$，生成的 $Ni(OH)_2$ 降低了镍正极的电势，分解出的氧气通过隔膜扩散至锌负极，发生锌氧化反应 $[2Zn + O_2 + 2H_2O \longrightarrow 2Zn(OH)_2]$，生成的 $Zn(OH)_2$ 提高了锌负极的电势，因此自放电的总结果是电池的开路电压持续降低，最后趋于相对稳定。

3.7.5 镍锌电池的放电特性

图 3-37 显示一个 15Ah 的镍锌电池的倍率性能，该电池实现了 $12C$(180A 的大电流) 充放电。放电过程中 $2C$ 的容量保持接近 95% 的低速容量，随着倍率增加电压有所下降，但是维持了较好的平台电压，直到倍率增加到 $12C$，其实电压降低到 1.2V，但是依然可以释放出 75% 的容量。该电池也可以完成 600 次循环，容量损失在 20% 左右。由于镍锌电池良好的大容量倍率和循环性能，已经被用作电动车的动力电池。

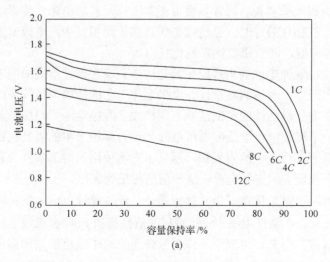

(a)

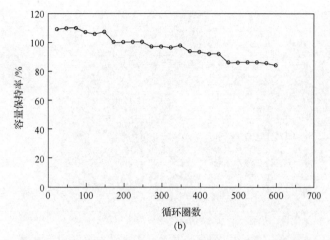

图 3-37 镍锌电池在不同倍率下放电曲线 (a) 和循环性能 (b)[49]

镍锌电池的循环寿命取决于锌电极的稳定性, 为了提高锌电极的稳定性, Rolison 等使用了多孔锌电极替代金属锌箔, 多孔锌电极在循环过程中, 表面电流密度小, 空体积内沉积锌, 避免了锌产生枝晶刺穿隔膜发生短路。采用多孔锌的镍锌电池能实现大于 90% 的放电深度和上万次的电动车启停高功率需求[50]。锌作为负极材料能够提供较低的电极电势, 因此逐渐受到重视, 金属锌作为负极的电池研究得越来越多, 例如锌空气电池、锌离子电池、镍锌液流电池等, 相信未来锌电极必将在化学电源领域发挥更大作用。

3.8 镍铁电池

3.8.1 镍铁电池介绍

镍铁电池正极为氢氧化镍, 负极为铁。镍铁电池几乎是由美国的爱迪生和瑞典的 Junger[51] 在 1901 年同时开发, 然而镍铁电池的发展过程却经历了许多波折。1910~1950 年, Ni-Fe 电池曾被应用于工业机车牵引领域[52], 图 3-38 为爱迪生发明的镍铁电池驱动的机车。到 20 世纪 90 年代伴随锂离子电池的诞生, 使得有七十多年历史的 Ni-Fe 电池逐渐淡出人们的视线。现今, 由于资源局限、成本高、环境等问题使得更多的学者转而寻找清洁无污染、成本低、耐用的新能源电池[53]。Ni-Fe 电池由于寿命长、80% 的放电深度条件下能够循环 2000~4000 次[54,55]、安全性能好、充放电时不会产生树枝状枝晶[56]、理论容量高、耐过充、耐滥用、绿色环保等优势[57,58], 又受到国内外研究者的关注。

图 3-38　爱迪生发明了电动车以最高 25 英里/小时的速度
从苏格兰开到伦敦，电动车使用了 15V 的电池
1 英里/小时=1.609 千米/小时

3.8.2　镍铁电池原理

Ni-Fe 电池的负极由 $Fe(OH)_2/Fe_3O_4/Fe$ 或者其他含铁化合物组成，正极为 $Ni(OH)_2$ 材料，电解液是氢氧化钾或者氢氧化钠溶液。电池表达式为 $(-)Fe/Fe(OH)_2(Fe_3O_4)\,|\,KOH\,|\,Ni(OH)_2/NiOOH\,(+)$。

在充放电过程中，正极为三价和二价镍的质子脱嵌反应：$NiOOH + H_2O + e^- \longrightarrow Ni(OH)_2 + OH^-$。负极是金属铁和各种铁的氧化物和氢氧化物之间的转化反应。放电时金属 Fe 首先生成 $Fe(OH)_2$，然后 $Fe(OH)_2$ 在碱性体系中进一步反应形成 Fe_3O_4。反应过程表述如下[59]：第一个放电反应为 $Fe + 2OH^- \longrightarrow Fe(OH)_2 + 2e^-$，第二个放电反应为 $3Fe(OH)_2 + 2OH^- \longrightarrow Fe_3O_4 + 4H_2O + 2e^-$。总体上，当 Ni-Fe 电池放电时，由铁放电到二价铁时的反应为：

$$Fe + 2NiOOH + 2H_2O \Longleftrightarrow 2Ni(OH)_2 + Fe(OH)_2 \qquad (3-12)$$

Ni-Fe 电池的开路电压为 1.37V。第一个放电平台结束后，电池紧接着出现第二个放电电压平台，也就是二价铁转化为水和四氧化三铁的过程。电池在正常的充放电过程中遵循以上反应式的反应，但是在实际情况下，电池还常常存在着过充和过放电的情况，此时电池就会表现出一些其他的特点以及会伴随着不利于电池性能的反应发生。在电池过充和过放电过程中，电池的深度放电会使得电极表面形成一层氧化膜，造成在二价铁转化成四氧化三铁这个过程还伴随着析氢反应的发生。

此外，铁电极表面吸附氧气发生氧化反应形成氧化膜，降低了析氢过电势，同时还使得铁电极发生表面钝化[60]。析氢反应的存在不利于电池容量的正常释放，这在一定程度上影响了电池的倍率性能，因此减弱或者防止铁电极上析氢反应的发生是研究热点。

3.8.3　镍铁电池结构

Ni-Fe 电池的基本结构包括正极板镍电极、负极板铁电极、隔膜、电解液、电池壳体以及极性端子等。铁电极的发展经历了袋式电极、管式电极、压成式(滚压式)电极、烧结式电极以及涂膏式电极等阶段。袋式和管式电极制备方法相似，都是把活性物质与添加剂混合均匀后装进用镀镍穿孔钢制成的口袋里或者管中。这种电极的缺点是反应活性面积较小、极化大。压成式电极制备过程是将活性物质、黏结剂和成孔剂等混合均匀后压实在极板上，然后在沸水里浸泡出成孔剂。这种方法制备的电极孔隙多，性能优于袋式电极。烧结式电极是将羰基铁粉和成孔剂混合均匀压实，放在 970~1070K 的氢气气氛中进行烧结，然后在沸水里浸泡，制得孔隙率为 60%~70%的铁电极，这种烧结式电极的电阻很小，比较适合高功率输出，但缺点是制造成本高，并且容易钝化。

从活性物质组分方面分类，铁负极可以分为纯铁粉、纯四氧化三铁、三氧化二铁，以及铁粉与四氧化三铁的混合物。袋式或管式电极的活性物质大多是铁粉与四氧化三铁的混合物；把纯铁粉[61]或铁粉与四氧化三铁的混合物[62]进行烧结制得烧结式电极；涂膏式电极大多是采用四氧化三铁或者是四氧化三铁混合少量的铁粉作为活性物质。使用的纯铁粉大多为羰基铁粉和电解铁粉等，生产方式有煅烧法、铁矿法、化学还原法等。四氧化三铁与铁粉的混合物的制备方法是把铁块放于稀硫酸溶液中，反应生成硫酸亚铁盐，然后经过一次重结晶提纯，用马弗炉高温焙烧，再用蒸馏水冲洗后干燥、用氢气还原，最后经过高温部分氧化而得到。

在铁电极发展的不同阶段，先后有一些研究者对铁电极添加剂进行了探索。在铁电极发展初期，研究者向活性组分中加入 Hg、Cd 等增加析氢过电势，后来又在烧结过程中引入 Cu、S、Se 等增加导电性，降低极化电势。在各种碳材料(石墨、活性炭、乙炔黑等)出现之后，又有研究者尝试合成 Fe/C、Fe_3O_4/C 复合材料运用于铁电极，增强导电性，降低极化。氧化物及氢氧化物添加剂主要包括 Sb_2O_5、TeO_2、HgO、BaO、PbO、ZnO、SeO_2 以及 $Ni(OH)_2$、$Co(OH)_2$ 等，其中 SeO_2 对提高电池容量有利，TeO_2 可以以单质形态沉积在电极表面提高析氢过电势，而 PbO、ZnO 对提高电极容量不利；$Ni(OH)_2$、$Co(OH)_2$ 与 $Fe(OH)_2$ 晶型相同，添加之后，$Ni(OH)_2$、$Co(OH)_2$ 作为晶核能形成分散的 $Fe(OH)_2$，充电时较易还原。

硫化物添加剂的主要作用是在反应过程中释放出 S^{2-}，破坏电极钝化膜，同时部分阳离子能提高析氢过电势，增加放电容量。如 PbS、Bi_2S_3、FeS、Na_2S、K_2S 等都被用作添加剂。就效果来说，Bi_2S_3、Na_2S 能更显著地提高铁电极的性能。在烧结式电极中，为了增强电极活性，要向铁粉中加入一定比例的 $CdSO_4$、$CuSO_4$、$ZnSO_4$、$Cr_2(SO_4)_3$、Li_2SO_4 等，然后经烧结制成自支撑电极结构。

3.8.4　镍铁电池存在的问题

（1）钝化现象。铁电极在第一放电过程氧化初始阶段生成不导电的 $Fe(OH)_2$。由于 $Fe(OH)_2$ 在碱性体系中的溶解度低，并具有导电性较差，随着反应的进行在电极表面沉淀覆盖一层不导电的 $Fe(OH)_2$ 沉淀，阻碍了反应的进一步发生，这就是钝化现象。电极表面上吸附态氧的存在会加剧这种钝化现象。对于铁电极来说，温度也会影响电池性能。低温下 $Fe(OH)_2$ 的溶解性变差，放电电流越大，$Fe(OH)_2$ 成核速率越大，所形成的 $Fe(OH)_2$ 沉淀层越致密，钝化现象越严重。

合适的添加剂可延缓钝化膜的形成或破坏已产生的钝化膜。例如向电极中添加晶型与 $Fe(OH)_2$ 相似的物质如 $Ni(OH)_2$、$Co(OH)_2$ 等，来降低成核过电势，使电极放电时形成较为分散的 $Fe(OH)_2$，充电时容易还原。另外也可以向电极或电解液中添加硫化物等添加剂如 Na_2S、Bi_2S_3、FeS 等，通过 S^{2-} 等的吸附作用，进而与铁的氧化物相互作用，破坏钝化膜，减小电池欧姆极化。或者合成电化学活性高的纳米级 Fe_3O_4 或铁粉，来增大单位质量活性物质的比表面积，降低单位面积上的电流大小，延缓钝化的发生，增加活性物质的放电容量。

（2）析氢现象。由于 Fe/H_2O 是热力学不稳定体系，在碱性体系中很容易发生自腐蚀反应，造成析氢现象。铁电极很容易析氢，导致镍铁电池充电效率低、不适宜大电流充电、自放电严重、活性物质利用率低等问题，进而使得电池不能实现贫液式密封。从电极反应式可知，碱性介质中的析氢电势(−0.83V)比 $Fe/Fe(OH)_2$ 的还原电势(−0.877V)要正 50mV 左右，因此镍铁电池在充电过程中同时伴随着 H_2 的析出。铁的氧化产物[$Fe(OH)_2$ 和 Fe_3O_4]的导电性较差，在充电早期电池端电压就达 1.5V 以上，使得 H_2 大量析出。通过向电解液中加入可以提高析氢过电势的物质或者向铁电极中添加可以提高铁电极析氢过电势的物质，都可以减少析氢问题。常用的电解液添加剂有 Bi、Sn、Te 等元素的盐类，或者使用 S^{2-} 等通过特性吸附，使电势负移，析氢过电势增加，提高充电效率。此外，可以通过增加电极或活性物质的导电性或者采用具有较高比表面积的活性物质的支撑基体来提高电子传导能力。在配方中引入石墨、乙炔黑、CNT、铜粉等高导电性材料或者合成 Fe_3O_4/C、Fe/C、Fe_3O_4/Cu 等复合材料来提高电极的导电性，减小极化，显著提高大电流性能。

参 考 文 献

[1] Ohzuku T, Kitagawa M, Hirai T. Electrochemistry of manganese dioxide in lithium nonaqueous cell: Ⅲ. X-ray diffractional study on the reduction of spinel-related manganese dioxide, Journal of The Electrochemical Society, 1990, 137(3): 769.

[2] Post J E, Veblen D R. Crystal structure determinations of synthetic sodium, magnesium, and potassium birnessite using TEM and the Rietveld method. American Mineralogist, 1990, 75(5-6): 477-489.

[3] 夏熙.二氧化锰及相关锰氧化物的晶体结构、制备及放电性能(3).电池, 2005, 35(3):105-108.

[4] Du G, Wang J, Guo Z, Chen Z, Liu H. Layered δ-MnO$_2$ as positive electrode for lithium intercalation. Materials Letters, 2011, 65(9): 1319-1322.

[5] Nakayama M, Kanaya T, Lee J W, Popov B N. Electrochemical synthesis of birnessite-type layered manganese oxides for rechargeable lithium batteries. Journal of Power Sources, 2008, 179(1): 361-366.

[6] Pavlov D. Growth processes of the anodic crystalline layer on potentiostatic oxidation of lead in sulfuric acid. Journal of The Electrochemical Society, 1970, 117(9): 1103.

[7] Salkind A J, Cannone A G, Trumbure F A. Handbook of batteries. New York: McGraw Hill, 2002.

[8] Casas-Cabanas M, Canales-Vázquez J, Rodríguez-Carvajal J, Palacin M R. Deciphering the structural transformations during nickel oxyhydroxide electrode operation. Journal of the American Chemical Society, 2007, 129(18): 5840-5842.

[9] Hall D S, Lockwood D J, Bock C, MacDougall B R. Nickel hydroxides and related materials: A review of their structures, synthesis and properties. Proceedings of the Royal Society A: Mathematical, Physical and Engineering Sciences, 2015, 471(2174): 20140792.

[10] Guerlou-Demourgues L, Denage C, Delmas C. New manganese-substituted nickel hydroxides. Journal of Power Sources, 1994, 52(2): 269-274.

[11] https://pubs.acs.org/doi/pdf/10.1021/jp711443v.

[12] 王明华, 李在元, 代克化.新能源导论.北京:冶金工业出版社, 2014.

[13] 史鹏飞.化学电源工艺学.哈尔滨: 哈尔滨工业大学出版社, 2006.

[14] Chen W, Jin Y, Zhao J, Liu N, Cui Y. Nickel-hydrogen batteries for large-scale energy storage. Proceedings of the National Academy of Sciences, 2018, 115(46): 11694-11699.

[15] Chan C C. The State of the art of electric. hybrid, and fuel cell vehicles. Proceedings of the IEEE, 2007, 95(4): 704.

[16] 胡子龙.贮氢材料. 北京:化学工业出版社, 2002.

[17] Züttel A. Materials for hydrogen storage. Materials Today, 2003, 6(9): 24-33.

[18] Enyo M. The hydrogen pressure equivalent to the overpotential: Observation on Pd hydrogen electrode and interpretation on the basis of a mixed-controlled mechanism. Electrochimica Acta, 1994, 39(11-12): 1715-1721.

[19] Yayama H, Hirakawa K, Tomokiyo A. Equilibrium potential and exchange current density of metal hydride electrode: Japanese Journal of Applied Physics, 1986, 25(5R):739-742.

[20] Notten P H L, Hokkeling P J. Double-phase hydride forming compounds: A new class of highly electrocatalytic materials. Journal of the Electrochemical Society, 1991, 138(7): 1877-1885.

[21] Heikonen J, Vuorilehto K, Noponen T. A Mathematical model for a thick porous metal-hydride electrode in discharge. Journal of the Electrochemical Society, 1996, 143(12): 3972-3981.

[22] Viitanen M A. Mathematical model for metal hydride electrodes. Journal of the Electrochemical Society, 1993, 140(4): 936.

[23] De Vidts P, Delgado J, White R E. Mathematical modeling for the discharge of a metal hydride electrode. Journal of the Electrochemical Society, 1995, 142(12): 4006.

[24] Subramanian V R, Ploehn H J, White R E. Shrinking core model for the discharge of a metal hydride electrode. Journal of the Electrochemical Society, 2000, 147(8): 2868-2873.

[25] Borgschulte A, Gremaud R, Griessen R. Interplay of diffusion and dissociation mechanisms during hydrogen absorption in metals. Physical Review B, 2008; 78(9): 094106, 1-16.

[26] Kleperis J, Wójcik G, Czerwinski A. Electrochemical behavior of metal hydrides. Journal of Solid State Electrochemistry, 2001, 5(4): 229-249.

[27] 陈军, 陶占良.镍氢二次电池.北京:化学工业出版社, 2006.

[28] 国家发展和改革委员会产业协调司.中国稀土-2009.稀土信息, 2010, 3:4.

[29] 余永富.我国稀土矿选矿技术及其发展.中国矿业大学学报, 2001, 30(6): 537-542.

[30] Nakamura H, Nguyen-Manh D, Pettifor D G. Electronic structure and energetics of LaNi₅, α-La₂Ni₁₀H and β-La₂Ni₁₀H₁₄. Journal of Alloys and Compounds, 1998, 281(2): 81-91.

[31] 大角泰章.金属氢化物的性质与应用. 吴永宽, 苗艳秋译.北京:化学工业出版社, 1990.

[32] 钱存富, 杜昊, 王洪祥.LaNi₅型储氢材料最大储氢量的讨论.稀有金属材料与工程, 2000, 29(1):25-27.

[33] Shoemaker D P, Shoemaker C B. Concerning atomic sites and capacities for hydrogen absorption in the AB₂ Friauf-Laves phases. Journal of the Less Common Metals, 1979, 68(1): 43-58.

[34] Soubeyroux J L, Percheron-Guegan A, Achard J C. Localization of hydrogen (deuterium) in α-LaNi₅Hx (x= 0.1 and 0.4). Journal of the Less Common Metals, 1987, 129: 181-186.

[35] Kuijpers F A, Van Mal H H. Sorption hysteresis in the LaNi₅-H and SmCo₅-H systems. Journal of the Less Common Metals, 1971, 23(4): 395-398.

[36] Van Vucht J H N, Kuijpers F A, Bruning H. Reversible room-temperature absorption of large quantities of hydrogen by intermetallic compounds. Philips Journal of Research, 1970, 25: 133-140.

[37] Willems J J G. Metal hydride electrodes stability of LaNi₅-related compounds. Philips Journal of Research, 1984, 39: 22.

[38] Willems J J G. Metal hydride electrodes: Stability of LaNi₅-related compounds. Zeitschrift für Physikalische Chemie, 1986, 147(1-2): 231.

[39] Boonstra A H, Lippits G J M, Bernards T N M. Degradation processes in a LaNi₅ electrode. Journal of the Less Common Metals, 1989, 155(1): 119-131.

[40] Boonstra A H, Lippits G J M, Bernardsm T N M. Degradation processes in a LaNi₅ electrode. Journal of the Less Common Metals, 1989, 155(1): 119-131.

[41] 桑革, 陈云贵.AB₅型贮氢合金吸放氢过程的中毒现象.功能材料, 1999, 30(2):137.

[42] 桑革, 涂铭旌, 李全安, 等.CO毒化LaNi₄.₇Al₀.₃贮氢合金的SIMS分析. 金属学报, 2000, 36(3):251.

[43] 桑革, 涂铭旌, 李全安.被氧气毒化后LaNi₄.₇Al₀.₃的XPS分析. 功能材料, 2001, 32(2):161.

[44] Adler T C, McLarnon F R, Cairns E J. Low zinc solubility electrolytes for use in zinc/nickel oxide cells. Journal of the Electrochemical Society, 1993, 140(2): 289-293.

[45] McBreen J. Zinc electrode shape change in secondary cells. Journal of the Electrochemical Society, 1972, 119(12): 1620.

[46] 袁永锋.锌镍电池电极材料氧化锌纳米化与表面修饰的结构及其电.化学性能.杭州: 浙江大学, 2007.

[47] 查全性.电极过程动力学导论. 第三版. 北京:科学出版社, 2002.

[48] Hampson N A, Shawt P E, Taylor R. Anodic behaviour of zinc in potassium hydroxide solution: II.* Horizontal anodes in electrolytes containing Zn（II）. British Corrosion Journal, 1969, 4(4)：207-211.

[49] Coates E F D, Charkey A. Development of a Long Cycle Life Sealed Nickel-Zinc Battery for High Energy-Density Applications. the Twelfth Annual Battery Conference on Applications and Advances, IEEE, 1997: 35-38.

[50] Parker C N C J F, Pala I R, Machler M, Burz M F, Long J W, Rolison D R. Rechargeable nickel–3d zinc batteries: An energy-dense, safer alternative to lithium-ion. Science, 2017, 356(6336)：415-418.

[51] Halpert G. Past developments and the future of nickel electrode cell technology. Journal of Power Sources, 1984, 12: 177-192.

[52] Chakkaravarthy C, Periasamy P, Jegannathan S. The nickel/iron battery. Journal of Power Sources, 1991, 35(1)：21-35.

[53] Vijayamohanan K, Balasubramanian T S, Shukla A K. Rechargeable alkaline iron electrodes. Journal of Power Sources, 1991, 34(3)：269-285.

[54] Černý J, Jindra J, Micka K. Comparative study of porous iron electrodes. Journal of Power Sources, 1993, 45(3)：267-279.

[55] Vorel P, Prochazka P, Pazdera I. Rejuvenation of a NiFe accumulator from 1930's. ECS Transactions, 2014, 63(1)：167-172.

[56] 蔡蓉. 镍铁电池铁电极电化学性能研究.天津:南开大学无机化学学科硕士学位论文, 2003: 2-3.

[57] 袁永锋. 锌镍电池电极材料氧化锌纳米化与表面修饰的结构及电化学性能. 浙江:浙江大学材料加工工程学科博士学位论文, 2007: 1-2.

[58] Shukla A K, Ravikumar M K, Balasubramanian T S. Nickel/iron batteries. Journal of Power Sources, 1994, 51(1-2)：29-36.

[59] Micka K, Zábranský Z. Study of iron oxide electrodes in an alkaline electrolyte. Journal of Power Sources, 1987, 19(4)：315-323.

[60] Vijayamohanan K, Balasubramanian T S, Shukla A K. Rechargeable alkaline iron electrodes. Journal of Power Sources, 1991, 34(3)：269-285.

[61] Černý J, Jindra J, Micka K.Comparative study of porous iron electrodes. Journal of Power Sources, 1993, 45(3)：267-279.

[62] Brown J, Feduska W, Hardman C. High energy density iron-nickel battery: 3853624.1974-12-10.

第 4 章　LiCoO₂ 材料

LiCoO₂ 是第一代商业化锂离子电池正极材料，经过不断改性和提高，现在成为最成熟的商业锂离子电池正极材料。LiCoO₂ 正极具有放电电压平台高、比容量较高、循环性能好、合成工艺简单等优点。但是钴元素的价格相对锰和镍较高，目前在消费电子产品的电池中，LiCoO₂ 是最佳选择。制作大型动力电池时，常常在 LiCoO₂ 中掺入锰和镍就产生了三元正极材料，这一章主要讲述 LiCoO₂ 正极材料。

4.1　LiCoO₂ 的结构

商业层状 LiCoO₂ 有 $273\text{mAh} \cdot \text{g}^{-1}$ 的理论容量，实际使用的容量只有理论值的一半。原因是在充电过程中锂离子要从 LiCoO₂ 材料中脱出，脱出量小于 50%时，材料的形态和晶型可以保持稳定。随着锂离子脱出量增大至 50%时，LiCoO₂ 材料将发生相变，如果此时继续充电，并伴随 LiCoO₂ 结构失去氧，钴甚至会溶解在电解液中，严重影响电池循环稳定性和安全性能，因此一般的 LiCoO₂ 充电截止电压设置为 4.2V。尽管最近几年已经有很多研究在努力增加 LiCoO₂ 的充电电压，扩充 LiCoO₂ 可用容量，以期望从 LiCoO₂ 晶格中脱嵌大于 50%的锂离子，但是这种高电压材料在研究和使用中，首先要采取相应措施保证电池的安全性。

层状 LiCoO₂（图 4-1）为 $R\bar{3}m$ 空间群（166 号），属于三角晶系，其中 $a=2.815\text{Å}$，$c=14.05\text{Å}$，密度为 $5.06\text{g} \cdot \text{cm}^{-3}$。在脱锂过程中晶胞参数 c/a 的值从 $4.99(x=1)$ 增加到 $5.12(x=0.5)$。Li 和 Co 交替占据立方密堆结构（ccp）的氧阵列之间夹层的八面体位点，对应外科夫位置是 3a 和 3b（表 1-1），而且所有的八面体位点都被占据。CoO₆ 和 LiO₆ 形成的八面体之间，各自以共棱的形式排列成两层，层与层平行。层与层之间也以共棱的形式连接，这也是该类型 LiCoO₂ 被称为层状 LiCoO₂ 的原因。结构中 Li—O 和 Co—O 键键长分别为 2.092Å 和 1.921Å。对于 Li_xCoO_2 层状材料，氧密堆面间八面体位点的 Co 处于低自旋状态。通常 x 在 $0.75 \sim 0.9$ 时，Li_xCoO_2 存在一个一阶相变，随着 x 减小，Li_xCoO_2 的导电机制从极化子向面内巡游电子转变。

除了层状 LiCoO₂ 外，还存在一种立方钴酸锂 $\text{Li}_x\text{Co}_2\text{O}_4$，类似尖晶石相锰酸锂。如果把 Li 和 Co 看成一个阳离子，完全锂化的立方钴酸锂（$\text{Li}_2\text{Co}_2\text{O}_4$）看起来像 NaCl

图 4-1　层状 LiCoO₂ 的多面体结构

结构，但实际上是尖晶石结构 Li[Co₂]O₄。这个结构可以看成是层状结构中 Co 层中 25% 被替换成 Li，Li 层 25% 被替换成了 Co。Co 出现在 Li 层阻碍了 Li 离子的扩散，不利于锂离子的脱嵌。高温氧化性气氛下，层状结构的钴酸锂更稳定一些，低温合成的 LiCoO₂ 常有包裹尖晶石结构的区域。层状和尖晶石结构的 XRD 有少许区别，电化学 CV 曲线上能明显看出不同。尖晶石相结构在氧层之间有八面体位点和四面体位点，展现出两个放电峰，这和尖晶石相的 LiMn₂O₄ 相似，尖晶石相的钴酸锂放电电压通常比层状钴酸锂低。

4.2　层状 LiCoO₂ 的精细结构

商业 LiCoO₂ 被称为 O3 结构 LiCoO₂，这种命名来自于晶体结构中的氧堆垛顺序。O3 结构中氧的堆垛顺序是 ABCABCABC；其中 AB,CA,BC,AB 之间是 Co 离子，三个 Co 离子 xy 坐标都不相同，依次位移，然后到第四个 Co 形成重复周期；其中 BC,AB,CA,BC 之间是 Li 锂离子；O3 内的 LiO₆ 八面体和 CoO₆ 八面体是共边的。这种结构的 LiCoO₂ 具有良好的锂离子脱嵌性能，在充放电过程中，实际上 LiCoO₂ 晶体精细结构会发生变化，出现多种多样的层位移和层间原子有序结构，但是整体上的层状结构依然保持。

Ceder 和 Van der Ven 等通过第一性原理计算提出了另外两种 LiCoO₂ 充放电过程出现的精细结构，O1 相和 H1-3 相[1]。如图 4-2 所示，O1 相中 O 层堆垛顺序是

ABABABA，每个 AB 之间八面体中的 Co 都在同一个 xy 面内坐标上（z 坐标不同），BA 层内的 LiO_6 八面体和上下的 CoO_6 八面体是共面连接的。

H1-3 相结构是一个 O1 层夹杂 1/3 个 O3 层，然后再一个 O1 层加 1/3 个 O3 层，总共有 3 对 O1 和 1/3O3 层组合结构。O1 层内 LiO_6 八面体和上下的 CoO_6 八面体是共面连接。O3 层内 LiO_6 八面体和上下的 CoO_6 八面体是共边连接。3 个 O1 层内的 Li 是 ABC 堆垛，3 个 1/3O3 层内的 Li 也是 ABC 堆垛，实际上 H1-3 相出现在脱锂结构中，在贫锂结构中 Li 倾向于在 O3 环境。与 O3 相似，H1-3 相在化学计量比的 CoO_2 和 Li_xCoO_2 中属于 $R\bar{3}m$ 空间群，在六方设置中 H1-3 相的单位晶胞 a 轴和 O3 结构一样，但是 c 轴是 O3 的 2 倍。

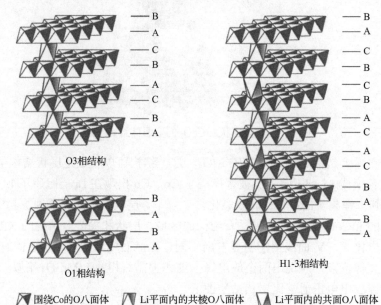

图 4-2　第一性原理计算中提出了 H1-3 相和 O1 相结构与 O3 相对比示意图[1]

除了以上几种精细结构之外，O2 相也是一种重要的 $LiCoO_2$ 精细结构。O2 相钴酸锂中氧的堆积顺序是 ABCBA。其中 AB 层之间和 CB 层之间是 Co 离子，组成八面体之间方向是相反的。BC 和 BA 层之间是 Li。O3 和 O2 结构的对比如图 4-3 所示，除了氧堆积顺序的不同，对于 O2 结构来说，相邻两个金属层出现了 Li 和 Co 在相同 a 位点（图 4-3），产生了较大的静电排斥，所以 O2 结构不如 O3 结构稳定，实验证明加热到 550K 以上 O2 结构会不可逆地转变为稳定的 O3 结构。高温固态合成法一般可以得到 O3 结构的 $LiCoO_2$，O2 结构 $LiCoO_2$ 可以通过 P2-$Na_{0.7}CoO_2$ 离子交换得到。O3 结构由于热力学稳定，表现出比 O2 更高的电势平台。H1-3 和 O1 则是 O3 结构 $LiCoO_2$ 在过度充电过程中形成，通常是 O—

Co—O 的层沿着 Li 层滑移导致，在 Li 层较空时，这种滑移的能垒较低。

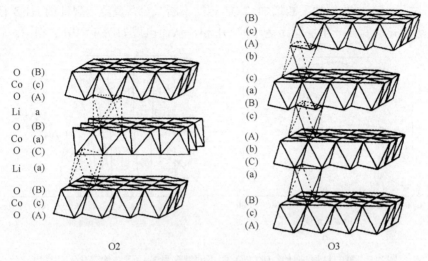

图 4-3　O2 和 O3 结构的层状钴酸锂结构的堆垛顺序[2]

　　除了上述常见的几种精细结构外，层状 LiCoO$_2$ 的组成基本单元 O—Co—O 层很容易在 xy 面内滑移，产生各种亚稳态的结构。例如，离子交换法从钴酸钠制备 LiCoO$_2$ 的过程中还发现了一种 O4 结构的 LiCoO$_2$，是 O3 和 O2 结构内生长产生的堆垛层错。O2 结构在充电过程中，随着锂离子的脱出，O—Co—O 层沿着 (1/3, 1/6, 0) 滑移，锂离子处于一个扭曲的四面体位点中，这就产生了一种新的 T#2 相（图 4-4）。T#2 相中 Li 是在四面体位点，Co 还是在八面体位点[3]。

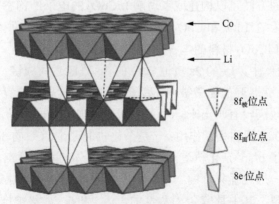

图 4-4　T#2 堆积中扭曲的 Li 四面体位点

　　层状 LiCoO$_2$ 脱锂过程，层状晶格的 c 轴长度先膨胀然后收缩，如图 4-5(a) 所示。O3 结构随着锂离子的脱出，层与层之间同电荷离子的排斥增加，导致 c 轴膨胀，到达 50%锂被脱出之后，出现 c 轴的收缩现象，这是因为大量锂离子脱出，层与层之间滑移能垒降低，发生了面内滑移，出现了 H1-3 相。H1-3 相的层间间距较小，随着 H1-3 相的不断增加和 O3 相的不断减少，直至出现纯的 H1-3 相后，如果继续充电就会产生层间距更小的 O1 相，从而出现如图 4-5(b)的相图。

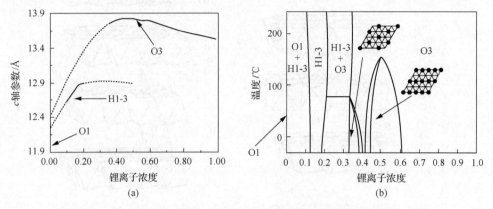

图 4-5   第一性原理计算 Li_xCoO_2 中不同锂含量条件下结构变化和相图[1]

4.3 $LiCoO_2$ 电子结构

锂离子电池正极材料的导电性通常比负极差，因此需要在电池制备过程添加导电剂，改善电极的整体导电性。尽管如此，正极材料本征电导率是影响电池充放电倍率性能的关键因素。在考虑材料的电导率时需要先了解材料的电子结构，根据第 1 章介绍的方法可以构建或者理解 $LiCoO_2$ 的电子结构态密度(图 4-6)。在 $LiCoO_2$ 结构中，存在 LiO_6 和 CoO_6 两种八面体，分析两种八面体形成的电子结果有助于理解整个 $LiCoO_2$ 材料的电子性质。

在 LiO_6 八面体中，Li 的 2s 轨道与 O 的 2p 轨道之间成键，主要表现出离子性质，Li 的 2s 轨道展开的能带被 O^{2-} 离子推到相对较高的位置，所以 Li 2s 态在图 4-6(a)中位置较高没有画出来。CoO_6 形成了经典的八面体晶体场，可以有两种方式理解 Co 和 O 之间的相互作用：一是杂化轨道理论，Co 的 3d($d_{x^2-y^2}$ 和 d_{z^2})，4s，4p 轨道形成了 d^2sp^3 杂化轨道，分别指向八面体的六个顶点，与 O 的 2p 轨道波函数高度重叠，形成强共价键；第二种方式认为 Co 的 3d 轨道在 O^{2-} 的八面体场中产生能级分裂，其中具有 e_g 对称性的 $d_{x^2-y^2}$ 和 d_{z^2} 能级被推高，而具有 t_{2g} 对称性的(d_{xy}，d_{xz}，d_{yz})能级被降低，三价的 Co^{3+} 的 3d 轨道有六个电子，以低自旋的形式填充 t_{2g} 轨道形成 $LiCoO_2$ 材料的价带，e_g 轨道处于费米能级以上，腾空形成 $LiCoO_2$ 的导带，O 的 2p 能级由于受到马德隆势作用，能量降低，出现在 Co 的 t_{2g} 带的下方。

实际制备的 LiCoO₂ 材料的电子结构在此基础上有所调整,但是大体上各种离子的原子轨道形成的能带相对位置没有发生根本变化。由于晶体场作用导致 Co 的 3d 轨道能级分裂形成了 LiCoO₂ 材料的带隙,一般认为 LiCoO₂ 的带隙在 2.7eV 左右,所以放电状态的 LiCoO₂ 电子导电性很差,如图 4-6(b) 所示。然而随着 LiCoO₂ 中锂离子脱出的过程(充电)中,电子从 Co 离子的 t_{2g} 轨道失去,费米能级下降,形成距离价带较近的空轨道,因此充电状态的 LiCoO₂ 的导电性大幅提高。

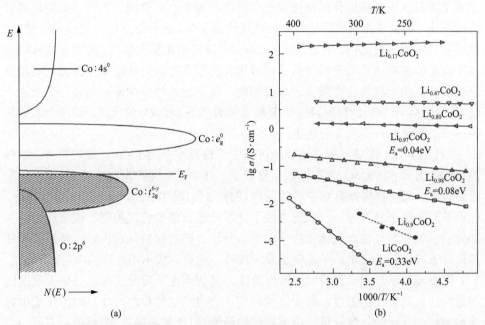

图 4-6　钴酸锂的电子结构 DOS 图(a)和钴酸锂的电子电导率随温度和嵌锂量的变化(b)[4]

图 4-6(a) 显示在 O 的 2p 能带的顶部和 Co 的 t_{2g} 能带有所重叠,这暗示随着深度充电的进行,电子失去有可能发生在 O 2p 带顶部。O²⁻离子失去电子意味着氧离子被氧化,O²⁻—O²⁻之间的排斥减弱,逐渐形成 O₂⁻离子,如果继续充电有可能析出氧气,导致晶格剧烈不可逆地变化,电池性能衰减严重。早期 LiCoO₂ 电池理论容量利用率为 50%,目的就是避免晶格塌陷,材料破坏,产生不可逆容量损失。随着材料科学的进步和锂电产业持续对续航里程的渴望,研究不断推高 LiCoO₂ 材料的充电极限电压,O²⁻被氧化的风险不断增大。这是目前高电压 LiCoO₂ 材料研究的重要课题。

当然以上的讨论是基于刚性模型的建立,实际上锂离子脱嵌过程中,晶体结构有所调整,晶胞参数发生膨胀或者收缩,相应的电子结构也会变动。深入认识不同充电状态下 LiCoO₂ 的电子结构需要借助理论计算和 XPS、UPS 和 XAS 等光谱实验技术手段。

4.4　LiCoO$_2$材料的制备

LiCoO$_2$的常用制备方式是采用固态反应,将含有锂和钴的盐在氧气氛下高温(如 700~900℃)烧结得到。钴盐和锂盐一般采用阴离子可挥发的碳酸盐或者氧化物。由于固态反应中原子扩散系数较小,为了实现具有良好原子尺度的均匀结构,需要采用机械设备将固体原料按照一定配比磨细混合。磨细过程可以采用机械球磨的方式,但是需注意有可能引入机械碎片等杂质,另外锂盐的挥发性高于钴盐,需要适当调整加料比例,满足最终 LiCoO$_2$中锂钴的化学计量比。商业碳酸锂的纯度不满足制备高质量的正极材料,可以用纯度稍高的氢氧化锂作为锂源。实验室规模制备,由于物料使用量少,容易控制,使用普通马弗炉即可制备。工业生产窑炉中传热、气氛、原料颗粒均匀度都会影响最终 LiCoO$_2$的质量。固相合成的优势在于:简单易行、易工业化生产。

制备 LiCoO$_2$薄膜一般采用物理沉积法,将高质量的 LiCoO$_2$做成靶材,以磁控溅射的方式将 LiCoO$_2$物理沉积至衬底上,该方法是生产薄膜 LiCoO$_2$电池的最重要技术。溅射需要在高真空条件操作(例如 5×10^{-3}Torr,1Torr=1.333×10^2Pa),锂原子较钴原子易挥发,沉积层中原子化学计量比需要精确控制,通常还要引入高纯的氩气和氧气混合气体维持一定的氧分压。溅射材料最后还需要经过热处理晶化。该方法设备昂贵,工艺精度要求较高,适合对成本不敏感的应用领域。

溶胶凝胶法是陶瓷材料合成常用方法,其优点在于容易实现组分原子尺度的均匀混合,降低烧结温度,减少烧结时间,获得精细的颗粒尺寸,同时还能很好地控制组分原子的化学计量比。锂和钴的硝酸盐(或者乙酸盐)溶解在水溶液中,然后加入适当的螯合剂(如聚丙烯酸),搅拌加热直至形成均匀的凝胶,凝胶可以涂布成膜,也可以直接干燥烧结得到 LiCoO$_2$薄膜或者颗粒。类似溶胶凝胶法还有燃烧法,这种方法采用可燃性螯合剂,比如柠檬酸和甘氨酸等,加入这些有机物,在蒸发溶剂过程中,钴和锂金属离子被有机分子束缚,巩固了液相中原子分散的状态,直到水分被蒸发干,温度继续上升,有机物燃烧,形成了高度分散的粉状前驱物,然后再经过高温烧结得到陶瓷 LiCoO$_2$材料。溶液相合成 LiCoO$_2$还有一种是水热或者溶剂热合成,起始都是将锂盐和钴盐加入到水或者乙醇溶剂中,完全溶解之后,密封反应器,然后再加热,利用密闭环境产生的高温高压水热环境驱动 LiCoO$_2$沉淀析出。这些方法相比固态合成的优势在于能很好地控制化学计量比,实现原子尺度的金属离子混合,劣势在于成本较高。

电化学沉积 LiCoO$_2$是最近发展的一种新技术。常规方法在含有二价钴的水溶液中尝试,电沉积一般得到的是钴的低价氧化物和氢氧化物的混合材料,烧结后是四氧化三钴。这就表明即使溶液中含有足够浓度的锂和钴离子,室温常压电沉积的热力学稳定相中不存在 LiCoO₂ 的优势区。但是电沉积过程是共形技术的重要手段，如果希望在衬底或者导电的任意形状上制备 LiCoO₂ 电池，电沉积是为数不多的手段之一。为了实现电化学制备 LiCoO₂，研究者尝试了在醇水体系的水热环境，将体系密闭，隔离了氧气，在导电衬底上施加正电压得到 LiCoO₂。

另外一种电沉积是在低温熔盐中进行，作者课题组将 LiOH 和 KOH 按照一定比例混合制备出低温熔盐，提供一个特殊的无水体系[5]。在 LiOH-KOH 的熔盐中，存在着 OH^-、H_2O 和 O^{2-} 之间的平衡，OH^- 作为溶剂，O^{2-} 和 H_2O 是 Lux-Flood 定义的碱和酸。在酸性条件下，因为质子共插层缘由，难以形成高质量的钴酸锂，钴酸锂的生成需要在碱性区域进行。在氢氧化物熔盐体系，采用与水溶液体系 pH 类似的 pH_2O（$-lg[x_{H_2O}]$）表征熔体的酸碱度。经过相平衡模拟计算得到图 4-7 的熔盐优势区相图，图 4-7 显示 Co 的氧化电势和熔盐析氧电势随着碱度增加而降低，在低 pH_2O 区或者说相对酸性区域，存在一个 Co_3O_4 的稳定区，预示着高酸度容易产生 Co_3O_4，在高碱度区域形成了 LiCoO₂ 的稳定区，在这个区域有可能形成锂离子电池正极所需的 LiCoO₂ 材料。

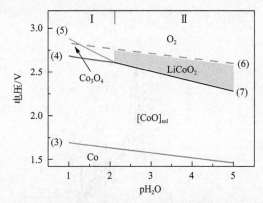

图 4-7　电沉积钴酸锂的 LiOH-KOH-CoO 体系电势-pH_2O 优势区图[5]

4.5　LiCoO₂ 的性质

4.5.1　Li$_x$CoO₂ 热稳定性

高质量的 LiCoO₂ 材料在放电状态通常具有较好的稳定性，研究表明 LiCoO₂ 在 850℃ 以下稳定，温度高于 900℃ 出现了 Co_3O_4，O_2 的分压增加，表示析出了氧气。电池使用过程不会达到 800℃，但是电池使用过程中通常处于待机状态，也就是高电压的充电状态，如前所述，充电状态的 LiCoO₂ 具有一定程度的结构不稳定性，另外电池使用过程中也存在发热现象，目前 LiCoO₂ 电池的电解液使用了易燃的有机溶剂，因此温度的升高和材料的不稳定性对电池安全性和使用寿命产生威胁，研究 $LiCoO_2$ 在充电状态的热稳定性对电池来说至关重要。

图 4-8 显示在充电状态的 $Li_{0.4}CoO_2$ 在 200℃开始失重，主要是由于结构不稳定释放出了氧气，同时形成了尖晶石相的 Co_3O_4，反应如式(4-1)所示。为了避免这种危险情况发生，通常有以下几种策略：第一，将 $LiCoO_2$ 的充电电压限制在 4.2V，降低高充电状态的不稳定性；第二，在 Co 离子位点引入掺杂离子，改善材料的稳定性，例如 Al 和 Mg 掺杂等；第三，在电解质中添加阻燃剂，降低电解质中的可燃性组分，避免火灾的发生；第四，在 $LiCoO_2$ 颗粒外表面包覆薄层氧化物(如 Al_2O_3、SnO_2、ZrO_2、TiO_2 等)，隔离 $LiCoO_2$ 和电解液的接触；第五，发展固态电解质，杜绝液态电解质的燃烧；第六，在电池器件中加入正温度系数组件，当出现过充等意外情况引起的温度骤升，正温度系数组件电阻增加几个数量级，可以切断电流，阻止温度飞升引起电池失火。当然，后面介绍的四种方法也适用于其他正极材料。

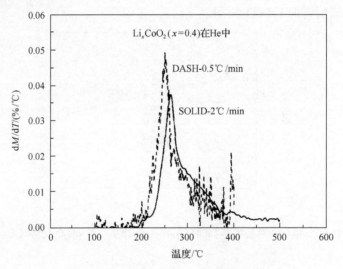

图 4-8　脱锂的 $LiCoO_2$ 的热稳定性[6]

$$Li_xCoO_2 \rightarrow \frac{1-x}{3}Co_3O_4 + xLiCoO_2 + \frac{1-x}{3}O_2 \tag{4-1}$$

4.5.2　$LiCoO_2$ 的电化学性质

层状 $O3$-$LiCoO_2$ 充放电曲线如图 4-9(a)所示，在脱锂充电过程中，前 1/3 容量表现出一个 3.9V 的电压平台，表示在这个容量范围内存在两相反应区。电压到达大概 4.0V 时，曲线开始上扬，呈现斜坡形状，直到 1/2 容量的 4.2V，这个范围是常用商业 LiCoO₂ 的充放电区间。继续充电，电压在 2/3 理论容量时达到了 4.4V，这是目前高电压 LiCoO₂ 材料努力实现的容量范围。继续充电 LiCoO₂ 材料可以到达最高 4.8V，几乎脱出了绝大部分存储在层间的锂离子，但是这种状态的 LiCoO₂ 非常不稳定，很难实现多次可逆的嵌锂循环。

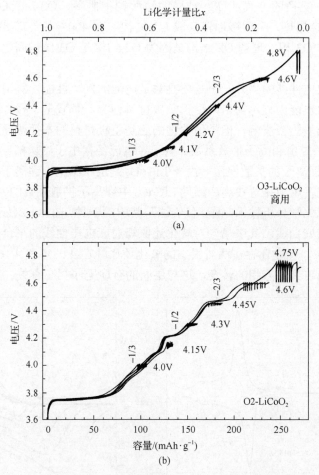

图 4-9　O3 和 O2 结构的 LiCoO₂ 的充放电曲线比较[7]

与之对应的 O2-LiCoO₂ 也可以实现一个初始的充电平台，但是这个平台相较 O3-LiCoO₂ 短，而且电压降低了大约 0.2V。这个 3.7V 的电压平台的起源与 O2 结构有重要关系，O3 结构中 O、Co、Li 离子各自都呈现 ACBABC 堆积，LiO₆ 八面体和 CoO₆ 八面体之间通过共棱的形式连接，因此同号的离子之间的静电排斥较低。O2 结构中 O 层堆垛顺序为 ABCBA，导致 LiO₆ 与上下两层的 CoO₆ 八面体呈现共棱和共面连接形式。共面连接的多面体的中心阳离子之间静电排斥大于 O3 结构，因此 O2 结构的能量高于 O3 结构，反映在放电曲线上的平台电压降低了 0.2V。

O2 结构尽管可以继续充电，呈现斜坡和平台共存的充放电曲线，这种多个平台的交替出现预示 O2 结构在锂离子脱嵌过程中存在复杂的相平衡关系，这里不再详述。O2 结构的不稳定性使得 O2 结构不能直接通过常用的固态反应路线合成，只能通过离子交换的方式从 P2 结构的钴酸钠中制备，O2-LiCoO$_2$ 不能在高于 230℃的真空中加热，会缓慢地转变成 O3 结构。在 400℃热处理 8 个小时 O2 几乎完全转变成 O3 相。理解 O2 结构是因为 O2 结构是 O3 结构高电压充电过程可能出现的相。

电池充放电性能的另外一个重要参数是电池的倍率性能，所谓倍率是考察电池的快速充放电能力，尽管倍率受正负极材料种类、负载量、极片致密度、电解液、隔膜等众多因素影响，但是最关键的还是正极材料的本征传递性质，也就是 LiCoO$_2$ 的电子导电和离子扩散系数。电子导电已经在电子结构部分讨论。这里论述 LiCoO$_2$ 中锂离子的扩散性质，由于 LiCoO$_2$ 是层状结构，锂离子在层间的扩散呈现二维方式，阻力相对较小。测量 LiCoO$_2$ 中锂离子扩散系数的方式有很多种，参见第 2 章电化学分析技术。循环伏安法是其中的一种，图 4-10 显示典型 LiCoO$_2$ 材料的循环伏安曲线。其中第一对氧化还原峰对应电压曲线的平台区，二者的平衡电势是 3.9V，图中还存在两对很小的氧化还原峰在 4.08V 和 4.16V，可能存在六方相到单斜再到六方相的转变，这与层间的有序无序相变有关。

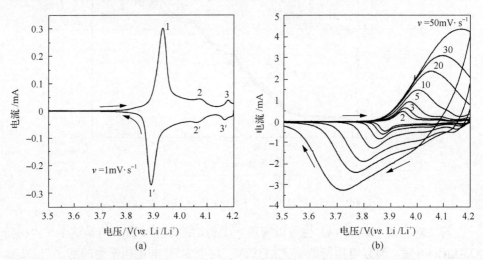

图 4-10　100nm 厚钴酸锂薄膜在 1mol·L^{-1} LiClO$_4$-PC 电解质、不同扫描速率下的 CV 曲线[8]

固态材料中的离子扩散系数比液体中离子扩散系数小几个数量级，因此固态电极的循环伏安曲线通常在极慢的速率下测试(例如 C/24，或者约 10μV·s^{-1})。在良好设计的电极上，循环伏安曲线的峰电流 i_p 可以用来计算锂离子的扩散系数。通过回归 i_p 和扫描速率 v 之间的关系(Randles-Sevchik 方程)获得层状 LiCoO$_2$ 的锂离子表观扩散系数大概在 $10^{-10}\mathrm{cm}^{-2}\cdot\mathrm{s}^{-1}$ 尺度。

　　注意阳极峰和阴极峰存在一定程度不对称，二者都可以用来计算扩散系数。实际上在不同的充电状态，$LiCoO_2$ 的电子导电性存在显著差别，锂离子在层间扩散的阻力也不同，通过循环伏安计算的扩散系数是一个表观平均值。如果需要具体考察不同充电状态的锂离子扩散系数可以采用不同电压下的电化学阻抗谱和电流滴定技术测量（参见第 2 章）。

　　$LiCoO_2$ 的循环性能相对较好，在恒电流充放电条件下，很容易实现 1000 圈容量保持在 80% 以上。但是长时间循环，容量会不断减小，通过 X 射线吸收和透射电子显微学分析（图 4-11），发现电化学循环过程中产生的 O3 结构破坏，并且出现了阳离子无序，循环诱导了严重的应力，长时间循环累积了高密度的缺陷，偶尔会导致颗粒产生裂纹，在严重应力作用下颗粒表现出两种阳离子无序，八面体位点缺陷包括空位和阳离子替代，部分转变成尖晶石的四面体位点有序。由于损坏和阳离子无序都是局域的，不容易被传统的方法检测，但是电子衍射可以清楚地发现在 O3 结构衍射花样外出现了额外的衍射斑点，如图 4-11 所示。长期累积这种缺陷可能是 $LiCoO_2$ 长期循环以及过充导致容量衰减的原因。

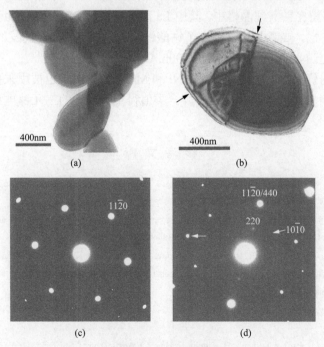

图 4-11　钴酸锂颗粒循环前后结构表征[9]

(a)烧结好的钴酸锂颗粒的 TEM 图像；(b)循环之后产生了大量应力累积被破坏的钴酸锂颗粒 TEM 图像；(c)烧结好的钴酸锂颗粒电子衍射显示良好的 O3 结构单晶性能；(d)循环疲劳后颗粒的电子衍射显示出额外的衍射斑点，表示颗粒结构发生变化，不再满足 $R\bar{3}m$ 空间群对称性，额外斑点是因为形成了尖晶石相杂相

4.6　LiCoO$_2$ 掺杂

如前所述，钴酸锂材料的理论容量为 274mAh·g^{-1}，但是实际可逆容量被限制在 140mAh·g^{-1} 以下，电压限制在 3～4.2V 是为了维持一个相对合理的循环稳定性。如果需要拓宽钴酸锂材料存储能量，电压增加到 4.5V，容量可以增加 20%，这类材料被称为高电压钴酸锂。由于结构的不稳定性，高电压材料循环性能较差，为了提高循环性能，可以在 Co 位点掺杂适当的金属离子(如 Mg、Al、Zr、Mn 等)。掺杂可以改善电子导电，抑制高电压下的相变，提高循环性能。掺杂的离子通常价态不会变化，所以会牺牲一些容量。以 Mg^{2+} 为例，在固态合成技术中，采用适当比例的 Co$_3$O$_4$、MgO 和 Li$_2$CO$_3$ 作为原料，就可以将 Mg 引入 Co 位点，通常 Mg 的掺杂量不会太大，x 一般在 0.1 以下。Mg^{2+}掺杂产生 LiMg$_x$Co$_{1-x}$O$_2$，为了保持电中性，其中 Mg^{2+}周围的 Co 从三价变成四价，电子结构分析可知，四价 Co 的出现导致电子导电性提高，Mg 的掺杂也会导致晶胞参数 a、c 的膨胀。

最新研究表明采用 Al 和 La 同时掺杂钴酸锂，然后再用碳酸锂一起高温烧结，Al 和 La 能够留在钴酸锂晶格中，其中 La 离子柱撑起 c 轴，Al 作为正电荷中心有助于锂离子扩散，二者共掺杂稳定了钴酸锂结构，抑制了循环诱发的有序-无序相变，即使充电到 4.5V，也能表现出 190mAh·g^{-1} 的高比容量[10]。

除了使用价态不变的离子掺杂，Ni 和 Mn 等变价离子也被用来掺杂钴酸锂，如果掺杂比例超过了 Co 就成为另外一类值得重点讲述的三元锂电材料，在下一章中重点介绍。

参 考 文 献

[1] Van der Ven A, Aydinol M K, Ceder G, Kresse G, Hafner J. First-principles investigation of phase stability in Li$_x$CoO$_2$, Physical Review B, 1998, 58(6): 2975-2987.

[2] Mendiboure A, Delmas C, Hagenmuller P. New layered structure obtained by electrochemical deintercalation of the metastable LiCoO$_2$ (O2) variety. Materials Research Bulletin, 1984, 19(10): 1383-1392.

[3] Yabuuchi N, Kawamoto Y, Hara R, Ishigaki T, Hoshikawa A, Yonemura M, Kamiyama T, Komaba S. A comparative study of LiCoO$_2$ polymorphs: Structural and electrochemical characterization of O2-, O3-, and O4-type phases. Inorganic Chemistry, 2013, 52(15): 9131-9142.

[4] Bak T, Nowotny J, Rekas M, Sorrell C C, Sugihara S. Properties of the electrode material Li$_x$CoO$_2$. Ionics, 2000, 6: 92-106.

[5] Zhang H G, Ning H, Busbee J, Shen Z H, Kiggins C, Hua Y, Eaves J, Davis J, Shi T, Shao Y T, Zuo J M, Hong X H, Chan Y, Wang S B, Wang P, Sun P C, Xu S, Liu J, Braun P V. Electroplating lithium transition metal oxides. Science Advances, 2017, 3(5): e1602427.

[6] Dahn J R, Fuller E W, Obrovac M, Sacken U v. Thermal stability of Li$_x$CoO$_2$, Li$_x$NiO$_2$ and λ-MnO$_2$ and consequences for the safety of Li-ion cells. Solid State Ionics, 1994, 69(3-4): 265-270.

[7] Paulsen J M, Mueller-Neuhaus J R, Dahn J R. Layered LiCoO₂ with a different oxygen stacking (O-2 structure) as a cathode material for rechargeable lithium batteries. Journal of the Electrochemical Society, 2000, 147(2): 508-516.

[8] Shin H C, Pyun S I. Investigation of lithium transport through lithium cobalt dioxide thin film sputter-deposited by analysis of cyclic voltammogram. Electrochimica Acta, 2001, 46(16): 2477-2485.

[9] Chiang Y M, Jang Y I, Wang H, Huang B, Sadoway D R, Ye P. Synthesis of LiCoO₂ by decomposition and intercalation of hydroxides. Journal of the Electrochemical Society, 1998, 145(3): 887-891.

[10] Liu Q, Su X, Lei D, Qin Y, Wen J, Guo F, Wu Y A, Rong Y, Kou R, Xiao X, Aguesse F, Bareño J, Ren Y, Lu W, Li Y. Approaching the capacity limit of lithium cobalt oxide in lithium ion batteries via lanthanum and aluminium doping. Nature Energy, 2018, 3: 936-943.

第5章　锰酸锂正极材料

尖晶石相锰酸锂是非常重要的一类锂电池正极材料，和层状钴酸锂中二维锂离子扩散路径不同，尖晶石相锰酸锂具有三维锂离子孔道。晶体结构的显著差异也表现在放电曲线上，尖晶石锰酸锂能提供比层状钴酸锂稍高的放电平台。从成本的角度考虑，锰元素比钴元素廉价。从元素组成来看，Mn-O-Li 三种元素可以组成众多具有不同化学计量比的氧化物，其结构丰富，电化学性质多样，具有很大的潜力，因此发展锰酸锂类锂电材料也是电池领域的重要研究方向。图 5-1 展示了 Li-Mn-O 体系中可能出现的电池材料的组成关系，其中具有电化学活性，有可能被用于锂离子电池的三角区域被放大在上方。这个三角区域又被分为立方和四方两个不同区域，Thackeray 在其综述文章中详细总结了三角区域类材料的电化学性质[1]。

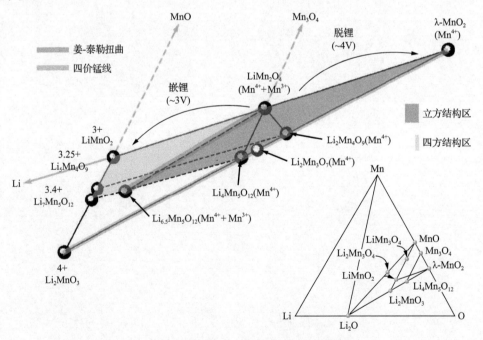

图 5-1　Li-Mn-O 相图中各种电池材料之间组成关系

立方结构区域的尖晶石相，由于其能提供锂离子脱嵌的三维孔道和位点，适合用作锂离子插层电极，并能够接受大量的锂离子，结构保持稳定。尖晶石相锰酸锂在锂化过程中表现出非常丰富的结构和化学性质，产生众多不同化学计量比的锰酸锂结构，下面分别予以详述。

图 5-1 结构组成变化图是 Li-Mn-O 三角相图中一小部分，这幅图反映的基本结构关系如下：①化学计量比的尖晶石位于 Mn_3O_4 和 $Li_4Mn_5O_{12}$ 之间的连接线上；②化学计量比的岩盐相位于 MnO 和 Li_2MnO_3 之间的连接线上；③尖晶石和岩盐相之间的锂离子嵌入和脱出反应位于图中虚线上，如果外推汇聚于三角相图中锂的顶点上；④对于锂离子电池有重要意义的是 $LiMn_2O_4$ 和 $Li_4Mn_5O_{12}$ 所形成的固溶体，可以用一个简单的计量式表示：$Li_{1+\delta}Mn_{2-\delta}O_4$；⑤这些尖晶石都能锂化成它们的岩盐相形式，组成落在 $LiMnO_2$ 和 $Li_7Mn_5O_{12}$ 之间；⑥在锂离子嵌入到 $Li_{1+\delta}Mn_{2-\delta}O_4$ 中，四面体配位的锂离子就要位移到八面体位点，所以 $LiMn_2O_4$-$Li_4Mn_5O_{12}$-$Li_7Mn_5O_{12}$-$LiMnO_2$ 围成的四边形区域是一个缺陷岩盐相；⑦从 $Li_{1+\delta}Mn_{2-\delta}O_4$ 中四面体位点脱出锂离子，驱动尖晶石组成移向 MnO_2-$Li_4Mn_5O_{12}$ 连接线。MnO_2-$Li_4Mn_5O_{12}$-$LiMn_2O_4$ 组成的三角形面积是一个缺陷尖晶石，三条边代表三个组成的尖晶石：$Li_xMn_2O_4(0<x<1)$、$Li_{1+\delta}Mn_{2-\delta}O_4$、和 $Li_2O\cdot yMnO_2(y>2.5)$。下面分别介绍这些组成的材料在锂离子电池中的应用。

5.1　尖晶石相 $LiMn_2O_4$ 介绍

尖晶石矿物通用结构为 $A[B_2]X_4$，常见的材料如 $MgAl_2O_4$、Fe_3O_4、Mn_3O_4 和 $LiMn_2O_4$ 等都属于这种结构。尖晶石相 $LiMn_2O_4$ 结构中氧排列成立方密堆积结构，其中锰是八面体配位，如图 5-2 所示。整体尖晶石框架中存在三维间隙通路，适合锂离子扩散。就密排结构而言，每层氧密排面之间存在两层四面体位点，一层八面体位点。尖晶石相 $LiMn_2O_4$ 结构的晶胞参数：$a=8.245$Å，空间群为 $Fd\bar{3}mZ$，

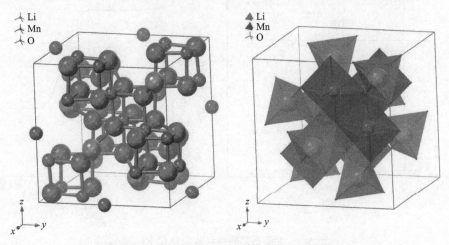

图 5-2　尖晶石相 $LiMn_2O_4$ 结构多面体和示意图
注意 Mn 在 16d 位点；O 在 32e 位点；Li 在 8a 位点

群号 227。锂离子占据 8a 位点，锰离子占据 16d 位点，氧离子处在 32e 位点。MnO_6 八面体共边连接形成连续的空间三维网络结构，锰离子处在氧密排面层间，每相邻两层锰在八面体间隙被占据的比例为 3∶1。在四面体间隙(8a,8b,48f) 和八面体间隙(16c) 中，8a 位点离 Mn 的 16d 位点最远，8a 四面体的四个面都与邻近的空位 16c 对应的八面体共面，这样的结构特征赋予化学计量比尖晶石化合物独特的稳定性。

5.2　$Li_xMn_2O_4(0<x<2)$

图 5-3(a) 显示了尖晶石结构的放电曲线，呈现两个间距较大的平台区域。第一个平台对应结构上的变化是，在尖晶石 $Li_xMn_2O_4(x≈0)$ 的四面体位点中嵌入锂离子，这个过程电极电势是 4V，但是仔细观察 4V 平台是由两个间距 150mV

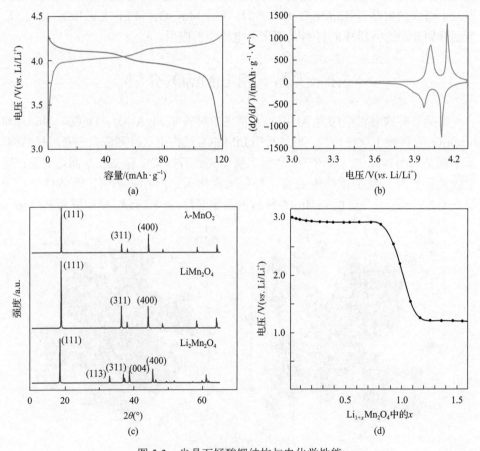

图 5-3　尖晶石锰酸锂结构与电化学性能
(a)尖晶石相锰酸锂的充放电曲线和其(b) dQ/dV 曲线；
(c)不同嵌锂含量的 MnO_2 的 XRD；(d)过锂化尖晶石锰酸锂

的小平台组成，转变点在 $Li_{0.5}Mn_2O_4$。这两个小平台是由于锂离子占据了一半的 8a 位点时，产生有序化过程。较高的电压是因为反应与 8a 位置处的势阱较深有关，需要较高的活化能才能将锂离子从一个 8a 位点，穿过能量较高的 16c 八面体，输运到达另外一个 8a 空位中。

所有 8a 位点填满之后，继续向尖晶石 $LiMn_2O_4$ 中嵌入锂离子，产生 3V 平台，这个过程中锂离子进入 16c 八面体位点，由于 8a 四面体与 16c 八面体共面，多面体中心阳离子之间的静电排斥力很强，导致 8a 中的锂离子迅速位移到邻近的 16c 八面体位点。这个作用导致结构向 $Li_2Mn_2O_4$ 岩盐相转变。放电过程中，表面逐渐形成岩盐相结构。而在岩盐相结构中 16c 位点比 8a 位点能量低，所以与尖晶石相相比，岩盐中锂离子移动所需能量较低，实际上中子衍射实验表明，锂离子虽然主要还是在 16c 位点，但是也有部分占据 8a 位点，表明 $Li_2Mn_2O_4$ 结构中 8a 与 16c 能量差不大，所以在岩盐相中扩散需要一个较低的活化能。

5.2.1　$Li_xMn_2O_4(0 < x < 1)$

尖晶石的立方对称性在 4V 区不受电化学反应影响，晶格参数从 $LiMn_2O_4$ 的 8.245Å 变化到 $Mn_2O_4(\lambda\text{-}MnO_2)$ 的 8.029Å，在 4V 区锂离子脱嵌过程中，单位晶胞体积扩展或者收缩了 7.6%，这个变化是各向同性的，过程缓慢，实际在 $4.2\sim 3.5V$ 间循环时，容量损失比较缓慢，所以晶体结构在循环过程中能较好地维持不变[图 5-3(c)]。

5.2.2　$Li_xMn_2O_4(1 < x < 2)$

当锂离子嵌入到 $Li_xMn_2O_4(1 < x < 2)$ 范围时，出现 3V 电压平台[图 5-3(d)]，伴随严重的姜-泰勒扭曲，尖晶石 Mn_2O_4 框架中 $Mn^{3+}(3d^4)$ 浓度增加，减少了晶体的对称性，结构从立方(c/a=1)向四方(c/a=1.16)转变，电化学循环过程中晶胞参数 c/a 变化了 16%，尖晶石框架不能容忍这么大的变化，产生的应力使得单个尖晶石颗粒不能维持结构完整性，倾向于破裂，丢失电子导通路径，从而导致快速的容量损失。

尖晶石相 $LiMn_2O_4$ 在 4V 放电时容量有缓慢损失，究其原因主要有三点：

(1)尖晶石结构锰酸锂在微弱酸性电解质中容易发生锰溶解。三价锰离子不稳定容易发生歧化反应，当大量的颗粒中 Mn^{3+} 离子浓度增加，两个 Mn^{3+} 离子自发地发生氧化还原反应，生成一个 Mn^{4+} 和一个 Mn^{2+}，由于 Mn^{2+} 容易溶解在电解液中，所以导致电极容量衰减。

$$2Mn^{3+}_{固} \longrightarrow Mn^{4+}_{固} + Mn^{2+}_{溶液}$$

(2)充满电的尖晶石脱出了锂离子，是强氧化剂，对于有机电解液、碳材料和集流体等有一定程度氧化作用,导致容量衰减。

(3)快速放电等热力学非平衡条件下,放电末端颗粒表面比主体锂化度高,虽然总体未达到化学计量比的 $LiMn_2O_4$,但是颗粒表面可能已经过度锂化,锰离子平均的价态小于 3.5,容易发生姜-泰勒效应。

5.3　岩盐结构 $Li_xMn_2O_4(x=2)$

岩盐结构的 $Li_2Mn_2O_4$ 中所有的阳离子占据了氧密排面间的八面体层(图 5-4),阳离子和阴离子比例为 1:1。晶胞参数为 $a=5.662\text{Å}$,$c=9.274\text{Å}$,空间群为 $I4_1/amdZ$,群号 141。X 射线精修结果显示氧离子处在 16h 位点,锰离子 100%占据 8d 位点,锂离子部分占据 4a 和 8c 位点,总体上维持 Li/Mn 为 1:1。

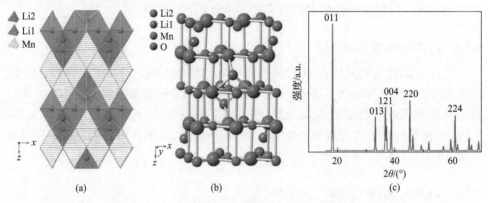

图 5-4　岩盐结构 $Li_2Mn_2O_4$ 的晶体结构球棍模型(b)、多面体模型(a)和模拟 XRD 图(c)

5.4　过锂化 $Li_xMn_2O_4(2<x<4)$

岩盐相结构形成之后,如果继续锂化则有更多的锂离子嵌入 $Li_xMn_2O_4(2<x<4)$ 结构中,电压从 3V 降至 1.2V,有可能形成 $Li_4Mn_2O_4$ 层状结构,这个反应发生在 1.2V,氧阵列从立方密堆积变成六方密堆积。为了容纳更多的锂离子,岩盐结构向层状结构转变过程需要 Mn_2O_4 层中 25%的 Mn 从 16d 位点迁移到 16c 位点,Mn 层八面体位点完全被 Mn 占据,Li 层四面体位点完全被 Li 占据。这个结构不稳定,用溴水处理能够脱锂重新形成尖晶石 $LiMn_2O_4$。

5.5　$Li_{1+\delta}Mn_{2-\delta}O_4(0<\delta<0.33)$

这部分介绍锂取代锰的尖晶石,有时称为富锂尖晶石相。为了缓解三价锰的不稳定性，可以用锂离子部分取代锰离子，形成锂取代锰的尖晶石相电极材料，一般化学式表示为 $Li_{1+\delta}Mn_{2-\delta}O_4$，当 $\delta=0.33$ 时锰的氧化态可以从 3.5 提高至 3.54，氧化态增加则理论容量降低，但是这种容量降低能够带来稳定性提高。

富 Li 的 $Li_{1+\delta}Mn_{2-\delta}O_4$ 另一个重要组成化合物是 $Li_4Mn_5O_{12}$，用尖晶石的注释方式可以写成 $Li[Mn_{1.67}Li_{0.33}]O_4$（$\delta=0.33$），表示 Li 取代了 0.33 的八面体位点的 Mn，这个结构依然维持立方对称性（空间群为 $Fd\overline{3}m$），锰都是四价，0.33 的锂是锁定在 16d 八面体位点中，并不对 4V 容量产生贡献，因为如果要提取 16d 位点中的锂离子则需要很高的电势才能实现，这个电极在 4V 没有容量，然而 Li 离子还可以继续嵌入 $Li_4Mn_5O_{12}$，在 3V 表现出平台区。

与 $LiMn_2O_4$ 相比，$Li_4Mn_5O_{12}$ 姜-泰勒转变要晚，当 Mn 平均价态在 3.5 时，$Li_{4+x}Mn_5O_{12}$ 中 $x=2.5$，所以在 $0<x\leqslant2.5$ 时，电极维持立方对称性，晶格参数变化仅仅 1%，反应中的两相可认为是一个锂化的立方尖晶石，带有一定岩盐相缺陷，可以描述成下面化学式。

$$Li_{6.5}Mn_5O_{12}(\{Li_{1.84}\square_{0.16}\}_{16c}[Mn_{1.67}Li_{0.33}]O_4)$$

这个反应使 $Li_{4+x}Mn_5O_{12}$ 具有 3V 特性，如果电极组成能被限定在立方相，将是一个有意思的电极材料。当锂化值 $x>2.5$ 导致形成具有岩盐相结构的 $Li_7Mn_5O_{12}$ 四方相，Mn 的平均价态为 3.4。$Li_7Mn_5O_{12}$（$c/a=1.108$）的四方扭曲不如 $Li_2Mn_2O_4$（$c/a=1.16$）严重，因为其中 Mn^{3+} 浓度较低。

用单价锂离子代替锰离子，增加了锰的价态能够稳定尖晶石结构，这一方法也可以扩展到二价离子，如 Ni、Cr、Mg、Zn、Co 等，有时稳定剂离子参与电化学反应会出现额外的电压平台，最好的例子是 Ni 取代 Mn，能够完全氧化 Mn 离子。因此能制备出类似 $Li_4Mn_5O_{12}$（$Li[Mn_{1.67}^{4+}Li_{0.33}^+]O_4$）的电极，具有 3V 放电平台。

$Li_{1+x}[Mn_{1.5}^{4+}Ni_{0.5}^{2+}]O_4$（$0<x<1$）是一个低电压材料，期望在 $x=0.75Li_{1.75}[Mn_{1.5}^{4+}Ni_{0.5}^{2+}]O_4$ 发生姜-泰勒转变，但是实际情况并没有观察到姜-泰勒转变。与 $Li_4Mn_5O_{12}$ 不同的是在 $Li[Mn_{1.5}^{4+}Ni_{0.5}^{2+}]O_4$ 中 Li 离子能被脱出四面体位点，这个反应发生在 4.7V，涉及 Ni 从 2 价转变为 4 价。

5.6　$Li_2O \cdot yMnO_2$ 线

在 MnO_2 和 Li_2O 之间的连接线上有几个化合物，其中包括 Li_2MnO_3 和 $Li_4Mn_5O_{12}$，在这些材料中锰都是+4 价态。

5.6.1　Li_2MnO_3

Li_2MnO_3 是一个化学计量比的岩盐相，具有 $C2/m$ 空间群（群号 15），晶胞参数如下：a=4.928Å，b=8.533Å，c=9.604Å，β=99.5°。Li_2MnO_3 具有层状结构，与 $LiCoO_2$ 结构有一定相似性，化学式可写为 $Li[Li_{1/3}Mn_{2/3}]O_2$。一部分 Li 占据锂层的 2c 和 4h 位点，剩余的 Li 和 Mn 分别占据过渡族金属层 2b 和 4g 位点。整体上其中 LiO_6 层和 MnO_6 层交替形成的 $C2/m$ 对称性的层状结构。如图 5-5 所示，每个 LiO_6 八面体和 6 个 MnO_6 八面体相连。每个 MnO_6 周围只有 3 个 LiO_6。Mn 层的 2/3 位点保留 Mn，1/3 的位点 Mn 被 Li 取代，形成超晶格，在 XRD 中的 20°～25° 有额外衍射。超晶格衍射峰的宽化与 Mn 层的位移有关，属于堆垛位错增加，温度越低位错越多。堆垛位错对电化学性质的影响尚不清楚。从热力学角度来说，结晶完美没有缺陷的晶体，能量最低，引入堆垛位错或缺陷，能量增加，降低了活化能垒，容许 Li 离子在较低的电势被提取。在制备 Li_2MnO_3 时，降低合成温度，颗粒尺寸减小，400℃甚至合成出 70nm 的 Li_2MnO_3，纳米颗粒表现出更大的容量。

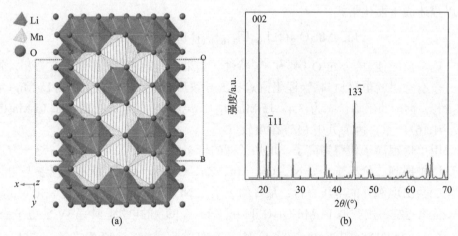

图 5-5　层状 Li_2MnO_3 结构示意图(a)及模拟 XRD 图(b)

如果是 600℃ 以上合成 Li_2MnO_3，所获得的 Li_2MnO_3 稳定性很好，能够耐酸，从大颗粒中不能提取出 Li。四价的 Mn 是强烈地倾向于占据八面体位点，从八面体位点到四面体位点的活化能很高。不同的八面体位点是通过四面体共面连接的，所以 Li 离子扩散必须通过四面体位点，这是 Li 扩散的前提条件。

第一性原理计算发现，脱出 Li_2MnO_3 中 Mn 层的 Li 需要比锂层的 Li 多 250mV 额外电压。从过渡族金属 Mn 层迁移到 Li 层，Li 离子需要先穿过一个四面体位点，这个四面体位点必须和四个八面体位点共面，其中三个在 Li 层，1 个在 Mn 层，当 Li 层出现三个 Li 八面体空位，Mn 层的 Li 就可以迁入到 Li 层的四面体中，这个过程发生在 2.95V，但是进入到四面体的 Li 需要 4.12V 才能被完全移除。核磁共振实验和第一性原理计算表明 Li 从 Mn 层向 Li 层的四面体位点迁移是自发的，如果 Li 出现三个 Li 空位，占据了四面体位点的 Li 需要高电势才能移除。在嵌锂过程中，Li 进入到靠近四面体位点的八面体位点，将 Li 推回到过渡族金属层。出现四面体位点的 Li 对充放电过程有负面影响，四面体位点占据阻碍了相邻的三个八面体位点的占据，限制了 Li 的扩散，在 Mn 层产生空位能增强 Mn 的扩散，从而导致材料的无序[2]。

从化学式来看，Li_2MnO_3 的理论容量高达 458.6mAh·g^{-1}，但是 Mn 的价态是四价，Mn^{4+} 处于氧离子的八面体场中，Mn^{4+} 外层轨道电子排布为 $3s^2 3p^6 3d^3$，外层 d 轨道上的三个电子填充在 t_{2g} 轨道，能量较低[3]，需要很高的电压才能脱出。早期认为在锂离子电池用电解液体系中，不能继续被氧化，因此 Li_2MnO_3 曾经被认为是一个电化学非活性的材料，但是现在的研究发现，如果丢失 O，Li_2MnO_3 还能继续脱 Li，同时可能伴随着电解质被氧化，电子通过外电路移走，电解质释放出质子，质子和 Li_2MnO_3 中 Li 置换(图 5-6)。当氧化层间出现质子时，层的堆垛顺序将从 O3 变为 P3。P3 这个结构是 AABBCC 堆积，这个结构更适合形成 O—H···O 氢键，因此推断初始的脱锂可能伴随氧的损失(Li_2O)，后续脱锂可能涉及质子交换机理。在电解质被氧化和氧损失两种可能过程的作用下，原本被认为非活性的 Li_2MnO_3 逐渐被认识到有可能成为一种高比容的锂离子电池正极材料[2]。

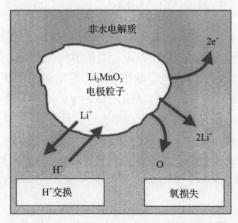

图 5-6　Li_2MnO_3 电极/电解质界面发生反应的示意图[2]

5.6.2　$Li_4Mn_5O_{12}$

在 MnO_2 和 Li_2O 之间的连接线上(图 5-1)，当 $y=2.5$ 时出现化学计量比的尖晶石 $Li_4Mn_5O_{12}$，按照尖晶石的注释可以写成 $Li[Li_{1/6}Mn_{5/6}]_2O_4$，已经在 $Li_{1+\delta}Mn_{2-\delta}O_4$，$\delta=0.33$ 中介绍过。这里只描述其晶体结构参数：$a=8.1407Å$，空间群 $Fd\overline{3}mS$，群号 227。锂离子在 8a 位点 100% 占据，Mn 离子占据 83% 的 16d 位点，其他 17% 被锂离子占据，氧离子处在 32e 位点(图 5-7)。

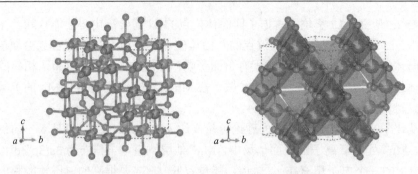

图 5-7　尖晶石 $Li_4Mn_5O_{12}$ 晶体结构示意图

5.6.3　$Li_2Mn_3O_7$ 和 $Li_2Mn_4O_9$

在 MnO_2 和 Li_2O 之间的连接线上(图 5-1),当 $y=3$ 和 $y=4$ 时,出现 $Li_2Mn_3O_7$ 和 $Li_2Mn_4O_9$ 两种缺陷尖晶石和岩盐的固溶体,$\lambda\text{-}MnO_2$ 某种意义上也被认为是缺陷的尖晶石,因为 Mn 部分占据了八面体位点,所有的四面体位点都是空的。$Li_2Mn_4O_9$ 属于 $Fd\bar{3}m$ 空间群,晶胞参数 $a=8.162\text{Å}$,中子衍射实验,发现阳离子分布如下式所示:

$$(Li_{0.89}\square_{0.11})_{8a}(Mn_{1.78}\square_{0.22})_{16c}O_4$$

从式中应该可以看出 Li 离子优先嵌入四面体位点,贡献 4V 电势,然后进入 16c 位点贡献 3V 电势。然而实际的实验无论是恒电流放电,还是循环伏安都显示锂离子在 3V 嵌入八面体位点,但是随后在 3V 充电脱出锂离子之后,继续 4V 充电脱出 8a 位置的锂离子。再次放电显示明显的 4V 平台,当然牺牲了 3V 容量。然而如果将循环最高电势设置在 3.8V,那么 3V 性能保持完好,有极好的容量保持。这种行为还没有被完全理解,因为目前还不能合成预先设定组成的尖晶石。

$Li_2Mn_4O_9$ 能够放电形成 $Li_4Mn_4O_9$,其理论容量为 142mAh·g^{-1},Mn 的氧化状态到 3.5,这与两相材料电化学脱嵌行为一致,进一步的锂化则发生姜-泰勒扭曲形成 $Li_5Mn_4O_9$。

实际上 X 射线衍射分析表面 $Li_4Mn_4O_9(a=8.171\text{Å})$ 具有立方晶胞,体积改变 0.3% 很难区分两个立方相,进一步锂化形成 $Li_{4.4}Mn_4O_9$ 实际为 $(a=8.011\text{Å}, c=9.150\text{Å})$,平均氧化状态在 $Li_5Mn_4O_9$ 为 $3.25(c/a=1.14)$。$Li_2Mn_2O_4$ 和 $Li_7Mn_5O_{12}$ 的 c/a 为 1.16 和 1.11,正好处在 $Li_5Mn_4O_9$ 的两边。

5.7　层状 $LiMnO_2$

Bruce 于 1996 年合成并表征了单斜相的层状 $LiMnO_2$,有时候被记做 $L\text{-}LiMnO_2$。晶胞参数:$a=5.4387\text{Å}$,$b=2.8085\text{Å}$,$c=5.3878\text{Å}$,$\beta=116°$,空间群为 $C12/m1$,群

号 12。这种层状 LiMnO$_2$ 与 LiCoO$_2$ 的结构相似，拥有扭曲的 O3 堆积方式，结构如图 5-8 所示，氧阵列呈现 ABC 堆积，锰离子和锂离子交替出现在氧密排面的八面体位点。中子衍射精修结果在锰层中有 9%的锂离子，锂离子层中有 9%的锰离子掺杂。

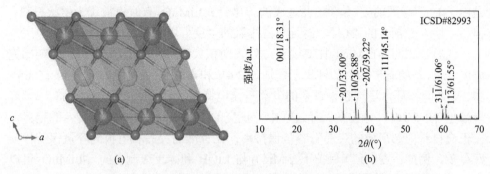

图 5-8　层状的晶体结构多面体示意(a)和模拟 XRD(b)

层状的宿主结构能够容许锂离子快速嵌入，例如：层状 LiCoO$_2$ 和 LiNiO$_2$ 的固溶体 LiCo$_{1-x}$Ni$_x$O$_2$ 结构提供了 3.5～4.5V 极好的稳定性。这些结构现在已经用于商业锂离子电池，由于锰离子比较廉价而且无毒，所以探索锰层状化合物，能取得与钴和镍类似的性能，这非常有意义，这也是现在镍钴锰三元材料成为重要的高比能锂离子电池正极材料的原因，后面章节将继续介绍。

5.8　正交 LiMnO$_2$

正交 LiMnO$_2$ 晶体结构与层状 LiMnO$_2$ 相似，整体结构上呈现褶皱的层结构，有时候被记做 o-LiMnO$_2$。晶胞参数：$a=4.5757$Å，$b=2.8058$Å，$c=5.7490$Å，空间群为 PmmnZ，群号 59，其结构和 XRD 如图 5-9 所示。

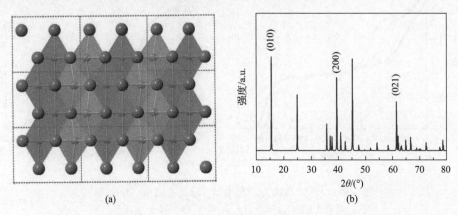

图 5-9　正交结构 LiMnO$_2$ 材料多面体结构示意图(a)和模拟 XRD 图(b)

　　正交 $LiMnO_2$ 可以通过混合 Li_2CO_3 和 MnO_2，在 $800\sim1000℃$ Ar 气保护下制备获得。也可以在 $600℃$ 用 LiOH 和碳还原 MnO_2 或者将 $\gamma\text{-}MnOOH$ 与 LiOH 在 $300\sim450℃$ 反应，在 N_2 保护下制备。MnO_6 与 LiO_6 八面体也类似 $L\text{-}LiMnO_2$ 组成独立的交替层，不过 $o\text{-}LiMnO_2$ 的"层"是褶皱的。氧阵列是歪曲的 ccp 结构，这是由于 Mn^{3+} 导致的姜-泰勒扭曲造成的。尽管 $o\text{-}LiMnO_2$ 有时也被称为层状材料，但是"层"是褶皱的"层"，而且与密排氧的"层"不平行。

　　低温合成的 $o\text{-}LiMnO_2$ 比高温合成的表面积大而且颗粒小，提供很大的初始充放电容量，初始充电 75% 的锂离子能通过 3.4V 和 4.5V 平台被脱出，进一步在 4.5V 和 2V 之间循环，呈现越来越多的尖晶石充电特性，放电时 4V 容量增加、3V 容量减小（图 5-10）。电化学循环过程中，正交的 $LiMnO_2$ 有向尖晶石转变的趋势，在正交材料内部形成的尖晶石容量保持率，比标准的尖晶石电极的容量保持性能好得多，例如：在 Ar 气保护下 $\gamma\text{-}MnO_2$ 与 LiOH 和碳反应制备的 $o\text{-}LiMnO_2$ 可以在 $3\sim4V$ 循环，容量为 $120mAh \cdot g^{-1}$。

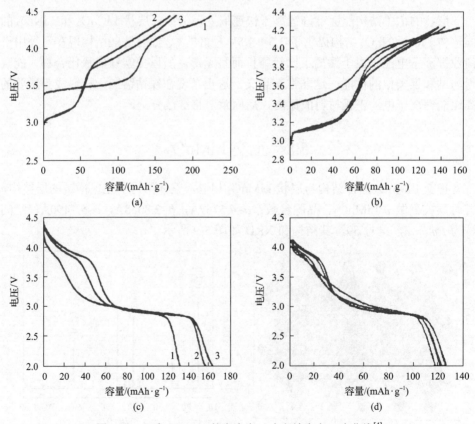

图 5-10　正交-$LiMnO_2$ 的充电（a，b）和放电（c，d）曲线[4]

其中电压窗口为（a，c）$2.5\sim4.45V$；（b，d）$2.5\sim4.25V$

5.9　锰酸锂材料稳定性

锰酸锂材料尽管结构上有差异，总体上在锂离子嵌入和脱出过程中，有几个相似的重要因素影响材料的循环稳定性。

①氧阵列的稳定性，从六方密堆积到立方密堆积转变显著改变晶体结构参数，并产生很大剪切应力；②锰离子在宿主材料中的迁移，导致锂和锰位点的无序度增加，循环变差；③深度脱锂化合物的反应性问题，脱锂的锰酸锂具有很强的氧化能力，尤其是对有机电解质；④电极在电解质中的溶解性问题；⑤晶体结构的各向异性扭曲，如姜-泰勒扭曲。

最后需要指出，在电化学循环或者加热过程中，锰酸锂化合物有很强形成尖晶石的倾向，这些发现佐证了尖晶石骨架作为锂离子插层宿主材料的稳定性，因此尖晶石锰酸锂电极，如 4V 的 $Li_{1.05-x}Mn_{1.95}O_4$（$0<x<0.85$）和 3V 的 $Li_{4+x}Mn_5O_{12}$，在循环过程都能保持立方结构，但不幸的是这些材料的容量只有 $100\sim150\text{mAh·g}^{-1}$，低于其他金属氧化物类型正极材料（如 $LiCo_{1-x}Ni_xO_2$）的容量。总体上来讲，尖晶石锰酸锂的容量有劣势，但是锰资源廉价是其优势。

5.10　富锂锰基材料

富锂锰基正极材料化学式为 $xLi_2MnO_3·(1-x)LiMO_2$，可以看作是 Li_2MnO_3 和层状 $LiMO_2$ 组成的固溶体，其中 M 表示过渡族金属（如 Ni、Co、Fe、Mn 等）。也有人认为这种解释欠妥，可能是 Li_2MnO_3 和 $LiMO_2$ 组成的纳米复合材料。Numata 报道了层状的 Li_2MnO_3 和 $LiCoO_2$ 形成的固溶材料[5]。作者采用过量的碳酸锂和氢氧化锂作为锂源，在 $900\sim1000℃$ 的条件下合成的固溶材料，能够充电到 4.8V 提供接近 280mAh·g^{-1} 的初始容量，这个高比容显示新的充电机制，除了 Co 提供氧化还原中心外，四价的 Mn 也被活化。基于此，作者提出了用 $Li_2AO_3\text{-}LiBO_2$ 结构设计新电极材料，随后 Tabuchi 报道了 Li_2MnO_3 和 $LiFeO_2$ 固溶体系[6]。富锂锰基正极成为高比能锂离子电池研究的热点。

如果将 $xLi_2MnO_3·(1-x)LiMO_2$ 固溶体写成 $Li[Li_xM_{1-x}]O_2$，容易理解其具有 $\alpha\text{-}NaFeO_2$ 层状结构的特征，富锂锰基正极材料属于六方晶系 $R\bar{3}m$ 空间群，Li 占据了 3a 位置，过渡金属占据 3b 位置，其中 Ni、Co、Fe、Mn 的价态分别为+2、+3、+3、+4。富锂锰基材料充放电过程发生了 $Ni^{2+/4+}$、$Co^{3+/4+}$、$Fe^{3+/4+}$ 反应[7]。在首次脱嵌之后，Li_2O 被移除，留下空位，表面的过渡金属迁移至体相中，占据了 Li 和 O 留下的空位，导致晶格中空位的消失。这种结构变化通常是不可逆的，另外失去的 Li_2O 在放电过程中只嵌入锂离子，结构也不可能恢复，这就为富锂锰基材料带来较大的不可逆容量。即便如此，富锂锰基材料依然表现出比单纯钴酸锂和锰酸锂高很多的比容量，其中缘由除了过渡族金属变价外，最新研究发现其中的氧也发生变价，可以提供额外的比容量，当然氧失去电子被氧化的过程必然带来氧和氧之间距离的减小，有可能释放出氧气，从而进一步产生不可逆容量损失。结构的变化也会导致电压曲线的变化。总之，富锂锰基材料首次充放电具有较大的不可逆容量，倍率性能较差，循环过程发生相变，产生电压衰减，这些因素阻碍了富锂锰基材料商业化的进程。

参 考 文 献

[1] Thackeray M M. Manganese oxides for lithium batteries. Progress in Solid State Chemistry, 1997, 25(1-2): 1-71.

[2] Robertson A D, Bruce P G. Mechanism of electrochemical activity in Li_2MnO_3. Chemistry of Materials, 2003, 15(10): 1984-1992.

[3] 赵世玺, 郭双桃, 邓玉峰, 熊凯, 亚辉, 南策文. Li_2MnO_3 活化机理及其影响因素的研究进展. 硅酸盐学报, 2017, 45(4): 495-503.

[4] Gummow R J, Liles D C, Thackeray M M. Lithium extraction from orthorhombic lithium manganese oxide and the phase transformation to spinel. Materials Research Bulletin, 1993, 28(12): 1249-1256.

[5] Numata K, Sakaki C, Yamanaka S. Synthesis of solid solutions in a system of $LiCoO_2$-Li_2MnO_3 for cathode materials of secondary lithium batteries. Chemistry Letters, 1997, 26(8): 725-726.

[6] Tabuchi M, Nakashima A, Shigemura H, Ado K, Kobayashi H, Sakaebe H, Kageyama H, Nakamura T, Kohzaki M, Hirano A, Kannoe R. Synthesis cation distribution, and electrochemical properties of Fe-substituted Li_2MnO_3 as a novel 4V positive electrode material. Journal of the Electrochemical Society, 2002, 149(5): A509-A524.

[7] 赵煜娟, 冯海兰, 赵春松, 孙召琴. 锂离子电池富锂正极材料 $xLi_2MnO_3 \cdot (1-x)LiMO_2$ (M=Co, Fe, $Ni_{1/2}Mn_{1/2}$...) 的研究进展. 无机材料学报, 2011, 26(7): 673-679.

第6章　三元正极材料

三元材料是指具有化学式为 $LiNi_{1-x-y}Co_xMn_yO_2(NCM)$ 的一系列锂离子电池正极材料,用 Al^{3+} 取代 Mn^{4+} 产生了 NCA 类三元高镍材料,在 NCA 中三种金属元素都是 +3 价,放电过程中,Al 离子保持三价不变,能够一定程度稳定结构。三元材料和钴酸锂一样具有层状结构,相比于单组分正极材料镍酸锂、钴酸锂和锰酸锂,三元正极材料 NCM 具有循环性能好、结构稳定、比容量高等优点,是当前锂离子电池正极材料研发热点,而且显示出良好的应用前景。刘兆林等首先提出不同组分的三元层状镍钴锰复合正极材料[1],该三元材料有效结合了三种单组分正极材料的优点。钴酸锂具备良好的倍率和循环性能,镍酸锂具有较高的比容量,锰酸锂安全且成本低廉,复合材料性能优于单一组分的正极材料,这是因为三种过渡金属元素存在协同效应。Co 能够稳定三元材料的层状结构并抑制阳离子混排,提高材料的电子导电性和改善循环性能;Ni 可以提高材料的容量,但是 Ni 含量过高将会与 Li^+ 产生混排效应而导致循环性能和倍率性能变差;Mn 的存在能降低成本和改善材料的结构稳定性和安全性,但是过高的 Mn 含量将会降低材料比容量,并且容易产生尖晶石相而破坏材料的层状结构。因此,对 Co、Ni、Mn 三种元素的含量进行调节,能够得到不同性能的材料(图 6-1)。由于 Ni、Co 和 Mn 之间存在明显的协同效应,因此 NCM 的性能好于单一组分层状正极材料,而被认为是最有应用前景的新型正极材料之一[2]。

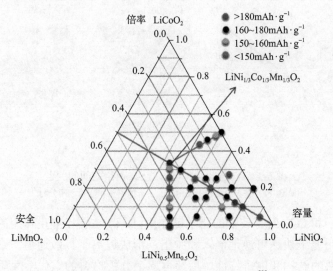

图 6-1　Li-Ni-Co-Mn-O 三元材料相图[3]

三元材料的名称通常使用金属元素比例命名，比如 333、523、622、811 等是以 Ni、Co、Mn 的顺序指示比例组成，例如 $LiNi_{1/3}Co_{1/3}Mn_{1/3}O_2$-333、$LiNi_{0.5}Co_{0.2}Mn_{0.3}O_2$-523、$LiNi_{0.6}Co_{0.2}Mn_{0.2}O_2$-622、$LiNi_{0.8}Co_{0.1}Mn_{0.1}O_2$-811，实际应用中直接以比例代指层状三元材料。

6.1 三元材料的结构特征

三元正极材料具有 α-$NaFeO_2$ 单相层状结构(图 6-2、图 6-3)，用 $R\bar{3}m$ 空间群理解，其中 Li 原子占据 3b 位点，Ni、Co、Mn 自由分布在金属层的 3a 位点，O 原子位于 6c 位点，形成 P 层密排面。Li 和金属层原子占据 O 密堆积结构的八面体空位，从 fcc 结构来看，Li 和 M 交替排列在立方密堆积结构的(111)面上。如何理解 $R\bar{3}m$ 和 fcc 之间关系，可以参考图 6-3 所示。

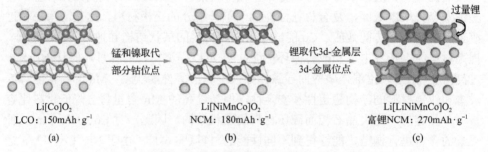

图 6-2 层状正极结构之间的关系

(a)层状钴酸锂；(b)三元材料 NCM；(c)富锂三元材料[4]

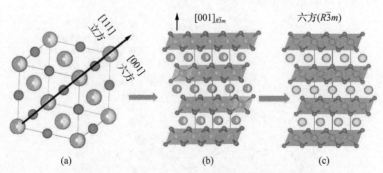

图 6-3 O3 层状结构与岩盐 fcc 网络之间的关系

(a)到(b)存在一个旋转；(b)到(c)表示锂离子和金属之间分相[4]

金属原子和 O 之间有较强的化学键作用，而 Li 主要以静电作用的方式与氧结合。静电作用便于快速可逆地嵌入和脱出，形成锂离子扩散通道。这部分先讨论整体三元材料的结构和电子特性，后续再逐个分析材料的电化学性质。

Chung 等研究了 NCM-333 材料中的过渡金属离子价态，从金属的 X 射线吸收精细结构分析其 K-边图得出[5]，Mn 的价态为+4 价，Ni 为+2 价，Co 为+3 价。过渡金属在八面体场中会发生 d 轨道的能级分裂，形成 t_{2g} 和 e_g 轨道，轨道能级差为晶体场分裂能 Δ_{oct}，另外由于 3d 电子局域特征，Mn^{4+} 的 3d 轨道电子排斥较大，导致相同轨道自旋相反电子间较高的排斥能(U)。如图 6-4 所示，Mn^{3+} 处于高自旋态，而 Co^{3+} 和 Ni^{3+} 处于低自旋态，Mn^{3+} 的 e_g 轨道上的电子倾向于转移到 Ni^{3+} 的 e_g 轨道上，Ni^{3+} 被还原成 Ni^{2+}，Mn^{3+} 变成了 Mn^{4+}，整体上降低体系能量。由于 Ni^{2+} 的半径(0.69Å)与 Li^+(0.76Å)相近，因此 Ni^{2+} 很容易占据 Li^+ 的 3a 位置而发生阳离子混排。

图 6-4　Mn、Co、Ni 元素的 3d 轨道电子排布图[6]

对于不同 Ni、Co、Mn 配比的 NCM 材料，随着 Ni^{2+} 含量的不同，阳离子混排增加。一个完美的 $R\bar{3}m$ 结构中过渡族金属在 3a 位点，锂在 3b 位点，但是在 fcc 的八面体位点中 Ni 更倾向于以 Ni^{2+} 形式存在，因为 Ni^{3+} 结构中 e_g 轨道存在未成对电子，所以结构不稳定。Ni^{2+} 形成后很容易迁移到 3b 位点的锂层。Ni^{2+} 占据 Li^+ 位点后，会阻碍 Li^+ 的扩散，并且导致结构变得无序(图 6-5)，这种结构的无序状态将使电化学性能变差。与完美有序结构相比，无序相中锂扩散有更高的活化能垒，因此锂离子扩散系数降低。

如何度量这种无序状态，最常用的方法是采用 X 射线衍射分析技术，无序度产生后会部分破坏(003)面的干涉，导致(003)峰强度降低。与之相对比(104)峰强度增加，结果就可以用 $I_{(003)}/I_{(104)}$ 比值大小衡量阳离子混排程度。$I_{(003)}/I_{(104)}$ 比值降低表示无序度增加。Sun 等研究了不同 Ni、Co、Mn 配比材料 $Li[Ni_xCo_yMn_z]O_2$($x=$1/3、0.5、0.6、0.7、0.8 和 0.85)，随着 Ni 含量的增加，$I_{(003)}/I_{(104)}$ 峰的比值降低，说明随着 Ni 含量增加，Li/Ni 的混排程度加重[3, 7]。阳离子无序不仅发生在材料制备过程中，最重要的是发生在电化学循环过程中，例如 Shao 等通过 TEM 发现了电化学循环过程中的颗粒中过渡族金属和锂层都发生了阳离子的混排[8]。在高度脱锂状态下，因为产生了大量的锂空位，材料极不稳定，这种不稳定性导致了过渡族金属向锂层的迁移。

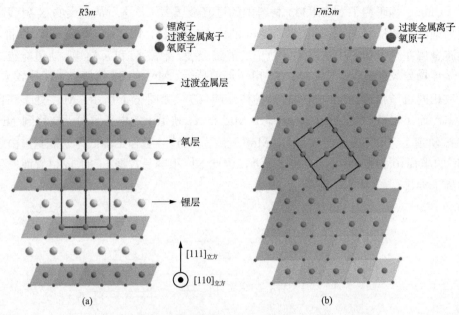

图 6-5　有序和无序的层状三元材料中阳离子混排示意图[2]

在设计锂离子电池正负极材料时，零应变的材料是最理想的选择。所以晶胞参数随着锂化程度的变化是重点考察参数。对于 $LiCo_{1/3}Ni_{1/3}Mn_{1/3}O_2$ 材料，其晶胞参数 a 为 2.862Å，c 为 14.227Å。第一性原理计算 $LiMnO_2$ 的晶胞参数（a=2.932Å）比 $LiCoO_2$（a=2.813Å）和 $LiNiO_2$（a=2.837Å）的长。$LiCo_{1/3}Ni_{1/3}Mn_{1/3}O_2$ 晶胞参数（a=2.831Å）正好在 $LiCoO_2$ 和 $LiNiO_2$ 之间。与之相反，$LiCo_{1/3}Ni_{1/3}Mn_{1/3}O_2$ 晶胞参数（c=13.884Å）比 $LiCoO_2$ 和 $LiNiO_2$ 都长。$LiCo_{1/3}Ni_{1/3}Mn_{1/3}O_2$ 中 Ni、Co、Mn 和 O 原子间距分别为 2.02Å、1.915Å、1.939Å。Co—O 间距与 $LiCoO_2$ 中 Co—O 键相似，Ni—O 键比 $LiNiO_2$ 中 Ni—O 键长，Mn—O 键比 $LiMnO_2$ 中短，这表明在 $LiCo_{1/3}Ni_{1/3}Mn_{1/3}O_2$ 中 Ni、Co、Mn 分别是二价、三价和四价。Ohzuku 等合成的 $Li(Ni_{1/3}Co_{1/3}Mn_{1/3})O_2$ 材料通过 HRTEM 检测可知，该材料含有立方密堆积的氧原子层状模型，在 EXAFS 检测结构中发现 Co—O、Ni—O 和 Mn—O 的键长分别为 1.93Å、2.03Å 和 1.92Å，该结果与第一性原理计算结果相一致[9]。

键长大小与金属离子的价态密切相关，在 $Li(Ni_{1/3}Co_{1/3}Mn_{1/3})O_2$ 中 Co、Ni 和 Mn 的化学价态分别为+3、+2 和+4，在充电过程中，锂离子从正极材料层间脱出，过渡金属离子发生氧化,价态升高,发生的氧化还原反应分别为 Ni^{2+}/Ni^{3+}、Ni^{3+}/Ni^{4+} 和 Co^{3+}/Co^{4+}。Kim 等[11]根据 XANES 图谱推测出，与 Ni^{2+}/Ni^{3+} 反应对应的电压为 3.8V，Ni^{3+}/Ni^{4+} 反应对应的电压范围为 3.9～4.1V，在 4.1V 后，Ni 的 K-边图没有发生变化，说明此后 Ni 的价态不再发生改变。Mn 的 K-边图虽然有轻微变化，但经分析是由锰离子周围环境发生变化而引起的，所以 Mn 的价态在充放电过程中不发生变化，起到稳定结构的作用。通过一系列容量和价态分析，大致上可以绘制出三种材料的电子结构或者 DOS 示意图（图 6-6），这种简易的 DOS 图有助于分析过渡金属和氧得失电子情况。$Ni^{3+/4+}$ 的 e_g 带位置与 O^{2-} 的 2p 态重叠度少于 $Co^{3+/4+}$ 的 t_{2g} 带和 O^{2-} 的 2p 态重叠度，所以 Co^{4+} 在脱锂多于 50% 时出现，要想提取更多的锂，就会导致结构不稳定。在层状结构中，脱嵌锂离子能够使 $LiNiO_2$ 中 Ni 到达 +4 价，从而实现 $220mAh \cdot g^{-1}$ 的容量。但是非化学计量比的结构很容易将 Ni 从三价还原为二价，部分还原会导致层间塌陷和阳离子混排等问题。所以 $LiNiO_2$ 充放电过程容易产生相变，导致结构不稳定。

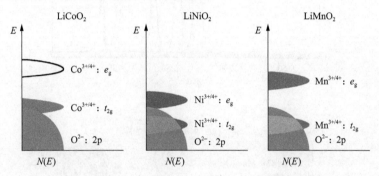

图 6-6　$LiCoO_2$、$LiNiO_2$ 和 $LiMnO_2$ 电子结构示意图[10]

计算预测在 x 为 0～0.667 的范围，$Li_{1-x}Ni_{1/3}CO_{1/3}Mn_{1/3}O_2$ 材料的晶胞参数 a 先降低，然后随着 x 增加而增加；晶胞参数 c 先增加然后降低[12]。这种变化与 $LiCoO_2$ 体系相似，主要是因为锂离子脱出，相邻的氧层带有相同电荷，静电排斥增加，导致 c 轴膨胀。电压升高之后 c 轴降低的原因是金属和氧之间的成键增强导致。不同的 Co、Ni、Mn 比例对 NCM 体系晶胞参数的影响是不同的，随着 Co 含量的增加，晶胞参数 a 和 c 逐渐变小，因为 Co^{3+}(0.545Å) 离子半径小于 Ni^{2+}(0.69Å)。为了通过晶胞参数来衡量三元结构体系的稳定性，c/a 值是判断层状结构的重要因素，当 c/a 值大于 4.9 时，就认为材料中存在层状结构，该比值越高，层状结构所占比例越大，所形成的层状结构越好[9, 13]。

三元材料加热过程中出现尖锐的放热峰，研究三元材料的热稳定性对电池安全至关重要。Sun 等考察了 $Li[Ni_xCo_yMn_z]O_2$(x=1/3、0.5、0.6、0.7、0.8、0.85) 不同情况材料的热稳定性。随着 Ni 含量增加，差热分析中放热峰移动到更低的温度 [图 6-7(a)]，并且产生更高的热流密度。在 Ni 含量低的样品中，存在更多的 Mn^{4+}，低 Ni 样品的热稳定性可能来自 Mn^{4+} 的作用。简单看来镍含量大于 0.6，三元 NCM 的热稳定性大大降低。图 6-7(b) 显示 NCM-333 具有最好的容量保持率和热稳定性，但是放电容量最低。镍含量 0.85 的 NCM 比容量最高，但是容量衰减最严重，容量衰减过快的原因可能是与体积膨胀和表面生成尖晶石相有关。同时镍含量 0.85 的 NCM 热稳定性也是最差的，NCM 的优化过程需要同时兼顾容量、容量保持率以及热稳定性的要求。

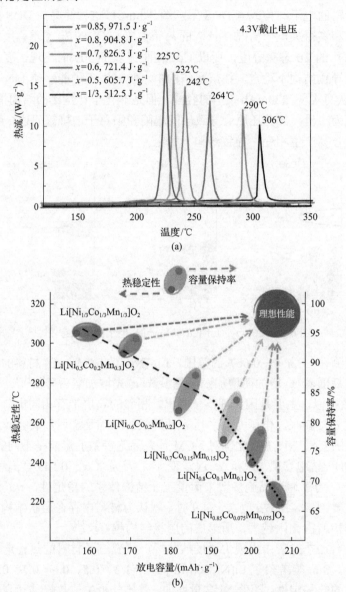

图 6-7　三元正极材料的镍钴锰比例和热稳定性、容量保持率之间的关系[7]

(a)三元材料加热过程中热流随温度变化；(b)三元材料的热稳定性和容量保持率

6.2　三元材料的电化学性质

NCM 三元正极材料的比容量一般可以达到 180mAh·g^{-1} 以上，是一种非常有前途的正极材料。相比于钴酸锂正极材料，NCM 不仅具有较高的比容量，而且用相对较便宜的 Ni 和 Mn 来替代昂贵的 Co，降低了材料的成本，因此 NCM 材料在商业化应用中正在弥补钴酸锂正极材料的不足。由于镍钴锰三种元素的比例不同可以产生很多类型 NCM，这里分别介绍其中几个典型比例的电化学性质。

6.2.1 NCM-333

Ohzuku 尝试用碳酸盐、硝酸盐和氢氧化物等作为起始材料[14]，采用固态方法合成 NCM-333 材料。尽管都能得到 XRD 与 LiCoO$_2$ 相似的颗粒，但是形貌不符合要求，在制备尝试过程中，作者发现采用金属硫酸盐溶液，通过加入 NaOH 沉淀金属离子，得到的前驱体中过渡族金属在氢氧化物沉淀中的混合比较均匀。多次尝试之后，作者用 1：1：1 的镍钴锰的氢氧化物和 LiOH 混合，制备出的颗粒在 1000℃ 空气中烧结 10 小时，产物通过扫描电镜观察，显示表面比较光滑，后装配电池。

电池的起始电压为 3.2V，充电到 5V 容量可以高达 260～270mAh·g^{-1}。这相当于脱出了 Li(Ni$_{1/3}$Co$_{1/3}$Mn$_{1/3}$)O$_2$ 中 95%的锂。如果电压设置在 2.5～4.6V，容量可以高达 200mAh·g^{-1}。首圈不可逆容量在 20mAh·g^{-1}。图 6-8 给出了恒压保持之后不同电流密度下的放电曲线，电流密度从 0.4mA·cm^{-2} 增加到 19.2mA·cm^{-2}，比容量从 200mAh·g^{-1} 降低到 150mAh·g^{-1}，注意电压曲线平均下降了 1V 左右。

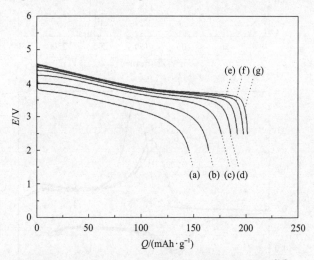

图 6-8 Li(Ni$_{1/3}$Co$_{1/3}$Mn$_{1/3}$)O$_2$ 的倍率性能(30℃)[14]

电池充电电流密度为 0.6mA·cm^{-2}，在 4.6V 保压 4h，放电电流密度为 (a) 19.2mA·cm^{-2}；(b) 12.4mA·cm^{-2}；(c) 6.4mA·cm^{-2}；(d) 3.2mA·cm^{-2}；(e) 1.6mA·cm^{-2}；(f) 0.8mA·cm^{-2}；(g) 0.4mA·cm^{-2}

Chowdari 等将 LiOH 溶液滴加到镍钴锰的硝酸盐溶液中，获得氢氧化物沉淀。

在 180℃烧结后，混合 LiOH·H$_2$O 在 480℃烧结，然后重新研磨，在 1000℃烧结 12h 的工艺制备了 NCM-333 正极材料。如图 6-9(a) 所示，在 2.5～4.7V 的电压窗口内，以 10mA·g^{-1} 的极低电流密度，放电比容量能达到 215mAh·g^{-1}，而首圈的脱嵌锂容量为 269mAh·g^{-1}，这部分容量的损失，主要是由于充放电压窗口高于电解液的分解电势而导致的电解液分解。值得关注的是，充放电曲线依然呈现很平滑的特征。图 6-9(b) 给出 NCM-333 材料前三圈的 CV 曲线图，首次循环的氧化峰分别为 3.95V 和 4.65V，相对应的还原峰则分别位于 3.67V 和 4.60V，在第二圈的循环过程中，第一个氧化峰降低了 0.15～0.2V，相应的峰值电流也出现一定程度的减小。首圈 4.6V 的还原峰在第二、三圈的循环中，降低至 4.57V 和 4.53V，而首圈 3.67V 的还原峰在第二、三圈中的电势没有发生改变。在第一圈循环后，3.8V 左右的氧化峰和还原峰极化电压值减小，表明首圈之后电极材料的可逆性增强[15]。

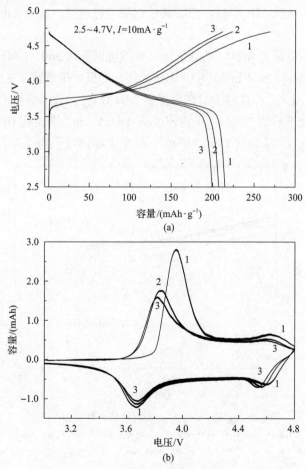

图 6-9　Li(Ni$_{1/3}$Co$_{1/3}$Mn$_{1/3}$)O$_2$ 充放电电压曲线(a) 和 CV 曲线(b)[15]

尽管 NCM-333 相比于高镍三元材料具有更好的结构稳定性和循环性能,但实际比容量要逊色于 NCM-523 和 NCM-811 材料。

6.2.2　NCM-523

在成功的商业化三元正极材料中,除了 NCM-333 以外,NCM-523 也是一个典型比例的三元材料。NCM-523 中减少 Co 的使用量,有助于降低成本和提高电池的安全性,而 Ni 含量的增加,能够显著提高 NCM 材料的比容量。Sun 等采用化学沉淀和高温烧结的方法[16],合成了一系列球状的 NCM-523 材料($Li[Ni_{0.52}Co_{0.16+x}Mn_{0.32-x}]O_2$, $x=0$、0.08、0.16),并指出 NCM-523 的电池容量和热稳定性取决于 Co 和 Mn 的含量,如图 6-10 所示,分别给出了 $Li[Ni_{0.52}Co_{0.16}Mn_{0.32}]O_2$ 和 $Li[Ni_{0.52}Co_{0.32}Mn_{0.16}]O_2$ 的 X 射线衍射图谱,所有的峰都符合空间群为 $R\bar{3}m$ 的 α-NaFeO$_2$ 结构,其中原本重叠的衍射峰(006)/(102)和(108)/(110)发生分裂,表明形成了层状结构。随着 Mn 含量的降低,分裂峰变得更锐,衍射峰位置向高角度移动,这表明 Mn 含量降低和 Co 的增加将导致晶格收缩。如图 6-10(c)所示为不同 Mn/Co 含量的首圈充放电曲线,在 0.2C 倍率下,非活性 Mn^{4+} 的增加对其充放电容量并未产生较大的改变,由此推知 Mn^{4+} 的增加影响了 Ni 的氧化状态,换句话说,较低的 Mn 含量导致 Ni 价态增加,接近+3。同时可以分辨出,Mn 的增加导致电压有少许增加。循环测试表明,在 25℃,50 次循环所有三个样品都能保持 90%以上的容量。随着 Co 含量的增加,容量衰减变得相对较大,在第五十圈的时候,容量保持率为:$Li[Ni_{0.52}Co_{0.16}Mn_{0.32}]O_2$(92.1%)>$Li[Ni_{0.52}Co_{0.24}Mn_{0.24}]O_2$(89.6%)>$Li[Ni_{0.52}Co_{0.32}Mn_{0.16}]O_2$(86.2%),稍高的 Mn 含量能够有效改善 NCM-523 电化学稳定性和循环寿命。

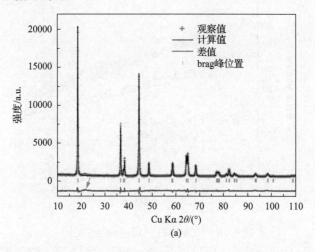

(a)

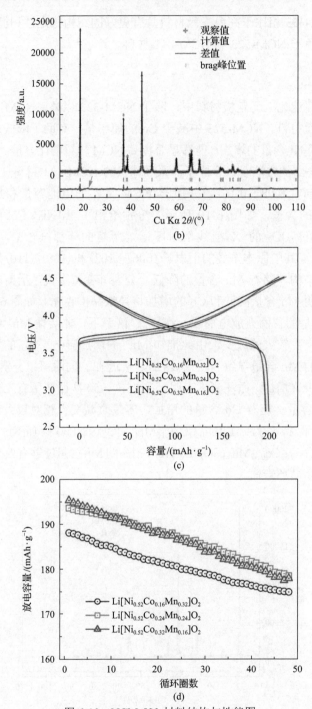

图 6-10　NCM-523 材料结构与性能图

(a) Li[Ni$_{0.52}$Co$_{0.16+x}$Mn$_{0.32-x}$]O$_2$ 和 (b) Li[Ni$_{0.52}$Co$_{0.32}$Mn$_{0.16}$]O$_2$ 的 XRD 和 Rietveld 精修图;
Li[Ni$_{0.52}$Co$_{0.16+x}$Mn$_{0.32-x}$]O$_2$ 的 (c) 初始充放电电压和 (d) 循环曲线

　　为了能获得更高的充放电容量，工作电压窗口通常要大于 4.3V，这将不可避免地导致容量衰减。Kang 等[17]研究了不同截止电压下（4.3V、4.5V 和 4.8V）的电化学性质。在循环 50 圈之后，截止到 4.3V 的电池容量保持率能达到 95%，而截止到 4.8V 的电池容量保持率最低，仅为 61%。NCM-523 材料的衰减机理与 NCM-333 的机理有所不同，NCM-333 在高电压下的衰减主要是从 O3 相到 O1 相的转变，NCM-523 则没有显示出 O1 相，没有出现 O1 相的原因可能与 Li-Ni 位点交换有关，Li-Ni 交换阻碍了层间的滑移。NCM-523 的衰减机理随着 NCM 比例的改变而发生变化。图 6-11 给出了 NCM-523 在高电压下衰减示意图。在 4.5V 截止电压下，表面主要发生尖晶石相变，有痕量的岩盐相形成。如果截止电压增加到 4.8V，岩盐相比例增加，岩盐相可能包裹了尖晶石相和菱方相。发生相变的厚度可能高达 10～20nm。这些新产生的相变产物增加了电阻。离子绝缘性质的岩盐相结构导致反应动力学缓慢，电化学循环性能差。

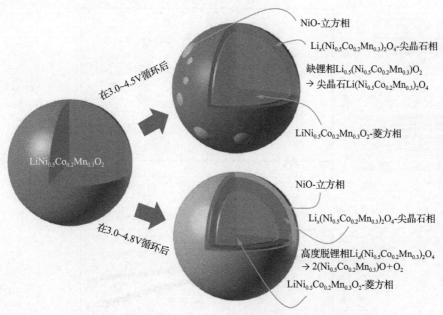

图 6-11　$LiNi_{0.5}Co_{0.2}Mn_{0.3}O_2$ 在高电压下的相变和衰减机理[17]

6.2.3　NCM-811

　　高镍层状材料可以进一步提升锂离子电池容量，对提高电动汽车续航里程具有重要的意义，因此最近高镍材料受到了广泛关注。其中 NCM-811 是一类典型高镍正极材料，由于放电比容量大，能量密度高，成为当前许多电池企业和研究机构的关注热点。但是，NCM-811 材料的热稳定性差和循环寿命短，在充电过程中，氧极易从正极中脱出与有机电解质发生反应,导致热失控,同时,正极表面的 Ni^{4+} 在此阶段容易形成惰性的 NiO 材料覆盖在正极表面,阻碍锂离子的脱嵌,导致电化学性能下降。NCM-811 暴露在空气容易吸收水分,还会在表面形成 $Li_2CO_3/LiOH$ 杂质。为了抑制这些副反应,减少表面杂质成分,Cao 等合成了 NCM-811 材料,在表面包覆了一层纳米 SiO_2,SiO_2 层能够阻止电解质体系中 HF 的侵蚀,降低锂杂质在表面的累积。图 6-12(a) 所示为 NCM-811 的 X 射线衍射图,包覆 SiO_2 的 NCM 晶体结构依然保持了层状的 α-$NaFeO_2$ 构型,并且 006/012 和 108/110 峰发生了明显分裂。缺少 SiO_2 的衍射峰,表明涂层是无定型结构。如图 6-12(b) 所示,NCM-811 材料的循环性能通过 SiO_2 层的包覆,显著提高。初始容量在 $185mAh \cdot g^{-1}$,在 300 圈之后 NCM-811 容量下降了 30.2%,SiO_2 包覆 NCM-811 容量仅仅下降了 14.6%。所以涂层技术能够提高正极材料的循环性能,尤其针对 NCM-811 类容易吸水的正极材料。

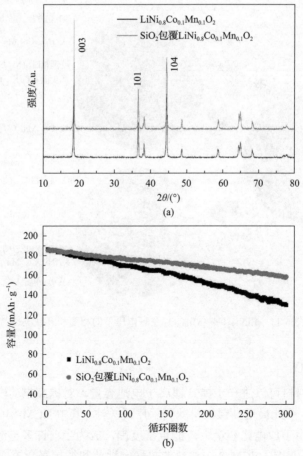

图 6-12　NCM-811 和包覆 SiO_2 的 NCM-811 样品 XRD 图(a)和电化学循环容量保持曲线(b)[18]

　　Ghanty 等通过原位 XRD 的方法研究了 NCM-811 在不同充放电阶段的晶体结构变化，如图 6-13 所示为 NCM-811 前三圈的充放电曲线，放电电压平台出现在 3.7～3.8V 和 4.20～4.25V 之间，反映过渡金属离子的氧化和还原反应。例如，$Ni^{2+}/Ni^{3+}/Ni^{4+}$ 和 Co^{3+}/Co^{4+} 的反应电势在 3.8～3.9V，在 0.5C 的倍率下，电压窗口为 3.0～4.3V 时，比容量为 180mAh·g^{-1}。

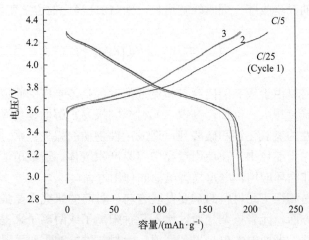

图 6-13　NCM-811 前三圈的充放电曲线[19]

　　如图 6-14 所示，随着充放电的进行，NCM-811 材料的衍射峰位发生明显的

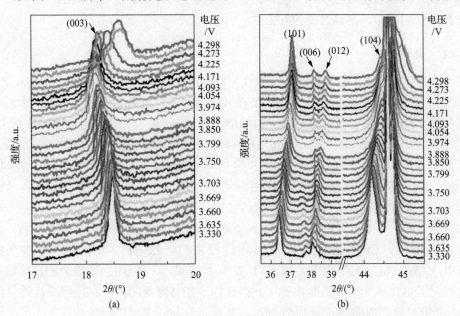

图 6-14　3.330～4.298V 电压范围 NCM-811 原位 XRD 图[19]

(a) 003 衍射峰位置；(b) 35°～46°

位移，在充电过程中，(003)峰位向低角度方向移动，这表明在脱锂过程中，c 轴方向上层间距拉大，而(101)峰位则向高角度方向移动，表明 a 方向上的晶胞参数在不断收缩。由于锂离子的脱出，沿 c 轴方向上的氧-氧层间排斥力增大，使得层间距拉大，而 a 轴方向上的晶格收缩则是因为过渡金属离子的氧化使得离子半径减小所致。当充电电压大于 4.22V 时，(003)峰位移动到更高的角度，相应的 c 轴方向上有较大的晶格收缩，同时峰宽增加，而(101)峰位的位置变化则不明显。

6.3　三元材料的改性

高镍三元材料由于较高的比容量和能量密度，是该领域的研究热点，但镍含量越高开发的难度越大。例如，高镍三元材料因极易水解而易受潮，受潮后会在表面生成呈碱性的氢氧化锂和碳酸锂，造成活性物质的损失；水分也会与镍发生络合反应并存在于晶体中，在使用过程中容易产生气体，造成电池胀气，影响电池的高温环境和循环应用，严重损害电池的使用寿命。

改性技术是高镍三元材料的重要发展方向，目前的研究主要集中在元素掺杂和表面改性两方面。元素掺杂是通过掺入某种阳离子或阴离子来提高高镍三元材料的结构稳定性。表面改性也是提高高镍三元材料性能的重要手段，例如用导电高分子或者无机材料在颗粒的表面进行纳米包覆，可提高循环使用寿命、降低材料阻抗、提高高温性能和安全性；无机物包覆还可降低晶型表面缺陷，也可以提高循环使用寿命、高温性能和安全性。

6.3.1　离子掺杂

在 NCM 三元正极材料的掺杂改性方面，目前研究较多的有 Mg、Al、Fe、Zr、Zn、Cr、Mo、F 等[20-24]。掺杂方法是在共沉淀前驱体制备时引入杂离子，然后和锂盐混合烧结制备。针对特定位点的掺杂改性，Yue 等[25]在氢氧化物熔盐体系中，通过共沉淀法合成 $LiNi_{0.6}Co_{0.2}Mn_{0.2}O_2$ 材料，并与 NH_4F 均匀混合后在 450℃条件下煅烧 5h，制备了氧位掺杂阴离子 F 的 $LiNi_{0.6}Co_{0.2}Mn_{0.2}O_{2-z}F_z$（$z=0$、0.02、0.04、0.06）。由于氟离子具有较强的电负性，可以有效地提高材料的结构稳定性。Jiao 等[23]通过固态热解法制备了 Cr 掺杂的 $Li[Li_{0.2}Ni_{0.2-x/2}Mn_{0.6-x/2}Cr_x]O_2$ 材料。在 $x<0.08$ 时，粉末基本上保持了 α-$NaFeO_2$ 型层状结构。$x=0.04$ 时，能够改善容量，提高倍率性能，Cr 掺杂能够降低循环过程阻抗。Li 等[26]合成了 Cr 掺杂的 $LiNi_{0.8-x}Co_{0.1}Mn_{0.1}Cr_xO_2$ 材料，通过对 Ni 位点的取代，适量的 Cr 掺杂能显著地提高材料的电化学性能。这是由于 Cr 掺杂除了能够降低阳离子混排程度，适量的 Cr^{3+} 能把材料表面的 Ni^{3+} 还原为 Ni^{2+}，从而抑制材料表层由层状结构向尖晶石结构的不可逆相变。

共掺杂虽然会使材料的首次放电比容量有所降低，但是循环性能得到明显改善。Liu 等[21]和 Woo 等[27]采用 Al 和 Mg 对 NCM-811 三元材料进行共掺杂，研究了掺杂对材料电化学性能的影响，结果表明，掺杂能够缓解阳离子混排程度，改善电化学循环性能和热稳定性，这是由于 Al/Mg 进入到主体材料的晶格中，抑制氧的析出，稳定了材料结构。Shin 等[28]研究了 Mg 和 F 对 NCM-424 三元材料的掺杂改性，研究结果表明，Mg/F 掺杂提高了材料比容量，稳定了材料的循环性能，这是由于 M—F 的键能大于 M—O，抑制了 Co 的溶解，同时降低了电解液/电极界面电阻。

6.3.2　表面包覆

通过表面包覆手段对 NCM 三元正极材料改性的物质主要有：ZnO_2、ZrO_2、TiO_2、Al_2O_3、SrF_2、AlF_3、LiF、Y_2O_3 等[3, 29-34]。此外也可采用了石墨烯和碳材料等，Guo 等[29]用聚乙烯醇为碳源，经过热分解得到碳包覆的 $LiNi_{1/3}Co_{1/3}Mn_{1/3}O_2$ 材料，碳包覆层减小了电子转移电阻，结果表明 1wt%碳包覆量的材料，在 $1C$ 的倍率下首次放电容量为 150mAh·g^{-1}，在 $0.1C$ 倍率下 40 次循环容量保持率为 96.3%。Sinha 等[30]以葡萄糖为碳源，合成碳包覆的 $LiNi_{1/3}Co_{1/3}Mn_{1/3}O_2$ 材料，碳包覆增强了粒子间的电接触，同时抑制了副反应发生，因此提高了倍率性能和循环性能。大约 0.3wt%碳包覆的材料可提高首次放电容量 158mAh·g^{-1}。

Kong 等[31]使用原子层沉积（ALD）法在 $LiNi_{0.5}Co_{0.2}Mn_{0.3}O_2$ 表面沉积一层超薄的无定型 ZnO 涂层，涂层厚度在 8 个 ALD 循环之后达到性能最优，氧化物涂层能够抑制 HF 的侵蚀，减少金属离子的溶解，有助于锂离子的扩散。Al_2O_3 是一种常用的表面包覆剂，能够通过原子层沉积法包覆在颗粒表面，也可以采用溶液沉积方式包覆。包覆了 Al_2O_3 热处理后会在 NCM 表面生成 Li-Al-Co-O 层，能够抵御 HF 对 NCM 的侵蚀，因而降低了表面电阻，改善了循环稳定性能。Yuan 等[32]在 NCM 材料表面包覆了 CeO_2，降低了界面电荷传递电阻，增加了容量，提高了首效。Machida 等[33]在 NCM-333 材料表面涂布一层 ZrO_2，应用于固态电池，能够抑制界面电荷传递电阻的增加。

Liu 等[34]在 $LiNi_{0.5}Co_{0.2}Mn_{0.3}O_2$ 表面上包覆了 Y_2O_3 涂层，NCM-523 材料能够表现出极好的循环稳定性和较高的倍率性能，截止电压能够在 4.6～4.8V。其中 Y_2O_3 层的厚度大概在 5～15nm，NCM 的晶体结构没有受到 Y_2O_3 层的影响，添加了 2wt% Y_2O_3 的 NCM-523 材料能够提供 114.5mAh·g^{-1} 的容量。

Yan 等[35]采用湿化学法在 NCM-523 表面包覆了一层 Li_3VO_4。合成好的 NCM-523 颗粒分散在含有 LiOH 和 V_2O_5 的分散液中，通过蒸发溶剂，再次烧结得到了 Li_3VO_4 包覆的 NCM-523 颗粒。Li_3VO_4 是离子导体，覆盖在表面改善了 NCM 的循环稳定性和倍率性能，尤其是高电压的循环性能。包覆了 3wt% Li_3VO_4

的 NCM-523 材料能够在 $10C$ 提供 $61.5\mathrm{mAh\cdot g^{-1}}$ 的容量。$\mathrm{Li_3VO_4}$ 还抑制了 Co 和 Mn 的溶解，所以能够充当稳定的保护层。

6.3.3 梯度颗粒设计

为了抑制高镍材料的结构不稳定性，利用其高比容量特点，Amine 等[35]在高镍 NCM-811 颗粒制备过程中，在其表面合成了低镍比例的 NCM 材料。在径向方向形成了一个 Ni 梯度(图 6-15)，最外层 Ni 含量最低，具备较好的循环性能，但是

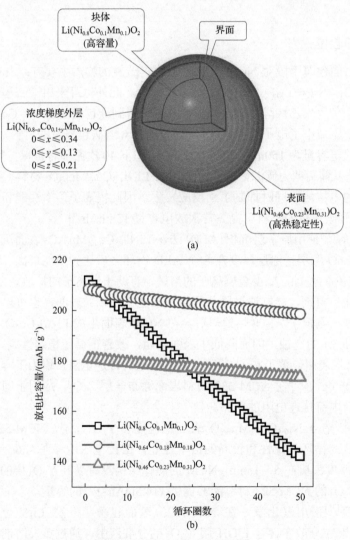

(a)

(b)

图 6-15　梯度设计三元颗粒[36]

(a)梯度颗粒设计示意图，高镍核外包覆具有 Ni 浓度梯度减少的外壳层；(b)梯度设计的核壳结构，
以及核($\mathrm{Li[Ni_{0.8}Co_{0.1}Mn_{0.1}]O_2}$)，壳层($\mathrm{Li[Ni_{0.46}Co_{0.23}Mn_{0.31}]O_2}$)各自比例 NCM 材料的循环性能对比

容量相对较低，内部 Ni 含量高，容量高。这种梯度设计的材料整体比例为 $LiNi_{0.64}Mn_{0.18}Co_{0.18}O_2$。材料显示出 $209mAh \cdot g^{-1}$ 的初始比容量，在 55℃循环了 500 圈之后，还能保持 $200mAh \cdot g^{-1}$ 的比容量。另外材料还表现出较高的安全性能，相比均相的 NCM-811 材料，该梯度材料的反应引发温度高了 90℃，产生的热量减少了 31%。基于此设计思想，具有分级结构的 NCM-424 材料也被制备出梯度组成，金属元素的非均匀分离产生贫 Ni 的表面相，对表面重构产生抑制作用，从而有效地改善了材料的循环性能。

6.4　三元材料合成方法

　　三元材料的合成比简单的钴酸锂和锰酸锂要复杂，对工艺条件要求更苛刻。上面章节已经简单提及，三元材料的合成方法主要包括化学共沉淀法、高温固相法和溶胶凝胶法等。不同的制备方法对三元正极材料的性能影响很大，商用 NCM 的制备，一般是先通过共沉淀法合成前驱体，该步骤的目的主要是实现金属离子的优先均匀混合，然后再混合锂源经高温烧结而成。

6.4.1　化学共沉淀法

　　化学共沉淀法通常是在溶液状态下将不同化学成分的物质(如镍钴锰的硝酸盐、硫酸盐或者卤化物)按比例进行混合，并向溶液中加入适当的沉淀剂(沉淀剂一般是 NaOH、KOH、LiOH 或者 Na_2CO_3 和 NH_4HCO_3)，使溶液中已经混合均匀的各个组分按化学计量比共沉淀。与传统固相法相比，采用化学共沉淀法可以使材料达到分子或原子尺度均匀，金属原子按照化学计量比混合，最终产物的形貌和粒径分布可精确控制。Co 和 Mn 很容易在碱性环境被空气中氧气氧化，Mn 在碳酸盐沉淀中不容易被氧化。另外沉淀过程中，pH、络合剂浓度、温度、搅拌速率都会对组成、粒径分布以及最终电化学性质产生影响。因此对工艺操作精度要求很高。

　　如图 6-16 给出一个简易的三元材料合成流程，先合成 Ni、Co、Mn 三元混合溶液，然后引入碳酸盐沉淀。碳酸氢铵浓度增加过程中，溶液颜色由深变浅，至无色，最后再次变深，碳酸氢铵加入量存在最优值，需要在实际中摸索，加料速率对沉淀颗粒形貌影响很大，生产实践过程中，需要均匀的球形颗粒，合适的成核与生长过程，需要对浓度和加料量精细控制。沉淀物经过过滤和反复洗涤，移除硫酸根离子，然后干燥再与锂盐混合烧结，经过热处理后得到产物。该方法重现性好，条件容易控制，操作简单，目前工业上已规模化生产。

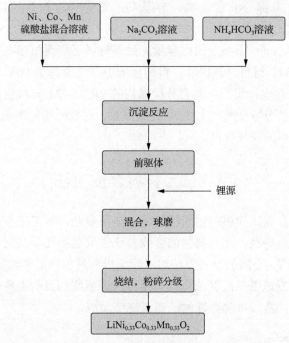

图 6-16　三元材料合成工艺流程简图

6.4.2　高温固相法

高温固相法是利用机械设备将固体原料(如锂盐、过渡金属氧化物/乙酸盐/氢氧化物或者碳酸盐)经过配比、混合、高温烧结、粉末细化等工艺获得成品粉末的一种方法[37]。高温固相法的工艺比较简单、成熟,是一种常用规模化制备技术。但是,由于这个方法突出特点是采用机械手段进行各种原料的配比、混合、粉磨,混合的均匀程度有限,即颗粒微观分布不均匀,所以需要较高温度和较长时间煅烧,才能实现原子按照三元材料晶体结构排列。如果颗粒较大,原子扩散路径较长,通常需要烧结之后,再次磨细重新多次烧结。机械混合过程中容易引入金属碎屑。此外,在窑炉内热处理反应的温度高、时间长,再加上机械粉磨的原料细粉微观不均匀,这使得最终粉体产品在组分、结构、粒度等方面有较大差异。尽管如此,在改善了金属原子的均匀混合问题后,高温烧结是其他方法不可缺少的步骤。

6.4.3　溶胶-凝胶法

溶胶-凝胶法是超微颗粒的一种常用的软化学方法。在三元复合氧化物正极材料制备过程中,先将三种金属有机化合物(如金属醇盐、乙酸盐等)、金属无机化合物或者二者的混合物进行水解，制成较低黏度的前驱体，等混合均匀后制成均匀的溶胶，并使之形成凝胶，在凝胶过程中成型，缓慢干燥，产生了原子尺度混合均匀的三元金属前驱物，然后再在窑炉中高温煅烧出三元材料。Gao 等[38]以 Ni、Co、Mn 的乙酸盐为原料，以柠檬酸为络合剂，通过溶胶凝胶法合成性能较好的正极材料。当充电电压为 4.4V 时，首次放电比容量为 $197.9\text{mAh}\cdot\text{g}^{-1}$，50 次循环之后容量保持率为 95%，具有较好的循环性能，如果将充电电压提高至 4.6V，则首次放电比容量达到 $243\text{mAh}\cdot\text{g}^{-1}$。

　　该方法与高温固相法相比，优点是原料的各组分可以达到原子级的均匀混合，产生的成品粉料化学均匀性好、纯度高、内部各组分的化学计量比可以得到精确的调控、在窑炉中热处理温度可明显降低、热处理时间缩短。正因为有这些优点，用这种工艺制作的材料具有相对较高的比容量和倍率性能，但缺点是合成周期长、工业化生产难度较大。

　　另外还有水热法、喷雾干燥法、燃烧法等，这里不再细说，相关方法可以参考相关书籍[37]。

参 考 文 献

[1] Liu Z, Yu A, Lee J Y. Synthesis and characterization of $LiNi_{1-x-y}Co_xMn_yO_2$ as the cathode materials of secondary lithium batteries. Journal of Power Sources, 1999, 81-82(0): 416-419.

[2] 唐仲丰. 锂离子电池高镍三元正极材料的合成、表征与改性研究[D]. 合肥: 中国科技大学, 2018.

[3] Liu W, Oh P, Liu X, Lee M J, Cho W, Chae S, Kim Y, Cho J. Nickel-rich layered lithium transition-metal oxide for high-energy lithium-ion batteries. Angewandte Chemie International Edition, 2015, 54(15): 4440-4457.

[4] Rozier P, Tarascon J M. Review-Li-rich layered oxide cathodes for next-generation Li-ion batteries: Chances and challenges. Journal of the Electrochemical Society, 2015, 162(14): A2490-A2499.

[5] Kim J M, Chung H T. The first cycle characteristics of $Li[Ni_{1/3}Co_{1/3}Mn_{1/3}]O_2$ charged up to 4.7V. Electrochimica Acta, 2004, 49(6): 937-944.

[6] MacNeil D D, Lu Z, Dahn J R. Structure and electrochemistry of $Li[Ni_xCo_{1-2x}Mn_x]O_2$ $(0\leqslant x\leqslant 1/2)$. Journal of the Electrochemical Society, 2002, 149(10): A1332.

[7] Noh H J, Youn S, Yoon C S, Sun Y K. Comparison of the structural and electrochemical properties of layered $Li[Ni_xCo_yMn_z]O_2$ $(x=1/3, 0.5, 0.6, 0.7, 0.8$ and $0.85)$ cathode material for lithium-ion batteries. Journal of Power Sources, 2013, 233(1): 121-130.

[8] Li H H, Yabuuchi N, Meng Y S, Kumar S, Breger J, Grey C P, Shao-Horn Y. Changes in the cation ordering of layered O3 $Li_xNi_{0.5}Mn_{0.5}O_2$ during electrochemical cycling to high voltages: An electron diffraction study. Chemistry of Materials, 2007, 19(10): 2551-2565.

[9] Koyama Y, Tanaka I, Adachi H, Makimura Y, Ohzuku T. Crystal and electronic structures of superstructural $Li_{1-x}[Co_{1/3}Ni_{1/3}Mn_{1/3}]O_2$ $(0\leqslant x\leqslant 1)$. Journal of Power Sources, 2003, 119-121(0): 644-648.

[10] Manthiram A, Murugan A V, Sarkar A, Muraliganth T. Nanostructured electrode materials for electrochemical energy storage and conversion. Energy & Environmental Science, 2008, 1(0): 621-638.

[11] Kim J M, Chung H T. Role of transition metals in layered Li[Ni,Co,Mn]O_2 under electrochemical operation. Electrochimica Acta, 2004, 49(21): 3573-3580.

[12] Koyama Y, Yabuuchi N, Tanaka I, Adachi H, Ohzuku T. Solid-state chemistry and electrochemistry of LiCo$_{1/3}$Ni$_{1/3}$Mn$_{1/3}$$O_2$ for advanced lithium-ion batteries. Journal of the Electrochemical Society, 2004, 151(10): A1545.

[13] 王伟东. 锂离子电池三元材料-工艺技术及生产应用. 北京: 北京化学工业出版社, 2015.

[14] Yabuuchi N, Koyama Y, Nakayama N, Ohzuku T. Solid-State Chemistry and Electrochemistry of LiCo$_{1/3}$Ni$_{1/3}$Mn$_{1/3}$$O_2$ for advanced lithium-ion batteries. Journal of the Electrochemical Society, 2005, 152(7): A1434.

[15] Shaju K M, Subba Rao G V, Chowdari B V R. Performance of layered Li(Ni$_{1/3}$Co$_{1/3}$Mn$_{1/3}$)O_2 as cathode for Li-ion batteries. Electrochimica Acta, 2002, 48(2): 145-151.

[16] Kim H G, Myung S T, Lee J K, Sun Y K. Effects of manganese and cobalt on the electrochemical and thermal properties of layered Li[Ni$_{0.52}$Co$_{0.16+x}$Mn$_{0.32-x}$]O_2 cathode materials. Journal of Power Sources, 2011, 196(16): 6710-6715.

[17] Jung S K, Gwon H, Hong J, Park K Y, Seo D H, Kim H, Hyun J, Yang W, Kang K. Understanding the degradation mechanisms of LiNi$_{0.5}$Co$_{0.2}$Mn$_{0.3}$$O_2$ cathode material in lithium ion batteries. Advanced Energy Materials, 2014, 4(1): 1300787.

[18] Liang L, Hu G, Jiang F, Cao Y. Electrochemical behaviours of SiO$_2$-coated LiNi$_{0.8}$Co$_{0.1}$Mn$_{0.1}$$O_2$ cathode materials by a novel modification method. Journal of Alloys and Compounds, 2016, 657(0): 570-581.

[19] Ghanty C, Markovsky B, Erickson E M, Talianker M, Haik O, Tal-Yossef Y, Mor A, Aurbach D, Lampert J, Volkov A, Shin J Y, Garsuch A, Chesneau F F, Erk C. Li$^+$-ion extraction/insertion of Ni-rich Li$_{1+x}$(Ni$_y$Co$_z$Mn$_z$)$_w$$O_2$ (0.005 < x < 0.03; y : z = 8 : 1, w ≈ 1) electrodes: In situ XRD and Raman spectroscopy study. ChemElectroChem, 2015, 2(10): 1479-1486.

[20] Fergus J W, Recent developments in cathode materials for lithium ion batteries. Journal of Power Sources, 2010, 195(4): 939-954.

[21] Liu D, Wang Z, Chen L. Comparison of structure and electrochemistry of Al- and Fe-doped LiNi$_{1/3}$Co$_{1/3}$Mn$_{1/3}$$O_2$. Electrochimica Acta, 2006, 51(20): 4199-4203.

[22] Li H, Chen G, Zhang B, Xu J. Advanced electrochemical performance of Li[Ni$_{(1/3-x)}$Fe$_x$Co$_{1/3}$Mn$_{1/3}$]O_2 as cathode materials for lithium-ion battery. Solid State Communications, 2008, 146(3-4): 115-120.

[23] Jiao L F, Zhang M, Yuan H T, Zhao M, Guo J, Wang W, Zhou X D, Wang Y M. Effect of Cr doping on the structural, electrochemical properties of Li[Li$_{0.2}$Ni$_{0.2-x/2}$Mn$_{0.6-x/2}$Cr$_x$]O_2 (x=0, 0.02, 0.04, 0.06, 0.08) as cathode materials for lithium secondary batteries. Journal of Power Sources, 2007, 167(1): 178-184.

[24] Park S H, Sun Y K. Synthesis and electrochemical properties of layered Li[Li$_{0.15}$Ni$_{(0.275-x/2)}$Al$_x$Mn$_{(0.575-x/2)}$]O_2 materials prepared by sol-gel method. Journal of Power Sources, 2003, 119-121(0): 161-165.

[25] Yue P, Wang Z, Li X, Xiong X, Wang J, Wu X, Guo H. The enhanced electrochemical performance of LiNi$_{0.6}$Co$_{0.2}$Mn$_{0.2}$$O_2$ cathode materials by low temperature fluorine substitution. Electrochimica Acta, 2013, 95(0): 112-118.

[26] Li L J, Wang Z X, Liu Q C, Ye C, Chen Z Y, Gong L. Effects of chromium on the structural, surface chemistry and electrochemical of layered LiNi$_{0.8-x}$Co$_{0.1}$Mn$_{0.1}$Cr$_x$$O_2$. Electrochimica Acta, 2012, 77(0): 89-96.

[27] Woo S W, Myung S T, Bang H, Kim D W, Sun Y K. Improvement of electrochemical and thermal properties of Li[Ni$_{0.8}$Co$_{0.1}$Mn$_{0.1}$]O_2 positive electrode materials by multiple metal(Al, Mg) substitution. Electrochimica Acta, 2009, 54(15): 3851-3856.

[28] Shin H S, Shin D, Sun Y K. Improvement of electrochemical properties of Li[Ni$_{0.4}$Co$_{0.2}$Mn$_{(0.4-x)}$Mg$_x$]O$_{2-y}$ cathode materials at high voltage region. Electrochimica Acta, 2006, 52(4): 1477-1482.

[29] Guo R, Shi P, Cheng X, Du C. Synthesis and characterization of carbon-coated LiNi$_{1/3}$Co$_{1/3}$Mn$_{1/3}$O$_2$ cathode material prepared by polyvinyl alcohol pyrolysis route. Journal of Alloys and Compounds, 2009, 473(1-2): 53-59.

[30] Sinha N N, Munichandraiah N. Synthesis and characterization of carbon-coated LiNi$_{1/3}$Co$_{1/3}$Mn$_{1/3}$O$_2$ in a single step by an inverse microemulsion route. ACS Appl Mater Interfaces, 2009, 1(6): 1241-1249.

[31] Kong J Z, Ren C, Tai J A, Zhang X, Li A D, Wu D, Li H, Zhou F. Ultrathin ZnO coating for improved electrochemical performance of LiNi$_{0.5}$Co$_{0.2}$Mn$_{0.3}$O$_2$ cathode material. Journal of Power Sources, 2014, 266: 433-439.

[32] Yuan W, Zhang H Z, Liu Q, Li G R, Gao X P. Surface modification of Li(Li$_{0.17}$Ni$_{0.2}$Co$_{0.05}$Mn$_{0.58}$)O$_2$ with CeO$_2$ as cathode material for Li-ion batteries. Electrochimica Acta, 2014, 135(0): 199-207.

[33] Machida N, Kashiwagi J, Naito M, Shigematsu T. Electrochemical properties of all-solid-state batteries with ZrO$_2$-coated LiNi$_{1/3}$Mn$_{1/3}$Co$_{1/3}$O$_2$ as cathode materials. Solid State Ionics, 2012, 225(0): 354-358.

[34] Liu X H, Kou L Q, Shi T, Liu K, Chen L. Excellent high rate capability and high voltage cycling stability of Y$_2$O$_3$-coated LiNi$_{0.5}$Co$_{0.2}$Mn$_{0.3}$O$_2$. Journal of Power Sources, 2014, 267(0): 874-880.

[35] Huang Y, Jin F M, Chen F J, Chen L. Improved cycle stability and high-rate capability of Li$_3$VO$_4$-coated Li[Ni$_{0.5}$Co$_{0.2}$Mn$_{0.3}$]O$_2$ cathode material under different voltages. Journal of Power Sources, 2014, 256(0): 1-7.

[36] Sun Y K, Myung S T, Park B C, Prakash J, Belharouak I, Amine K. High-energy cathode material for long-life and safe lithium batteries. Nature Materials, 2009, 8(4): 320-324.

[37] 何向明, 王莉, 虞兰剑. 锂离子电池正极材料规模化生产技术. 北京: 清华大学出版社, 2017.

[38] Gao P, Yang G, Liu H, Wang L, Zhou H. Lithium diffusion behavior and improved high rate capacity of LiNi$_{1/3}$Co$_{1/3}$Mn$_{1/3}$O$_2$ as cathode material for lithium batteries. Solid State Ionics, 2012, 207(0): 50-56.

第7章　聚阴离子正极材料

7.1　磷酸亚铁锂

磷酸亚铁锂的化学式是 $LiFePO_4$,属于磷酸盐锂电池正极材料 $LiMPO_4$(M=Fe、Co、Mn)的一种,也是最重要的聚阴离子($LiMXO_4$,M=Fe、Co、Ni、Mn;X=P、S、As、V、Mo、W)正极材料之一。$LiFePO_4$ 矿物结构属于橄榄石型,其结构特点使其具有高度可逆的锂离子脱嵌特性,理论比容量达到 $170mAh \cdot g^{-1}$。橄榄石结构中 M 离子与共价键结合的 PO_4^{3-} 之间作用强烈,晶体结构在充放电过程中变化不大,在完全脱锂的状态下,结构不会坍塌,具有较高的稳定性。$LiFePO_4$ 中氧化还原对为 Fe^{2+}/Fe^{3+},其氧化还原电势为 3.45V($vs. Li^+/Li$),其充放电电压平台低于大多数电解液的分解电压,电池满电状态时与有机电解液的反应活性低,有效提升了整个电池的循环稳定性和安全性。总体上来讲,橄榄石结构的 $LiFePO_4$ 工作电压平稳、容量高、结构稳定、高温性能和循环性能好、安全无毒、成本低廉。与前两章所述的尖晶石 $LiMn_2O_4$ 和层状 $LiCoO_2$ 相比,$LiFePO_4$ 的原材料来源更广泛、价格更低廉、无污染、材料的热稳定性好,制备的电池安全性能突出。这些优点使 $LiFePO_4$ 作为化学电源正极材料,具有极好的市场前景,是最具有发展前景的电池正极材料之一。

7.1.1　晶体结构及其对电压影响

$LiFePO_4$ 属于正交晶系[1],空间群为 $Pmna$。每个晶胞中有 4 个 $LiFePO_4$ 单元,其晶胞参数为 a=1.0324nm,b=0.6008nm,c=0.4694nm。在 $LiFePO_4$ 晶体结构中,氧原子以稍微扭曲的六方密堆积结构排列,晶体由 FeO_6 八面体和 PO_4 四面体构成空间骨架(图 7-1),P 占据 O 原子四面体中心位置(4c 位),形成 PO_4 四面体,Fe 和 Li 填充 O 原子的八面体的 4c 和 4a 位置形成 FeO_6 八面体和 LiO_6 八面体,其中 Fe 占据共角的八面体位置,Li 占据共边的八面体位置,交替排列的 FeO_6 八面体、LiO_6 八面体和 PO_4 四面体形成层状脚手架结构。晶格中 bc 平面上,相邻的 FeO_6 八面体通过公共角相连构成 FeO_6 层。在 FeO_6 层与层之间,LiO_6 八面体形成沿 b 轴方向上的共边长链,而每个 PO_4 四面体与一个 FeO_6 八面体共用棱上的两个 O 原子,同时又与两个 LiO_6 八面体共用棱上的 O 原子。Li^+ 在 4a 位形成共棱的连续直线链并平行于 c 轴,从而使得 Li^+ 具有一维可移动性,在充放电过程中可以脱出和嵌入。$LiFePO_4$ 和 $FePO_4$ 之间微小的结构变化使锂离子的 1D 通道不受影响，但是 1D 通道的畅通性有两个约束：①锂离子通道不能被 Li/Fe 之间无序阻挡，也不能被其他杂相阻挡；②正极颗粒必须足够小，不出现堆垛位错阻挡通道[2]。

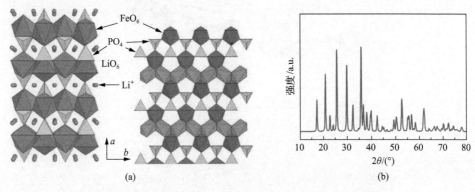

图 7-1　$LiFePO_4$ 的晶体结构图(a)和模拟 X 射线衍射图谱(b)

前述几章的钴酸锂、锰酸锂以及三元材料都是在追求电压在 4.0V 左右的正极材料，高电压来自于处在氧晶格的 $M^{4+/3+}$(M=Co、Ni、Mn)氧化还原对，但是在完全充电状态的稳定性不佳。Fe 也可以形成类似 $LiFeO_2$ 的层状材料，在氧晶格中 $Fe^{3+/2+}$ 氧化还原对的能量太高，表现出过低的电池电压。在 $LiFeO_2$ 充放电过程能够实现 $Fe^{4+/3+}$ 的氧化还原反应，但是性能很差。将 O^{2-} 离子晶格转为 PO_4^{3-}，产生了磷酸亚铁锂材料。由于 PO_4^{3-} 的诱导效应，使得 $Fe^{3+/2+}$ 氧化还原对贡献出 3.45V 的电压。

关于诱导效应的作用，可做如下解释。Goodenough 等分析了 $LiFe_2(XO_4)_3$ (X=Mo、W、S、P)四个化合物中 $Fe^{3+/2+}$ 氧化还原对所表现出的电压分别为 3.0V、3.0V、3.6V、2.8V。这四个结构中有相同的名义价态和相似的晶格参数，$Fe^{3+/2+}$ 氧化还原对在其中位置的差别主要来自 Fe—O π 键共价混合特性的变化。处于八面体场中的 Fe^{2+} 处于高自旋状态，电子配置为 $t_2^4 e^2$，被占据的 t_2 反键态只能与邻近的 $O\text{-}2p_\pi$ 轨道混合，推高了 t_2 能级，也就是 $Fe^{3+/2+}$ 氧化还原对的能级。Fe—O π 键共价性越强，则 $Fe^{3+/2+}$ 的能级越高，电池的电压越低，所以与 Fe 共享 O 的 X 很关键。Fe—O—X 中的 X 阳离子决定了 Fe—O 共价性的强弱，X—O 成键越强，通过诱导效应 Fe—O 成键越弱，材料的电势越高[图 7-2(a)]。SO_4^{2-} 比 WO_4^{2-}、MoO_4^{2-} 和 PO_4^{3-} 的共价成键性强，所以 SO_4^{2-} 在 $LiFe_2(SO_4)_3$ 晶格中能够将 $Fe^{3+/2+}$ 氧化还原对的电压推高至 3.6V[3]。以上成键共价性的分析可以换一种解释，通过聚阴离子基团的电负性来理解。如图 7-2(b)所示，SO_4^{2-} 的电负性最强，可以显著降低 $Fe^{3+/2+}$ 的能级，抬升电池的电压[4]。鉴于 XO_4^{n-} 的诱导效应，针对 $Fe^{3+/2+}$ 在氧化物中能级高，电压低的问题，引入 PO_4^{3-}，形成 $LiFePO_4$，提升 $Fe^{3+/2+}$ 的电压。

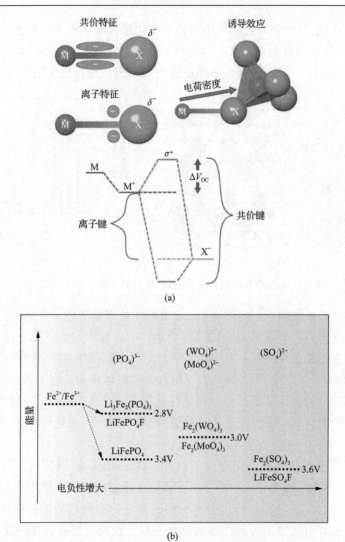

图 7-2　聚阴离子材料电子能级调控[4]

(a)插层材料中两种极端成键类型示意图，以及诱导效应从 M—O 键中拉电子来调节
M—O 键的共价性和离子性；(b)电负性直接影响空轨道能级，从而调整材料的电势

7.1.2　电化学性能

　　LiFePO₄ 充电过程中脱出锂离子，二价铁被氧化成三价铁因而形成 FePO₄，表现出典型的两相反应特征(参考第 1 章电池充放电曲线模型中的两相模型)，电压曲线表现出平台，如图 7-3(a)所示 3.5V 平台占据容量的 70%范围。简单描述是 LiFePO₄ 和 FePO₄ 两相的平衡，恒电流充电过程中，LiFePO₄ 按照比例线性减少，同时 FePO₄ 按比例线性增加，图 7-3(b)实时 XRD 证实了两相反应的存在，但实

际两相的组成不是严格化学计量比的 LiFePO₄ 和 FePO₄，因此称为富锂相（α 相）和贫锂相（β 相）之间平衡[图 7-3 (c)]。富锂相和贫锂相在组成温度相图中实际上是两个很窄的固溶区。室温下充电过程中，材料中锂离子组成变化从富锂的固溶区开始经历一个很陡的电压上升区，在这个区域中材料的自由能沿着图 7-3 (d) 中 α 相左半支下降，对应材料中锂的化学势降低，电池的电压升高。充电过程继续，如图 7-3 (c) 中水平箭头所示方向，跨越 α 相边界，对应图 7-3 (d) 中倒钟形自由能曲线最底部，进入两相平台区，在两相区中组成变化沿着公切线变化，α 相和 β 相的化学势相等，在 α 相中孕育出 β 相，α 相不断减少，β 相比例不断增加，直到组成变化至 β 相自由能曲线的底部，相当于图 7-3 (c) 的 β 相边界。在这个两相区，由于公切线上锂化学势相等，所以呈现电压平台。继续脱锂，进入 β 相固溶体区域，对应自由能沿着 β 相右半支上升，化学势继续下降，电压开始陡升。

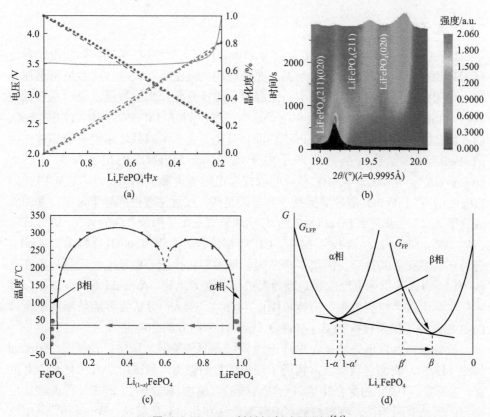

图 7-3　LiFePO₄ 材料相变过程分析[5,6]

LiFePO₄ 充放电过程中 (a) 电压曲线；(b) XRD 图；(c) 组成温度相图；(d) Gibbs 自由能随组成变化示意图

磷酸亚铁锂的两相反应充放电曲线和第 1 章介绍的模型没有本质区别，只是其两相区占比较大，平台电压很明显，这与其结构稳定性有关，LiFePO₄ 脱锂后

得到 $FePO_4$，体积减少 6.81%，Fe—O 键长变化很小，最多不超过 0.028nm，这在很大程度上决定了 $LiFePO_4$ 材料良好的电化学循环性能。

从电极尺度考虑磷酸亚铁锂的反应，电子传递反应发生在材料电解质界面上，但是发生反应前，电子和离子各自经过长距离的传输，可以将整个充电过程分为五个互相串并联的主要步骤：①电子从颗粒内部输运到界面；②电子从颗粒界面跃迁到导电剂；③锂离子从颗粒内部扩散到界面；④锂离子从固相颗粒脱出，进入溶液被溶剂化；⑤锂离子从电极内部的液相扩散到隔膜进入负极。这五个步骤对 $LiFePO_4$ 充放电电压曲线、比容量、倍率性能有显著影响。$LiFePO_4$ 是电子绝缘体，导电性差，锂离子固相扩散系数低等问题是早期 $LiFePO_4$ 材料的研究重点。解决以上问题常用策略是采用杂原子掺杂和包碳提高电子导电性，磨细颗粒降低锂离子扩散路径。

7.1.3　电子导电问题

$LiFePO_4$ 正极材料的理论比容量为 $170mAh \cdot g^{-1}$，但是在早期实际放电比容量仅为理论值的 60% 左右，而且当循环充放电的电流密度增大时，比容量将迅速下降。如果此时再将电流密度减小，比容量还能恢复至原来的数值，说明在充放电过程中 $LiFePO_4$ 受 Li^+ 离子扩散和电子导电过程控制。在 $LiFePO_4$ 晶体结构中，FeO_6 的八面体共用顶点，被阴离子 PO_4^{3-} 四面体分隔，无法形成共边结构中的那种连续的 FeO_6 网络结构，从而降低了电子电导率。$LiFePO_4$ 的电导率为 $10^{-9} \sim 10^{-10}S \cdot cm^{-1}$。在 2002 年 MIT 蒋业明教授提出用变价离子(Nb^{5+}、Ti^{4+}、W^{6+})掺杂 $LiFePO_4$，将 $LiFePO_4$ 电导率提高了 8 个数量级，接近钴酸锂的导电性能，并由此成立了 A123 企业发展 $LiFePO_4$ 电池[7]。这项研究引发了掺杂方向的兴起，V^{5+}、Ti^{4+}、Cr^{3+}、Al^{3+}、Nb^{5+}、Zn^{2+}、Mg^{2+}、Mo^{6+}、La^{3+} 等都被尝试掺杂 $LiFePO_4$ 材料[图 7-4(a)]。另外还有多元素共掺杂、阴离子掺杂等。学术界对掺杂改善导电性问题还存在一些争议，有人认为导电性改善是因为形成了表面导电相。Armand 等认为"掺杂效应"实际上被"包碳效果"所掩盖[图 7-4(b)]。Nazar 等认为可能是形成了金属 Fe_2P 相改善了掺杂材料 $Li_xZr_{0.01}FePO_4$(x=0.87~0.99)的导电性。

改善导电性常用方法是在电池正极颗粒表面包覆导电碳层。最早是 Armand 等在 $LiFePO_4$ 表面包覆碳层，实现了理论容量的输出。包碳用的有机化合物有蔗糖、葡萄糖、可碳化的聚合物或者一些含碳的前驱物(如草酸、乙酸盐、柠檬酸盐)。采用的方法有固相法、喷雾热解、溶胶凝胶法和化学共沉淀法。Wang 等[9]采用原位聚合的方法制备 $LiFePO_4/C$ 纳米颗粒，形成了核壳结构，表面包覆了导电的聚苯胺(PANI)，这种复合纳米颗粒实现了 $168mAh \cdot g^{-1}$ 的比容量。甚至有报道用蔗糖包碳将 $LiFePO_4$ 的导电性提高了 7 个数量级。$LiFePO_4$ 电极的电化学性质受碳层质量影响显著，包碳量、碳层石墨化程度、碳层的形貌、碳在 $LiFePO_4$ 颗粒

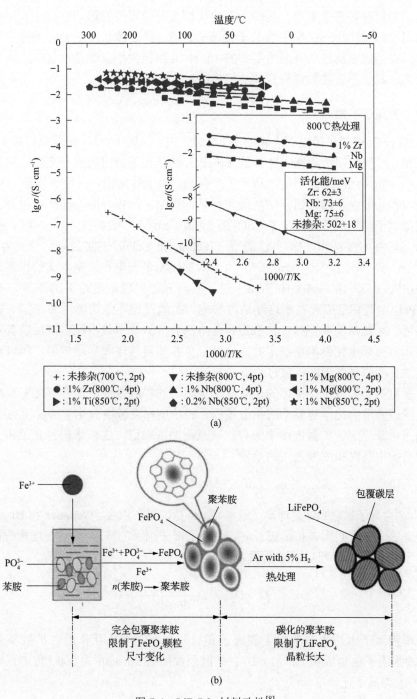

图 7-4　LiFePO$_4$ 材料改性[8]

(a)掺杂导致 LiFePO$_4$ 导电性改善；(b)Aniline 包碳工艺示意图

表面分布情况等都很重要。其中，石墨化程度是最重要的影响导电性和倍率性能的因素，sp^2 型碳比 sp^3 型更有利于锂离子扩散。除了改善 $LiFePO_4$ 的导电性，碳还可以充当成核诱导剂降低所制备的 $LiFePO_4$ 颗粒大小。制备过程中，碳可作为还原剂，减少不必要的铁酸盐杂质的形成。

7.1.4　锂离子扩散

$LiFePO_4$ 中锂离子沿着 b 轴的 1D 通道扩散。原则上，1D 通道会被离子无序、外源相、堆垛位错所阻塞，完美的 $LiFePO_4$ 的结构不会出现离子无序。但是合成过程中，如果还原条件不足，易产生含有 Fe^{3+} 离子的杂相，有可能导致 1D 阻塞。大颗粒也易产生堆垛位错。扩散通路受阻，影响了两相界面的迁移。早期文献报道的锂离子扩散系数远低于 $LiCoO_2$ 的 $5 \times 10^{-9} cm^2 \cdot s^{-1}$，大概在 $10^{-13} \sim 10^{-14} cm^2 \cdot s^{-1}$ 范围。其中 GITT 和 EIS 方法测量 $LiFePO_4$ 和 $FePO_4$ 的扩散系数分别为 $1.8 \times 10^{-14} cm^2 \cdot s^{-1}$ 和 $2.2 \times 10^{-16} cm^2 \cdot s^{-1}$。用 CV 曲线测量充电和放电半支的扩散系数为 $2 \times 10^{-14} cm^2 \cdot s^{-1}$ 和 $1.4 \times 10^{-14} cm^2 \cdot s^{-1}$。不同方法出现测量结果的差异，是因为 $LiFePO_4$ 中两相反应存在不连续浓度梯度，扩散过程不能简单用菲克第一扩散定律描述。因此基于菲克第一扩散定律的方法获得扩散系数不能直接反映真实的扩散过程。另外电化学测量技术并没有区分体相质量传递和界面传递，所以测量结果无法真实解释微观的扩散过程。

菲克第一扩散定律描述的是浓度梯度驱动的扩散过程，在含有化学反应的体系，应该修改为化学势驱动的扩散过程，将浓度梯度替换成化学势梯度(式 7-1)，相当于对菲克第一扩散定律中的自扩散系数加以修正，这个修正包含了热力学非理想情况中活度和浓度之间的差别[10]。

$$J = -M \times C \times \nabla\mu \tag{7-1}$$

式中，J 为离子通量；M 是锂离子迁移率；C 是锂离子浓度。Weppner 和 Huggins[11] 在处理热力学影响固态扩散过程时，引入了增强因子的概念(L)，通过增强因子 L 将化学扩散系数 D 和自扩散系数 D_0 相关联：

$$D = D_0 L = D_0 \frac{d\ln(\alpha_{Li^+})}{d\ln(C_{Li^+})} \tag{7-2}$$

增强因子本质上是考虑了锂离子和材料主体之间相互作用对扩散系数的影响，增强因子也是依赖于浓度。D_0 自扩散系数根据 Einstein 关系获得：$D_0 = M_0 k_B T$，其中 M_0 为离子迁移率：

$$M_0 = \frac{a^2 k}{k_B T} \tag{7-3}$$

式中，a 表示相邻位点之间的间距；k 表示纯相（$x=1$）中离子在位点之间跳跃的速率常数。那么化学扩散系数和化学势以及组成之间关系如下：

$$D = \left(\frac{a^2 k}{k_B T} \right) \times (1-x) \times x \times \frac{\partial \mu}{\partial x} \tag{7-4}$$

从式（7-4）可以看出，化学扩散系数实际不是一个恒定的数值，与材料中锂含量 x 有关系，因此测量扩散系数需要指出电压或者相组成。考虑第 1 章有相互作用的晶格气模型，得出化学势的表达式：

$$\mu = \mu^\ominus + k_B T \left[gx + \ln\left(\frac{x}{1-x} \right) \right] \tag{7-5}$$

式中，g 就是式（1-28）中的 $\gamma U / k_B T$，g 称为锂离子相互作用参数，$g=0$ 表示锂离子之间没有相互作用；$g>0$ 表示锂离子之间为排斥作用，产生了固溶模型和 "S" 形电压曲线，或者说比 $g=0$ 更陡的斜坡电压曲线；$g<0$ 表示锂离子之间存在吸引作用。将式（7-5）代入式（7-4）可以得到一个无因次化的扩散系数：

$$\frac{D}{a^2 k} = 1 + g(1-x)x \tag{7-6}$$

从式中可以看出，$(1-x)x$ 最大值为 0.25，所以存在一个临界值 $g=-4$，在 $g>-4$ 时，扩散系数的最大值出现在 $x=0.5$，但是在 $g<-4$ 时，扩散系数 D 和增强因子 L 是负的无意义的数值[12]，这是因为出现两相分离过程用基于浓度梯度推导扩散系数的模型不适用。在 $g=-4$ 时，如果计算其微分容量曲线（c_{dim} 是无因次化参数），得到一个 δ 函数。

$$c_{dim} = \frac{k_B T}{e} \frac{dx}{dV} = \frac{1}{g + 1/(1-x)x} \tag{7-7}$$

式（7-7）和概念常被用于电池材料的扩散系数测量与解释中，所涉及概念的思想是从传统热力学角度出发，所获得的动力学信息高度依赖于实验条件，这是为什么文献报道 $LiFePO_4$ 扩散系数差别巨大的原因。

越来越多学者借助第一性原理计算和原子模拟技术研究锂离子在 $LiFePO_4$ 中的扩散过程。尽管所采用的模型和计算方法有所不同，得到的扩散活化能也有差异，但是一般认为最低的能垒存在于 $LiFePO_4$ 晶体的 b 轴方向，而且锂离子只能沿着 b 轴的 1D 通道扩散。图 7-5 显示了锂离子在晶格中扩散的路径和能垒。理论计算的扩散系数可以高达 $10^{-8} cm^2 \cdot s^{-1}$（$LiFePO_4$）和 $2.2 \times 10^{-7} cm^2 \cdot s^{-1}$（$FePO_4$）。这样的机理模型也被高温中子衍射实验所证实。1D 通道似乎对扩散施加了限制，但是

LiFePO$_4$ 颗粒通常是板状，锂离子通道取向平行于最短的维度，形貌和小颗粒协同促进了锂离子在 1D 通道中扩散。因此即便是 1D 通道，LiFePO$_4$ 颗粒很容易实现 $10C$ 的充放电。

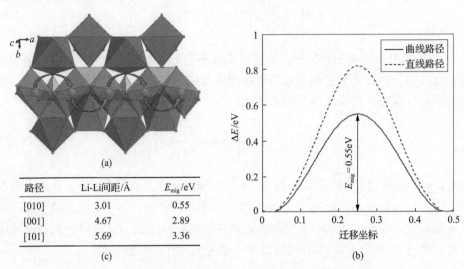

路径	Li-Li间距/Å	E_{mig}/eV
[010]	3.01	0.55
[001]	4.67	2.89
[101]	5.69	3.36

(c)

图 7-5　锂离子沿着 LiFePO$_4$ b 轴扩散轨迹 (a) 和能垒 (b) 及
第一性原理计算三个方向的迁移能垒 (c)[13,14]

7.1.5　充放电过程的颗粒模型

在颗粒尺度上，充放电过程发生了什么现象，不同学者提出了缩核模型、新核壳模型、马赛克模型、多米诺模型等 (图 7-6)。Padhi 等[15]最早提出了缩核模型，在充电过程中，正极颗粒表层 Li$^+$ 向外扩散进入电解质，由此形成的 FePO$_4$/LiFePO$_4$ 界面不断向内收缩，界面越来越小。由于单位界面积上 Li$^+$ 的扩散速率在一定条件下为常数，此时颗粒中心部分的 LiFePO$_4$ 难以充分利用。在放电过程中，随着 Li$^+$ 的嵌入，界面面积不断缩小，当所有界面面积不能满足放电电流时，放电终止。充放电电流密度越大，所需的界面面积越大，锂的利用率下降，容量衰减明显。Andersson 和 Thomas[16]提出的马赛克模型和缩核模型有些许相似，认为在不同位点锂离子脱嵌成核的可能性有所不同，缩核模型和马赛克模型都是基于传统的两相反应机理。缩核模型可以解释宏观的实验现象，但是无法描述微观尺度的锂离子脱嵌现象，因为缩核模型没有考虑锂离子扩散在颗粒的各个方向上的差异，随着人们对原子尺度认识越来越深入，发现缩核模型适用性越来越差，它或许对二次颗粒团聚体还适用。

Laffont 等[17]从高分辨的能量损失谱研究中发现并提出了新核壳模型[图 7-6 (b)]，锂离子在一维通道上的扩散实际上是不同步的，在充电时，板状颗粒中心的锂离子首先被提取出来，在放电时，锂离子则优先嵌入周边位置，因此总是保持一个 LiFePO₄ 核和 FePO₄ 壳。EELS 结果支持了 FePO₄ 和 LiFePO₄ 两个端基组成的存在，而不是 Li$_x$FePO₄ 固溶体。新核壳模型和实验观察的 SEM 和 HRTEM 是符合的，只是界面的几何形状有所差别，这种差别可能来自成核畴的拓扑结构变化。

多米诺模型是由 Delmas 等[18]提出，他们认为在 FePO₄ 和 LiFePO₄ 边界处存在一个电荷载流子的浓度梯度，从而导致在界面处的电子电导率和离子电导率显著高于端基组成区域。因此一个相的生长速度远远高于新区域的成核速度。根据这

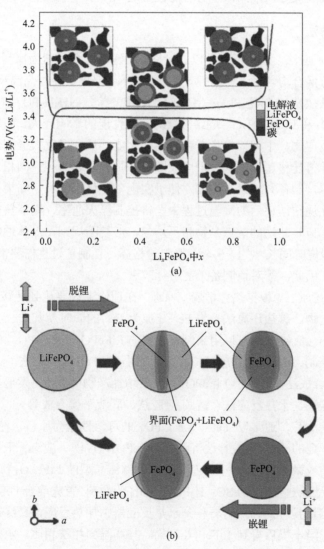

图 7-6　FePO₄/LiFePO₄ 两相界面反应模型

(a)缩核模型；(b)新核壳模型

个模型，一旦一个颗粒被脱锂或者嵌锂，整个颗粒很快就被完全脱嵌。新核壳模型和多米诺模型的差别在于，新核壳模型支持在一个单颗粒内部存在 $FePO_4$ 和 $LiFePO_4$ 相边界，而多米诺模型则支持完全脱嵌的 $FePO_4$ 和 $LiFePO_4$ 相颗粒共存。

对于锂离子脱嵌过程中另外一个重要问题为是否存在 Li_xFePO_4 固溶区，许多研究否认了其存在，而另外一些研究则认为在高温下，例如 450℃ 存在 Li_xFePO_4（$0 \leqslant x \leqslant 1$）固溶体。另外当颗粒尺寸变小，$FePO_4$ 和 $LiFePO_4$ 之间的不互溶间隙缩小，在某个临界尺寸以下固溶体有可能被稳定。

7.1.6 制备方法

(1) 固相反应法。固相反应是以二价铁盐、磷酸盐和锂盐为原料，按一定的化学计量比充分混合均匀后，在惰性气体（Ar 或 N_2）保护下经过高温反应获得[19-21]。常用的二价铁盐是 FeC_2O_4 和 $Fe(CH_3CO_2)_2$，磷酸盐是 $NH_4H_2PO_4$ 和 $(NH_4)_2HPO_4$，锂盐是 Li_2CO_3 和 $LiOH \cdot H_2O$。烧结温度对产物性能的影响较大，固相反应中离子和原子通过反应物、中间体发生迁移需要活化能，反应温度太低则反应不均匀，提高温度又使得迁移速率过快，形成大颗粒，降低比表面积。固相反应法具有设备和工艺简单，制备条件易于控制，便于实现工业化等优点。如果原料充分研磨均匀，并且在烧结结束后的降温过程中严格控制淬火速率，则能获得电化学性能良好的粉体。但是此法的缺点是物相不均匀，形貌不规则，晶体颗粒粒度分布范围较宽，且煅烧时间长[22,23]。另外，原料价格高，且制备过程需要惰性气体保护，使成本增加。因此，需对该制备工艺进行改进。

(2) 碳热还原法。根据热力学熵变原理，在理论上只要达到足够高的温度，碳可以还原氧化物。碳热还原法是将 Fe^{3+} 还原为 Fe^{2+} 的同时使其结合 Li[24,25]，因此许多还原性的含氧铁盐都可以用来制备单相的 $LiFePO_4$，如 $FePO_4$、Fe_3O_4、Fe_2O_3。该方法便于控制、成本低，是一种有潜力的制备 $LiFePO_4$ 的方法。

(3) 液相合成法。为减小 $LiFePO_4$ 粒度及增加产物的纯度，发展出了液相合成法，如共沉淀法、水热反应法、溶胶-凝胶法、乳液干燥合成等。

① 共沉淀法[26-28]通常以 Fe^{2+}、Li^+、PO_4^{3-} 的可溶性盐为原料，在水溶液中 N_2 保护下控制一定的 pH，边搅拌边沉淀出 $LiFePO_4$，过滤、洗涤、干燥后将前驱体在高温下烧结或微波加热 12 小时左右，即得到结晶型的 $LiFePO_4$ 粉体。

② 水热反应法[29-31]以 $FeSO_4$、H_3PO_4、$LiOH$ 为原料，首先混合 $FeSO_4$ 和 H_3PO_4，加入 $LiOH$ 溶液搅拌均匀，再转移到水热反应器中加热反应，最终得到浅绿色的沉淀，经过低温干燥后得到 $LiFePO_4$ 产物。与高温固相法相比，水热反应法可直接合成而无须惰性气体，产物晶型均一，粉体粒径小，过程简单，但只限于少量粉体的制备，若需扩大生产量，却受到诸多限制，特别是大型的耐高温高压反应

器的设计制造难度大，造价也高，工业化生产的难度大。

③溶胶-凝胶法[32-36]以乙酸盐或硝酸盐为原料。首先将 $Fe(NO_3)_3$ 和 LiOH 加入到抗坏血酸中，然后加入 H_3PO_4，用氨水调节 pH，在 60℃加热得到凝胶，将凝胶在 350℃加热 12 小时，再经过 800℃焙烧 24 小时，最终得到 $LiFePO_4$ 产物。溶胶-凝胶法具有前驱体溶液化学均匀性好(可达分子级水平)、凝胶热处理温度低、粉体颗粒粒径小而且分布均匀、粉体烧结性能好、反应过程易于控制、设备简单，但干燥收缩大、工业化生产难度较大、合成周期较长。

7.2 磷酸亚锰锂

自从 $LiFePO_4$ 被发现后，很多研究试图替换其中的 Fe，使用其他过渡金属提高橄榄石结构 $LiMPO_4$ 的电压和容量。实验表明 Mn 可能是除了 Fe 之外，研究最广的 $LiMPO_4$ 材料。$LiMnPO_4$ 的理论容量为 $167\sim171\text{mAh}\cdot\text{g}^{-1}$，$Mn^{3+/2+}$氧化还原对的电压在 4.1V，显著高于 $LiFePO_4$ 的 3.45V。XRD 分析证实 $LiMnPO_4$ 的晶体依然是有序的橄榄石结构，属于正交的 *Pnmb* 空间群。晶胞参数 $a=6.106(1)$Å，$b=10.452(1)$Å，$c=4.746(1)$Å，XRD 如图 7-7(a)所示。

第一性原理计算表明 Mn^{3+}存在姜-泰勒效应，从 $LiMnPO_4(316.41\text{Å}^3)$ 充电到 $MnPO_4(296.20\text{Å}^3)$，体积变化了 6.5%。小极化子的迁移能垒与费米能级以上的 $Mn\text{-}3d_{x^2-y^2}$ 能级相关，另外 $Mn\text{-}3d_{x^2-y^2}$ 能级也决定了带隙。计算发现 $LiMnPO_4$、

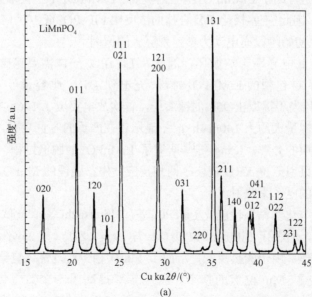

(a)

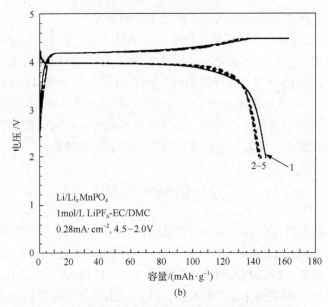

图 7-7　LiMnPO₄ 的 (a) 衍射图谱和 (b) 充放电曲线[37]

MnPO₄ 和 Li₀.₅MnPO₄ 的带隙为 3.96eV、1.07eV、0.27eV。考虑完美晶体，由于 MnPO₄ 中没有 Mn²⁺，LiMnPO₄ 中没有 Mn³⁺，极化子迁移过程受限于缺陷浓度，因此 LiMnPO₄ 和 MnPO₄ 的电导率比 Li₀.₅MnPO₄ 低。虽然姜-泰勒效应对于结构稳定性有害，但是有助于 Li$_x$MnPO₄ 电导的提高。LiMnPO₄ 中空位形成能是 0.19eV，比 LiFePO₄ 高，因此空位-极化子复合体的浓度比 LiFePO₄ 低 10⁻³ 倍。这是 LiFePO₄ 和 LiMnPO₄ 在初始阶段充电动力学差别巨大的原因[38]。

　　LiMnPO₄ 低电导率影响循环，因此和 LiFePO₄ 一样需要包碳提高导电性。Li 等[37]制备了 C 包覆的 LiMnPO₄ 材料，充电到 4.5V，比容量可达 162mAh·g⁻¹ [图 7-7(b)]，相当于提取出 95%的锂离子，首次放电实现了 146mAh·g⁻¹ 比容量，稳定可循环的容量大约为 140mAh·g⁻¹。显示存在严重的容量衰减，作者将容量衰减归结于电解质的分解。Kang 等[39]研究了 LiMnPO₄ 的脱嵌过程，发现颜色从白色变成紫色，采用原位 XRD 证实了两相反应发生。脱锂的 MnPO₄ 不稳定，不耐受电子显微镜的电子束照射。

　　LiMnPO₄ 电化学循环性能比 LiFePO₄ 差，Shiratsuchi 等[40]尝试用 Ti、Mg、Zr 掺杂 Mn 位点，制备了 LiMn₁₋ₓMₓPO₄(M=Ti、Mg、Zr)，与 25wt%乙炔黑混合，球磨之后热处理，由于碳热反应，形成了 Mn₂P 相。通过优化烧结工艺，避免形成杂相，实现了 Mn 位点的掺杂，将电导率提高了一个数量级(LiMnPO₄ 约 10⁻¹¹S·cm⁻¹，LiMn₀.₉₉Ti₀.₀₁PO₄、LiMn₀.₉₉Mg₀.₀₁PO₄、LiMn₀.₉₉Zr₀.₀₁PO₄ 约 10⁻¹⁰S·cm⁻¹)。Mg 掺杂 1%提高了倍率性能，是最有效的掺杂剂，容量达到 136mAh·g⁻¹。相似

地，还有用 Fe、Zn、Ni 等过渡金属进行掺杂，相应的性能都有不同程度的变化。总体上 $LiMnPO_4$ 是一个非常值得研究的材料，优势在于电压高、材料廉价，但是循环性能有待提高。

7.3　磷酸亚钴锂

橄榄石的 $LiCoPO_4$ 能够提供 4.8V 的电压，理论容量为 $167mAh \cdot g^{-1}$[图 7-8(a)]。结构精修显示 a=5.922Å，b=10.202Å，c=4.699Å[41]。这个聚阴离子框架由 CoO_6 八面体和 PO_4 四面体构建，其中 P—O 之间强共价连接稳定了结构中的 O 离子，阻碍了充电状态下氧气析出。充电状态的 $CoPO_4$ 和 $LiCoPO_4$ 具有相同的结构，锂离子脱嵌之后 Co 从二价变成三价，结构的体积缩小约 7%。每个 PO_4 四面体和 CoO_6 八面体之间共边，形成 1D 锂离子通道。共角连接的 CoO_6 八面体被 PO_4 四面体中的 O 分隔。不能形成连续的 CoO_6 网络，电子离域很困难。文献报道电导率大约为 $10^{-9}S \cdot cm^{-1}$，远低于钴酸锂和锰酸锂[42]。充放电过程中 $LiCoPO_4$ 经历了两个不同的两相反应，涉及了一个中间相 $Li_{2/3}CoPO_4$，这个中间相既可以与全锂化的 $LiCoPO_4$ 共存，也可以与脱锂的 $CoPO_4$ 共存，因此，循环伏安测量时，产生两对氧化还原峰[4.7V/4.8V 和 4.8V/4.9V，图 7-8(b)]。

针对 $LiCoPO_4$ 电化学性能差的问题，各种各样的技术已经被尝试过，例如，表面改性、采用碳包覆技术、用三维网络支持建立导电通路测量、离子掺杂提高

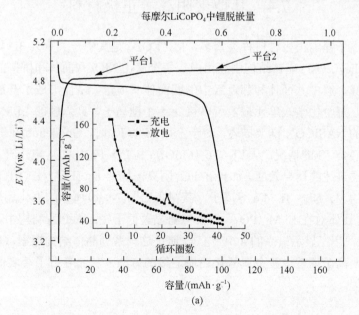

(a)

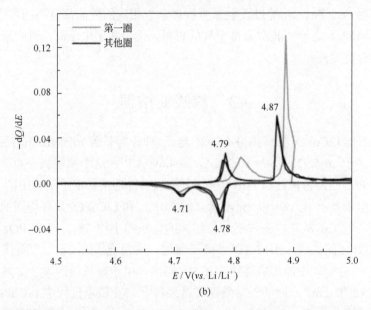

(b)

图 7-8　LiCoPO$_4$ 的充放电曲线(a)和循环性能容量微分曲线(b)[43]

本征电导率、减少颗粒尺寸、降低电子和离子扩散迁移距离。尽管采用了各种各样的手段，但是目前 LiCoPO$_4$ 的循环稳定性和倍率性能还不是很满意。

7.4　其他聚阴离子正极材料

聚阴离子锂电正极材料种类繁多，M$_2$(XO$_4$)$_3$ 是其中一类重要 3D 框架材料，典型代表 Fe$_2$(SO$_4$)$_3$ 晶体结构由簇组成，每个簇由 MO$_6$ 八面体和桥接的共角 XO$_4$ 四面体组成，簇中八面体和邻近簇中的四面体共顶角，从而形成了开放的三维网络状结构，每个化学式单元最多可以接受 5 个锂离子，嵌入锂的 Li$_x$M$_2$(XO$_4$)$_3$ 可以用经典的 NASICON 框架描述。对于金属 M 为 Fe 时，Goodenough 等[44]研究了 X=As、P、Mo、S 的情况。从 Li$_{3+x}$Fe$_2$(MoO$_4$)$_3$ 到 Li$_{3+x}$Fe$_2$(SO$_4$)$_3$ 电压升高了 0.6V，这就是前面讲述的诱导效应。如果在 PO$_4$ 阴离子框架下，[Li$_x$M$_2$(PO$_4$)$_3$]改变 M 为不同价态的 V、Nb、Ti、Fe 等离子，获得了如图 7-9(c)所示的氧化还原对电势，Fe$^{3+/2+}$氧化还原对在 Li$_x$M$_2$(PO$_4$)$_3$ 框架电势显著低于在 LiFePO$_4$ 结构中，各种过渡金属 M 中，V$^{5+/4+}$显示最高的 4.6V 电压。通过这一系列晶体结构探索，Goodenough 提出了聚阴离子调控过渡金属氧化还原能级的方法，从而导致了著名的 LiFePO$_4$ 材料的发现。

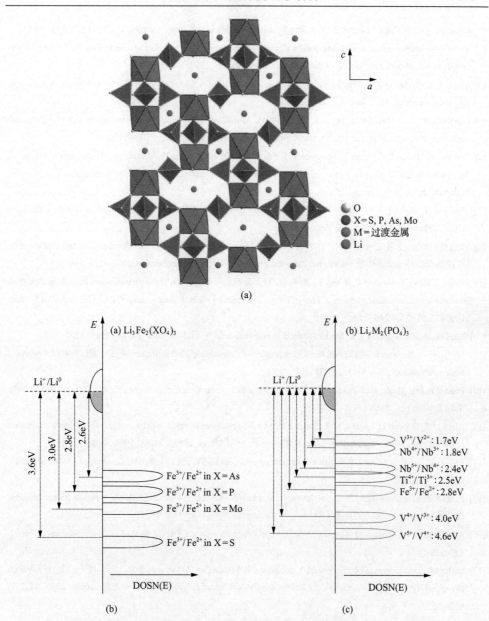

图 7-9　不同过渡族金属氧化还原对在聚阴离子框架中的能级分析[44]

(a) NASICON 框架的 $Li_xM_2(XO_4)_3$ 结构；　(b) $Fe^{3+/2+}$ 在 NASICON 结构中能级相对 Li 费米能级位置；

(c) $Li_xM_2(PO_4)_3$ 结构中 $M^{n+}/M^{(n+1)+}$ 氧化还原对能级位置

参 考 文 献

[1] Ramana C V, Mauger A, Gendron F, Julien C M, Zaghib K. Study of the Li-insertion/extraction process in LiFePO₄/FePO₄. Journal of Power Sources, 2009, 187(2): 555-564.

[2] Goodenough J B. Cathode materials: A personal perspective. Journal of Power Sources, 2007, 174(2): 996-1000.

[3] Padhi A K, Nanjundaswamy K S, Masquelier C, Okada S, Goodenough J B. Effect of structure on the Fe^{3+}/Fe^{2+} redox couple in iron phosphates. Journal of the Electrochemical Society, 1997, 144(5): 1609.

[4] Melot B C, Tarascon J M. Design and preparation of materials for advanced electrochemical storage. Accounts of Chemical Research, 2013, 46(5): 1226-1238.

[5] Meethong N, Kao Y H, Speakman S A, Chiang Y M. Aliovalent substitutions in olivine lithium iron phosphate and impact on structure and properties. Advanced Functional Materials, 2009, 19(7): 1060-1070.

[6] Orikasa Y, Maeda T, Koyama Y, Murayama H, Fukuda K, Tanida H, Arai H, Matsubara E, Uchimoto Y, Ogumi Z. Transient phase change in two phase reaction between $LiFePO_4$ and $FePO_4$ under battery operation. Chemistry of Materials, 2013, 25(7): 1032-1039.

[7] Chung S Y, Bloking J T, Chiang Y M. Electronically conductive phospho-olivines as lithium storage electrodes. Nature Materials, 2002, 1(2): 123-128.

[8] Yuan L X, Wang Z H, Zhang W X, Hu X L, Chen J T, Huang Y H, Goodenough J B. Development and challenges of $LiFePO_4$ cathode material for lithium-ion batteries. Energy & Environmental Science, 2011, 4(2): 269-284.

[9] Wang Y, Wang Y, Hosono E, Wang K, Zhou H. The design of a $LiFePO_4$/carbon nanocomposite with a core-shell structure and its synthesis by an in situ polymerization restriction method. Angewandte Chemie International Edition, 2008, 47(39): 7461-7465.

[10] McKinnon W R, Haering R R. Modern aspects in electrochemistry. 15. New York: Plenum Press, 1983: 235.

[11] Weppner W, Huggins R A. Electrochemical methods for determining kinetic properties of solids. Annual Review of Materials Science, 1978, 8(1): 269-311.

[12] Prosini P, Lisi M, Zane D, Pasquali M. Determination of the chemical diffusion coefficient of lithium in $LiFePO_4$. Solid State Ionics, 2002, 148(1-2): 45-51.

[13] Islam M S, Driscoll D J, Fisher C A, Slater P R. Atomic-scale investigation of defects, dopants and lithium transport in the $LiFePO_4$ olivine-type battery material. Chemistry of Materials, 2005, 17(20): 5085-5092.

[14] Ellis B L, Lee K T, Nazar L F. Positive electrode materials for Li-ion and Li-batteries. Chemistry of Materials, 2010, 22(3): 691-714.

[15] Padhi A K, Nanjundaswamy K S, Goodenough J B. Phospho-olivines as positive-electrode materials for rechargeable lithium batteries. Journal of the Electrochemical Society, 1997, 144(4): 1188-1194.

[16] Andersson A S, Thomas J O. The source of first-cycle capacity loss in $LiFePO_4$. Journal of Power Sources, 2001, 97: 498-502.

[17] Laffont L, Delacourt C, Gibot P, Wu M Y, Kooyman P, Masquelier C, Tarascon J M. Study of the $LiFePO_4$/$FePO_4$ two-phase system by high-resolution electron energy loss spectroscopy. Chemistry of Materials, 2006, 18(23): 5520-5529.

[18] Delmas C, Maccario M, Croguennec L, Le Cras F, Weill F. Lithium deintercalation in $LiFePO_4$ nanoparticles via a domino-cascademodel. In Materials For Sustainable Energy: A Collection of Peer-Reviewed Research and Review Articles from Nature Publishing Group, 2011: 180-186.

[19] 施志聪, 李晨, 杨勇. $LiFePO_4$新型正极材料电化学性能的研究. 电化学, 2003, (01): 9.

[20] Mi C H, Cao G S, Zhao X B. Low-cost, one-step process for synthesis of carbon-coated $LiFePO_4$ cathode. Materials Letters, 2005, 59(1): 127-130.

[21] Zhang S S, Allen J L, Xu K, Jow T R. Optimization of reaction condition for solid-state synthesis of $LiFePO_4$-C composite cathodes. Journal of Power Sources, 2005, 147(1-2): 234-240.

[22] 张静, 刘素琴, 黄可龙, 赵裕鑫. LiFePO₄: 水热合成及性能研究. 无机化学学报, 2005, 21(3): 433-436.

[23] Yamada A, Chung S C, Hinokuma K. Optimized LiFePO₄ for lithium battery cathodes. Journal of the Electrochemical Society, 2001, 148(3): A224-A229.

[24] Prosini P P, Carewska M, Scaccia S, Wisniewski P, Passerini S, Pasquali M. A new synthetic route for preparing LiFePO₄ with enhanced electrochemical performance. Journal of the Electrochemical Society, 2002, 149(7): A886-A890.

[25] 童汇, 胡国华, 胡国荣, 彭忠东, 张新龙. 锂离子电池正极材料 LiFePO₄/C 的合成研究. 无机化学学报, 2006, 22(12): 2159-2164.

[26] Park K S, Kang K T, Lee S B, Kim G Y, Park Y J, Kim H G. Synthesis of LiFePO₄ with fine particle by co-precipitation method. Materials Research Bulletin, 2004, 39(12): 1803-1810.

[27] Park K S, Son J T, Chung H T, Kim S J, Lee C H, Kang K T, Kim H G. Surface modification by silver coating for improving electrochemical properties of LiFePO₄. Solid State Communications, 2004, 129(5): 311-314.

[28] Yang M R, Ke W H, Wu S H. Preparation of LiFePO₄ powders by co-precipitation. Journal of Power Sources, 2005, 146(1-2): 539-543.

[29] Dokko K, Koizumi S, Sharaishi K, et al. Electrochemical properties of LiFePO₄ prepared via hydrothermal route. Journal of Power Sources, 2007, 165(2): 656-659.

[30] Dokko K, Koizumi S, Sharaishi K, Kanamura K. Enhanced electrochemical performance of LiFePO₄ prepared by hydrothermal reaction. Solid State Ionics, 2004, 175(1-4): 287-290.

[31] 庄大高, 赵新兵, 曹高劭, 米常焕, 涂健, 涂江平. 水热法合成LiFePO₄的形貌和反应机理. 中国有色金属学报, 2005, 15: 2034-2035.

[32] Xu Z, Xu L, Lai Q, Ji X. A PEG assisted sol-gel synthesis of LiFePO₄ as cathodic material for lithium ion cells. Materials Research Bulletin, 2007, 42(5): 883-891.

[33] Choi D, Kumta P N. Surfactant based sol-gel approach to nanostructured LiFePO₄ for high rate Li-ion batteries. Journal of Power Sources, 2007, 163(2): 1064-1069.

[34] Zhang Y, Xin P, Yao Q. Electrochemical performance of LiFePO₄/C synthesized by sol-gel method as cathode for aqueous lithium ion batteries. Journal of Alloys and Compounds, 2018, 741: 404-408.

[35] Huang H, Yin S C, Nazar L F. Approaching theoretical capacity of LiFePO₄ at room temperature at high rates. Electrochemical and Solid-State Letters, 2001, 4(10): A170-A172.

[36] Luo J Y, Cui W J, He P, Xia Y Y. Raising the cycling stability of aqueous lithium-ion batteries by eliminating oxygen in the electrolyte. Nature Chemistry, 2010, 2(9): 760-765.

[37] Li G, Azuma H, Tohda M. LiMnPO₄ as the cathode for lithium batteries. Electrochemical and Solid State Letters, 2002, 5(6): A135.

[38] Aravindan V, Gnanaraj J, Lee Y S, Madhavi S. LiMnPO₄-A next generation cathode material for lithium-ion batteries. Journal of Materials Chemistry A, 2013, 1(11): 3518-3539.

[39] Kim J, Park K Y, Park I, Yoo J K, Seo D H, Kim S W, Kang K. The effect of particle size on phase stability of the delithiated Li$_x$MnPO₄. Journal of the Electrochemical Society, 2011, 159(1): A55.

[40] Shiratsuchi T, Okada S, Doi T, Yamaki J I. Cathodic performance of LiMn$_{1-x}$M$_x$PO₄ (M=Ti, Mg and Zr) annealed in an inert atmosphere. Electrochimica Acta, 2009, 54(11): 3145-3151.

[41] Amine K, Yasuda H, Yamachi M. Olivine LiCoPO₄ as 4.8V electrode material for lithium batteries. Electrochemical and Solid-State Letters, 2000, 3(4): 178-179.

[42] Zhang M, Garcia-Araez N, Hector A L. Understanding and development of olivine LiCoPO₄ cathode materials for lithium-ion batteries. Journal of Materials Chemistry A, 2018, 6(30): 14483-14517.

[43] Bramnik N N, Nikolowski K, Baehtz C, Bramnik K G, Ehrenberg H. Phase transitions occurring upon lithium insertion-extraction of LiCoPO₄. Chemistry of Materials, 2007, 19(4): 908-915.

[44] Goodenough J B, Kim Y. Challenges for rechargeable Li batteries. Chemistry of Materials, 2010, 22(3): 587-603.

第8章 负极材料

8.1 锂电负极介绍

这一章介绍适合用作锂离子电池负极的低电压材料。增加电池的能量密度可以采用电压较高的正极或者电压较低的负极，或者增加正负极储锂的容量。历史上，锂离子电池负极材料的研发经过了一个相对漫长和曲折的过程，早期的锂离子电池负极采用金属锂[1]，金属锂拥有最高的比容量和最低的电极电势，使用金属锂理论上能够最大化电池整体比能量。但是金属锂负极在充电过程中，容易在表面形成"针刺状"或者"苔藓状"的锂枝晶。枝晶如果穿过隔膜，接触正极，造成电池短路，引起大量放热，导致电池着火甚至爆炸。即使没有引起短路，负极的枝晶在放电过程中也容易产生"死锂"，降低电池可循环的容量，显著降低电池的循环性能和寿命。

直到20世纪90年代，稳定可循环的碳基材料的研究，逐渐成为负极的重要方向。以石墨材料为代表的锂电池负极，在适当的有机溶剂电解质中，实现了稳定的充放电循环，从而大大地促进了锂电池的商业化进程。层状石墨材料的储锂机制是锂离子的插层反应，锂以离子的形式嵌入到石墨层间，电子填入石墨材料的分子轨道，从而避免了金属锂枝晶的形成，电池的安全问题有了很大程度的改善[2]。石墨材料的理论容量较低（372mAh·g^{-1}），难以满足人们对更高能量密度电池的渴望，亟待发展稳定可循环的大容量负极材料，进一步提高电池比能量。

近些年来，锂电池负极材料的研究取得了重要进展。总体上，负极材料可以分为两大类：①碳基负极材料，主要包括石墨类材料和无定形碳材料（包括硬碳和软碳类）；②非碳负极材料，如硅基材料、锡基材料、钛基材料、合金基材料和其他过渡金属氧化物材料等。作为锂离子电池的负极，一般希望材料具备以下条件：①锂离子脱嵌过程具有良好的可逆性；②具有相对比较低的嵌锂电势；③锂离子扩散系数和电子的传导速率较高；④具有大的比容量。除此之外，负极材料最好还应具有物理、化学性质稳定，不与电解质发生其他的副反应，能形成结构稳定的固体电解质界面膜（solid electrolyte interphase，SEI）。

8.2 碳基负极材料

碳基负极材料主要分为石墨类碳材料和非石墨类碳材料。石墨类碳材料具有良好的层状结构，锂的嵌入和脱出过程不会发生明显的电压滞后现象，同时循环性能良好。非石墨类碳材料包括硬碳材料和软碳材料，它们可根据石墨化的难易程度进行区分。大多数无定型碳可以表现出更高的比容量，但是存在电压滞后现象，通常循环性能较差。近年来，除了上述材料之外，如图 8-1 所示，一些新型的碳材料像包括石墨烯、富勒烯和碳纳米管等也被广泛研究以期用于锂的储存[3]。

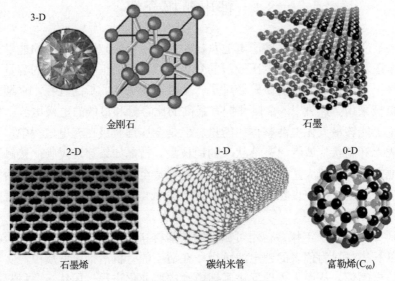

图 8-1　不同种类的碳材料

8.2.1　石墨碳负极

石墨包括天然石墨和人造石墨。石墨材料具有六方晶格结构，空间群号为166，在元胞中有两个碳原子，处在 Wycoff 2c 位置。元胞不适合显示石墨层状结构，转化成六方传统晶胞，单位晶胞中含有四个原子，石墨晶体中的碳原子呈六角形排列并向二维方向延伸，同时沿着 c 轴进行有规则地堆积，形成明显的层状结构。每一层内的碳原子为 sp^2 杂化，与其邻近的三个碳原子成键，间距为 1.42Å，列成六角网状[图 8-2(a)]。层与层间以范德瓦尔斯力相结合，层间距为 3.335Å。石墨的储锂机制较为简单，从图 8-2(b) 结构上看，锂离子的半径为 0.078nm，远小于石墨的层间距，因此在充电过程中，锂离子可以完全插入石墨层间，同时石墨结构在 c 轴方向上适当膨胀，这一过程并不会破坏石墨层的整体结构。

图 8-3(a) 是石墨的 XRD 图，从图中可以看出，位于 26° 的尖锐峰对应的是石墨的(002)晶面，峰的尖锐程度越高，代表石墨化程度越高，在 c 轴方向上的结晶性能较好。(100)和(101)晶面能够反映出碳原子在层面结晶的性能。(112)晶面能够反映出石墨在三维方向上结晶程度的信息。石墨的拉曼光谱[图 8-3(b)]的主要

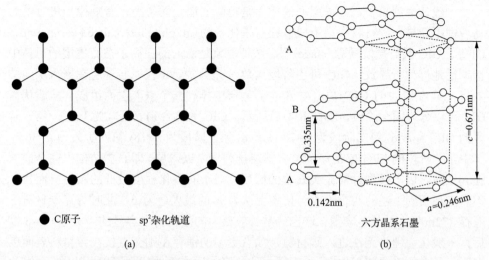

●C原子   ——sp²杂化轨道   六方晶系石墨

(a)   (b)

图 8-2   石墨面网平面碳原子排列成六角网状层(a)和石墨多层面网结构图(b)

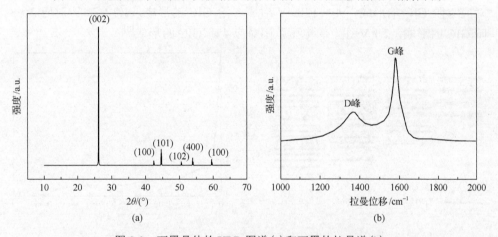

(a)   (b)

图 8-3   石墨晶体的 XRD 图谱(a)和石墨的拉曼谱(b)

特征是具有位于 1580cm⁻¹ 和 1360cm⁻¹ 附近的 G 峰和 D 峰。其中，G 峰是由碳环或长链中的 sp² 原子对的拉伸运动产生，对应于 sp² 碳原子在布里渊区中心的相关 E_{2g} 声子的伸缩振动模式。D 峰归因于石墨中不同类型的缺陷(即边缘缺陷，sp³ 碳原子和空位)的无序振动。因此可以用 D 峰和 G 峰的强度比来衡量石墨材料的无序度[4]。

8.2.2   石墨中的锂插层

锂离子在碳材料中的嵌入过程可以由下列反应式表示[5]：

$$x\text{Li}^+ + x\text{e}^- + n\text{C} = \text{Li}_x\text{C}_n$$

　　一般认为锂离子在石墨层间的插入是每隔一层、两层……有规律地进行的。随着锂不断进入碳材料中会形成嵌锂石墨化合物(graphite intercalated compound, GIC)。GIC 具有层阶现象(stage)[6]，这种现象是嵌入的锂离子在石墨层的母体中周期性地排列所导致。GIC 可由阶段指数 S 来分类，S 代表石墨层在嵌入层间的数目，第 S 阶段的 GIC 是由每 S 个石墨层中排列一个嵌入层而组成。一般认为 GIC 可以分为四个阶段，如图 8-4(a)所示。GIC 的化合物表示式为 LiC_n，第一阶段的 GIC 为 $n=6$，第二阶段为 $n=12$ 或者 8，第三阶段为 $n=18$，第四阶段为 $n=36$[7]。其中第一阶段的 Li/GIC 是每一个石墨层排列一个嵌入层，即石墨结构中完全嵌入锂。然而，以上模型针对完美石墨的情形，对于石墨化程度较低的碳材料而言，不一定观察到上述的四个阶段。传统上认为 n 的最大值为 6，此时每克碳材料可贮存 $372mAh \cdot g^{-1}$ 的电容量，这也就是一般认为的碳材料电容量的最大值。$n=6$ 以后，一般认为锂将无法进入碳材料，如有更多的锂存在则会直接在碳材料表面以锂原子集合的形式沉积出来。从石墨电池的第一次充电曲线中可以看出，0～90mV 对应 1 阶 GIC 的形成，90～120mV 对应 2 阶 GIC 的形成，1.2～2.1V 对应 2～3 阶 GIC 的形成，2.1 V 往上的电压范围对应 4 阶 GIC 的形成[8]。

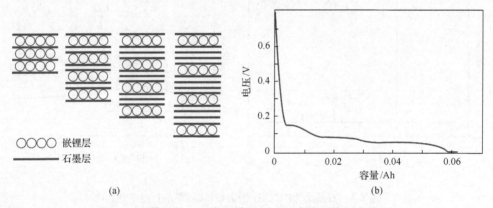

图 8-4　石墨层间 GIC 嵌锂模型(a)和石墨嵌锂电压曲线(b)

8.2.3　天然石墨

　　天然石墨由于价格低廉、电势曲线稳定以及在合适的电解液体系中库仑效率较高而极具商业价值，根据其结晶形态的不同又可以分为无定形石墨和鳞片石墨两种[9]。其中，无定形石墨主要由非取向的石墨微晶组成，按 ABAB……顺序呈六边形结构堆积。这种结构的石墨如果块体较大，将不利于锂离子的嵌入和在固体层中的扩散，导致不可逆容量增多，因此其可逆容量仅为 $250mAh \cdot g^{-1}$ 左右。而另一种鳞片石墨除了 ABAB……排列的结构外，还含有按 ABCABC……形式排列的菱形结构，通常认为这种具有锯齿状的菱形晶体可以增加界面的数量，易于和更多的锂离子发生嵌入反应,从而提高储锂能力,其可逆比容量可达到 300~350mAh·g^{-1}。另外,材料颗粒的尺寸、石墨化程度、杂质含量以及其孔径大小等也会影响石墨负极的电化学性质[10]。

8.2.4　人工石墨

对碳前驱体进行高温(通常大于 2800℃)石墨化处理可以得到人造石墨。如果人造石墨的石墨化程度高、结构合理的话,可以具备和天然石墨类似的电化学性能。人造石墨生产中常用无烟煤、石油焦、生物质和沥青等作为原材料,在非氧的气氛下进行高温石墨化处理。由于该类碳材料需要高温处理,所以其制备成本较高。但是人造石墨容易控制形态,可以根据不同的需求,加工成特定的形状,较为常见的形貌包括纤维状、微球状和块状等[11]。

在这些不同形貌的人造石墨中,石墨化碳纤维由于具有高导电、高导热、密度小、高强度等特点而被广泛关注。用于锂离子电池负极材料的纤维主要包括石墨化气相生长碳纤维和石墨化中间相沥青基碳纤维两大类。气相沉积碳纤维的工艺一般是将超细的过渡金属催化剂纳米颗粒预先置于生长基底上,在高温反应炉中,以一定的流量通入合适浓度的气态烃类(如苯、甲烷等)为碳源,进行高温气相沉积反应。这些低碳的烃类分子在 1000~1300℃的条件下,经过催化剂的作用发生分解和析碳。碳以催化剂纳米颗粒为起点径向生长,形成碳纤维。这种碳纤维中的碳结构较为混乱,经过高温石墨化处理后,上述碳纤维结构局部与单晶石墨类似。该工艺的优势在于,不同的生长温度、碳源的种类、气体的流量、催化剂的种类与尺寸,均可以用来调节石墨化碳纤维的形貌,并最终影响它的电化学储锂性能。这种纤维状石墨化材料作为负极,与天然石墨和其他人工石墨的电化学性质相似,但是纤维状形貌能提供一定的柔性力学支撑,用于可穿戴电子产品的电池。石墨化中间相沥青基碳纤维以沥青为原料,利用液相碳化的原理,对其进行加热、缩聚等操作后,再进一步经氧化、碳化、高温石墨化等处理得到。纤维状的石墨在锂离子电池领域应用主要可以作为导电网络和力学支撑[12]。

8.2.5　中间相碳微球

商业化的电池中更倾向于用颗粒或者微球状石墨,因为球形颗粒更容易在铜箔上涂布。其中中间相碳微球(mesophase carbon microbeads, MCMB)应用较多。中间相碳微球具有高度有序的层面堆积结构,是石墨化程度较高的软碳材料,电化学性能优异。锂电产业负极材料中天然石墨出货量占比 59%,人造石墨 30%,石墨化中间碳微球 8%。就此说来,中间相碳微球是仅次于天然石墨和人工石墨的第三大主流碳类负极材料[13]。

MCMB 是一种稠环芳烃类有机化合物在液相炭化过程中形成的微米级各向

异性球状结构。由于在液相反应体系中包含大量的热分解和热缩聚反应，因此它的形成经历了中间相小球体生成、融并、长大解体和碳结构形成的过程。一般 MCMB 是以沥青和煤焦油为原料在 400～500℃初步热处理后形成碳微球，再经过二次烧结（1000℃）而制得。它具有较大的直径（一般在十几到几十微米）和较高的堆积密度（1.4～1.6g·cm⁻³），它的表面相对光滑，比表面积较小。其内部为片层状结构（图 8-5），这将有利于锂离子从微球的各个方向嵌入和脱出。与石墨材料基面相比，MCMB 不可避免地有一定程度的无序度。

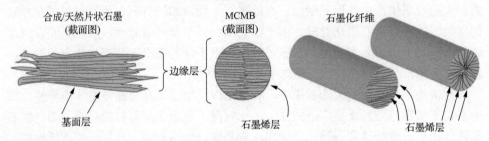

图 8-5　片状石墨、中间相碳微球、石墨化碳纤维结构示意图[14]

作为锂离子电池的负极材料，MCMB 的电化学性能与其热处理的温度和时间密切相关。研究发现，在 700℃时处理得到的 MCMB 具有高达 600～750mAh·g⁻¹ 的超高比容量，这主要是由于该温度下的碳结构中含有很多纳米级别的小孔，充电时锂离子不仅会嵌入碳层之间，还会嵌入到这些孔洞当中[15]。然而，它的不可逆容量也相应增加了，可能是由于大的碳表面形成了较多的 SEI 膜，从而消耗了部分的电解液，同时，MCMB 表层的官能团也会消耗一定的锂。随着温度的上升，微孔的孔隙减少，储锂的方式以嵌入碳层为主，导致容量开始下降，经过 1500℃ 热处理得到的 MCMB 放电容量最低。随后，石墨化程度是影响其储锂性能的主要因素，当热处理温度达到 2000℃以上时，MCMB 的比容量才逐渐开始上升[16]。

商业石墨化 MCMB 负极是经过 2800℃高温处理得到的，具有优良的导电性和循环稳定性，是目前长寿命小型锂离子电池的主要负极材料之一。但是它存在的主要问题是比容量不高（低于 300mAh·g⁻¹）。而且作为锂离子电池电极材料使用时，过高的工艺温度大大提高了它的生产成本，进一步限制了它们的大规模推广。因此，如何降低成本，提高性能是石墨化 MCMB 面临的主要难题。

8.2.6　软碳

所谓软碳是指在相对低温处理容易被石墨化的无定型碳材料。它比硬碳的石墨化程度高，但是没有天然石墨或者 3000℃高温处理的人工石墨的石墨化程度高。软碳中含有大量的缺陷和空位，可以用于存储更多的锂离子。常见的软碳材料包括焦炭和石墨化程度较低的中间相碳微球。作为锂离子电池负极，它们具有循环稳定高，无明显充放电平台等特点。

焦炭是一种经过液相炭化得到的无定型碳材料，高温下容易石墨化。它的结构是乱层的石墨构造，本质上是一种具有不发达石墨结构的碳材料，即碳层之间大体还是平行排列，但是并不规则，层间距为 0.334～0.335nm，略大于石墨的层间距。按照原料的不同可以将焦炭分为石油焦和沥青焦等。其中石油焦是第一代锂离子电池的负极材料，它是石油沥青在 1000℃环境下经过脱氧、脱氢处理而得到的一种炭焦，具有乱层状的非结晶结构。作为储锂材料，它具有资源丰富、价格低廉、锂离子能够在结构中以较快的速度扩散、与碳酸丙烯酯(PC)等各种电解液体系均能相互兼容等优点[17]。同时，它也具有很多不足之处，如石油焦的放电电势可以从 1.2V 一直持续到 0V 左右，较高的平均电压会在一定程度上限制电池的能量密度；可以与锂形成 LiC_{12} 化合物，从而理论比容量不高(仅有 $186mAh \cdot g^{-1}$)；在锂的嵌入过程中碳结构会发生体积膨胀，降低循环寿命等[18]。

低温处理的软碳初始容量高，随着热处理温度增加可逆容量降低[19]，如图 8-6(a)所示，继续升高温度，软碳可以部分石墨化，进一步提高比容量。容量变化是和

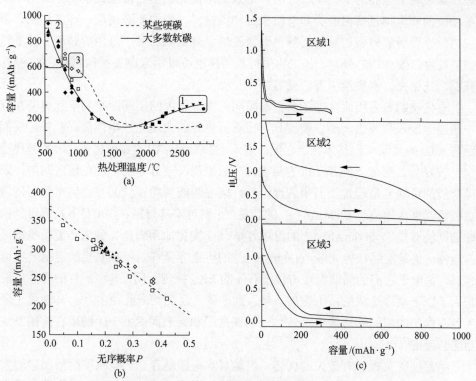

图 8-6 软碳和硬碳结构性能比较[19]

(a)热处理温度对软碳和硬碳可逆容量的影响；(b)(a)中三个区域中碳材料的充放电曲线(区域 1 是合成石墨，区域 2 是石油焦，区域 3 是 1000℃炭化的酚醛树脂)；(c)区域 1 中碳材料的可逆容量和无序度之间关系

热处理有机前驱体过程中碳结构变化有关。在 600℃ 惰性气体中焦化，有机物分解释放出气体，留下的碳凝聚成平面芳香结构，类似石墨烯结构，边缘被 H 原子饱和。如果形成前驱结构是半流体状态，那么这些平面状类石墨烯结构能够或多或少平行堆积，这种结构最终有可能在高温下石墨化。石墨化的碳和软碳的放电曲线如图 8-6(b) 所示，可以明显看出软碳的电压回滞环和较高的平均电压。随着温度继续升高，乱层无序度降低，比容量又有一定程度增加，图 8-6(c) 显示部分石墨化的软碳的乱层无序度和容量之间有反比例关系。

如果有机前驱物是高度交联，热分解时不能呈现流体状，平面芳香结构就不能很好地平行堆积，产生了硬碳。

8.2.7　硬碳

硬碳是指在高温也难以石墨化的碳材料，它一般由固相的有机高分子聚合物在 1000℃ 左右直接热解炭化制得。这些材料在炭化初期由碳原子 sp^3 杂化形成交联，这不利于基面的平行生长，所以形成的碳是无定形的混乱结构。一般用于制备硬碳的前驱物包括树脂类和有机聚合物类材料，例如酚醛树脂、环氧树脂、蜜胺树脂、聚糖醇树脂、聚乙烯醇、聚氯乙烯、聚偏氟乙烯、聚丙烯腈等。除了这些高纯度的聚合物之外，一些生物质材料同样也可以用来制备硬碳材料，如淀粉、蔗糖、花生壳、木质素、杏仁壳等[20]。

与传统的石墨相比，硬碳负极晶面间距大，较大的层间距有利于锂离子在其中快速地嵌入和脱出，所以硬碳具有比石墨更好的快速充放电性能。此外，层间距与 LiC_6 的晶面间距基本相当，锂的嵌入不会引起结构的显著膨胀，因此循环稳定性较好[21]。可嵌入锂离子的容量大，一般来说，在 0～1.5V 的电压区间内，硬碳负极的可逆容量超过了石墨的理论值。例如酚醛树脂在 700℃ 热解得到的硬碳负极可以展现出高达 $650mAh \cdot g^{-1}$ 的容量[22]；聚对苯基材料在 700℃ 下热解得到的硬碳则能够提供 $680mAh \cdot g^{-1}$ 的可逆容量[23]；炭化如葡萄糖、蔗糖和淀粉等糖类前驱物，更是能够获得 $400～600mAh \cdot g^{-1}$ 的可逆容量[24]。硬碳负极的容量之所以较高，是由于它们的储锂机理与传统石墨的 LiC_6 机制不同，其中额外的容量可能是由于以下原因造成的：①锂离子嵌入到硬碳富含的纳米孔径中[25]；②锂离子嵌入到石墨层的层间和边缘位点处[26]；③锂离子和碳表面的 C—H 键或官能团发生相应的反应[27]。

尽管硬碳负极具有较大的优势，但是其本身还是存在一些缺陷而限制它的大规模发展，如较高的不可逆容量、较明显的电压回滞、较低的振实密度等。硬碳可以作为一种辅料用在负极材料中。

8.2.8　软碳和硬碳中嵌锂

图 8-7 示例了在 1000℃左右热处理得到的软碳和硬碳的结构模型,很明显软碳和硬碳的区分主要在簇排列方面。软碳中簇的排列具有一定相似的取向,相反,硬碳中簇的排列受到很大限制,簇之间取向不明显,簇与簇之间留有一定数量的空隙。在硬碳中六边形片的棱柱形边缘的数量远大于软碳的棱柱形边缘的数量。硬碳中六方堆积的簇单元的尺寸(高度和面积)、层间距离和空间中的排列反映了它们的特性,这种结构特征源自热解前驱物的结构,sp^3 碳的数量限制了固相碳化晶体生长的取向性,从而使石墨化程度难以提高。因此,对于硬碳来说,前驱物的结构很重要,是可以设计的[28]。

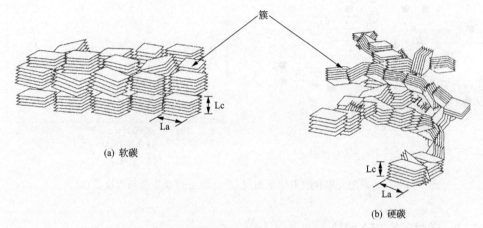

图 8-7　软碳和硬碳的结构示意图[28]

图 8-8 说明了在不同温度下热处理过的软碳的嵌锂机理,可分为以下三种情况:①在 0.25~0.8V 的电压范围内,锂离子部分电荷转移到六边形平面的表面或未堆叠的碳层中(Ⅰ型);②插入较高层的碳层中,以便在 0.0~0.25V 的电压下充电和放电(Ⅱ型);③在 0.0~0.1V 时充电,在 0.8~2.0V 时放电,锂离子插入位于碳簇边缘的微空间(类型Ⅲ)。除此之外,还存在锂离子插入六角形平面的原子缺陷、杂原子空隙中的类型Ⅲ*(类似于Ⅲ型)。

硬碳具有更加复杂的充电和放电电压曲线,可总结出五类嵌锂位点(图 8-9)。Ⅰ~Ⅲ型是软碳中常见的类型,包括部分电荷转移表面位点(Ⅰ型),石墨型插层位点(Ⅱ型),碳六边形簇簇边缘之间的簇隙(Ⅲ型)。在 1000℃热处理的硬碳具有非常独特的容量,并且分别随氧化程度和前体沥青的杂原子含量而显著变化。六角形平面包围的微孔和通过杂原子引入的原子缺陷分别被认为产生了Ⅳ型和Ⅴ型嵌锂位点。电压范围分别在 0~0.13V 和 0.5~2.0V。Ⅳ型微孔的数量或容量与前驱体的氧含量相关,前驱物中较小的晶体,较低的堆积或较高的氧含量允许明显更大的嵌锂容量。Ⅴ型具有与Ⅲ型相似的充放电行为[29]。

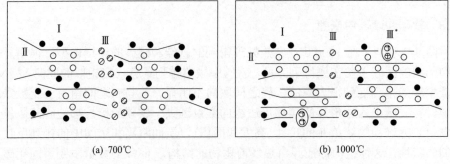

(a) 700℃　　　　　　　　　　(b) 1000℃

图 8-8　软碳中的嵌锂机理[28]

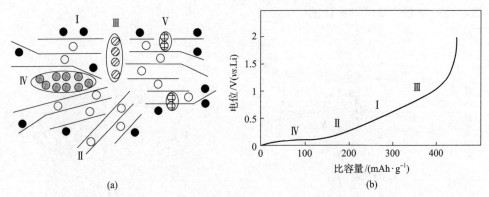

(a)　　　　　　　　　　　　　(b)

图 8-9　硬碳的充电和放电电压曲线(a)及 Li 在硬碳中的插入机理(b)[29]

8.2.9　碳材料的 SEI 问题

　　形成 SEI 膜是锂离子电池首圈循环的重要特征之一，它的结构和化学组成对碳基负极的锂电池性能展现十分重要，既有不利的一面，又存在有利的一面。一方面，SEI 的形成消耗了锂离子，减小了电池首圈的库仑效率，使得电池的不可逆容量增加。同时，由于 SEI 的电子绝缘性，所以它也增加了电极和电解液界面之间的电阻，造成了电池的电压滞后，从而在一定程度上影响了电池的倍率性能。另一方面，由于 SEI 对有机溶剂的不溶性和不可穿透性，致密的 SEI 膜还能够充当保护层，有效地阻止有机电解液和碳基负极材料的相互接触，增加了负极材料界面的稳定性，避免了它们的进一步反应以及溶剂分子共插入对碳结构的破坏，从而提高碳基负极的可逆容量和循环寿命等电化学性能。

　　SEI 的形成在很大程度上取决于电极材料、电解质盐和所涉及的溶剂。

　　(1)溶剂：大多数高纯度的锂电电解质溶剂都会在电压为 4.6~4.9V 时分解。石墨嵌锂早在 20 世纪 50 年代就已经被发现，但是电解质溶剂的研究方向限制了锂离子电池的发展，最早碳酸丙酯(PC)被尝试，发现电压在 0.8V 时，使用了 PC 溶解的石墨负极产生不可逆反应，石墨结构被剥离，无法继续嵌锂。后来发现是

PC 分子共插层引起，PC 分子还原分解出丙烷，剥离了石墨层。意识到这一点之后，二甲亚砜(DMSO)、乙二醇二甲醚(DME)被尝试替代 PC，结果都无法实现可逆锂脱嵌。80 年代开始使用无定型碳材料，无定型结构阻止了 PC 共插层，但是无定型碳材料容量小，库仑效率低，电压是斜坡曲线，能量密度和稳定性不能兼得。后来，Dahn 等揭示了碳材料表面 SEI 对材料可逆性的影响之后，碳酸乙酯(EC)作为溶剂被用于石墨负极电解液中。通过第一性原理密度泛函理论计算，发现自由的 EC 分子很难被还原，只有溶剂化锂离子之后，EC 可以接受两个电子的还原过程。EC 不稳定，因此其还原电势较高，在极化相对较低的情况下，表面已经堆积了 EC 被还原的产物 SEI，从而钝化了表面，阻止了溶剂共插层。整个过程如图 8-10 所示。这个概念提供了电解质添加剂研发的理论基础，也促成了碳酸亚乙烯酯(VC)抑制负极初始不可逆容量的成功案例[30]。

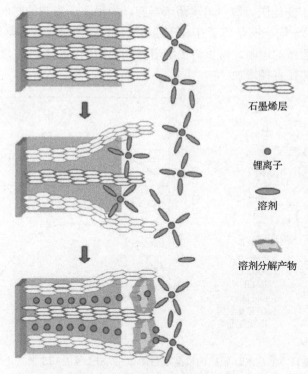

石墨烯层

锂离子

溶剂

溶剂分解产物

图 8-10　SEI 形成过程示意图[30]

(2)锂盐：盐的还原生成不稳定的自由基阴离子，然后，盐阴离子与溶剂进行开环分解反应，生成沉淀于电极表面的无机物。这些沉淀的无机物与溶剂化的 Li$^+$ 一起被束缚在电极上的现有孔中。在不断增长的 SEI 中被困的溶剂化 Li$^+$ 的寿命取决于溶剂分子的供体-受体性质。锂离子电池电解液中添加的盐类有 LiClO$_4$、LiBF$_4$、LiPF$_6$ 等，目前常用的 LiPF$_6$ 的化学性质和热稳定性不佳，分解产生 PF$_5$

和 LiF，PF_5 是强路易斯酸，能引发一系列反应，比如开环聚合、劈裂酯键等。热重分析 $LiPF_6$ 在 200℃ 失重 50%，$LiPF_6$ 还易水解，如果电解质含有微量水分子，就会分解产生 HF，因此 $LiPF_6$ 的纯度要求很高。

受限于原位表征技术和 SEI 的复杂性，详细的 SEI 膜组成部分和形成动力学机制目前还不十分清晰。SEI 的组成复杂，影响因素众多，包括电解质、溶剂、添加剂，甚至是温度、电流密度、碳材料的结构和表面官能团等都可以对 SEI 钝化膜的结构和组成产生影响[31]。通常认为 SEI 膜是由一些基本的无机物(如 Li_2O、LiF、LiOH、Li_2CO_3 等)和有机物[如 $ROCO_2Li$、ROLi、$(ROCO_2Li)_2$ 等]构成的混合体[32]。如图 8-11 所示，SEI 膜中的各种组成成分都不是均匀地排列，如图 8-11(a)所示，它们无序且杂乱地堆积成多层的混合膜。表征这些 SEI 除了拆卸电池借助电镜、能谱、光谱技术分析外，EIS 也是一种简单常用的方法。图 8-11(b)给出了常见的负极 SEI 变化图，图中出现两个半圆，如果两个半圆的时间常数分得足够开，可以认为中频的半圆是离子在 SEI 迁移形成，低频半圆是电荷传递反应引起，高频截距是电解质的电阻。可以看出随着时间的增加，SEI 厚度增加导致与 SEI 相关的中频半圆弧直径增加。

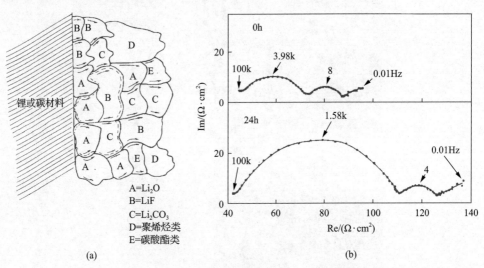

图 8-11　多层 SEI 膜结构模型示意图(a)和 SEI 膜的 EIS 表征(b)[30]

事实上，不仅仅是碳材料表面在电化学嵌锂之前会形成经典的 SEI 膜，并对负极产生重大影响，在其他负极材料中，该层钝化膜同样存在。甚至在正极材料表面也会有少量的 SEI 出现，只是现阶段认为其对于电池性能的影响小于负极表面 SEI 对电池的影响，因此对于 SEI 的研究一直是全世界锂电池领域的研究重点和热点。

8.2.10 CNT 储 Li 位点

碳纳米管(carbon nanotubes，CNT)，管状的纳米石墨晶体，是石墨片卷曲而成的无缝管状结构。根据石墨片的层数其可以分为单壁碳纳米管(single-walled carbon nanotubes，SWCNT)和多壁碳纳米管(multi-walled carbon nanotubes，MWCNT)，见图 8-12。后者的特征是同心圆层，其间距为 0.34nm。自从 1991 年日本电子显微镜专家 Iijima 教授首次发现了 CNT 后[33]，由于 CNT 的纳米尺寸和有趣的力学和电学特性，它被广泛地应用于各个领域。

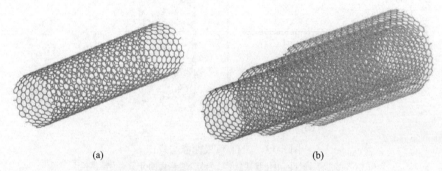

(a)   (b)

图 8-12 单壁碳纳米管(a)和多壁碳纳米管(b)

早在 1997 年，Béguin 等就用 X 射线衍射(XRD)和红外光谱(IR)研究了锂与 CNT 的相互作用[34]，他们发现锂和 CNT 可以形成接近 LiC_2 的锂-碳化合物，对应的理论容量高达 $1116mAh \cdot g^{-1}$。锂离子可以通过端帽或者侧壁开口有效地扩散至纳米管表面或单个纳米管内部的稳定位置。对于 MWCNT，锂离子的插入可以发生在管层之间，对于 SWCNT，锂离子可以填充其管束的间隙位置。此外，很多的理论研究还表明，除了 Li_xC 提供的容量外，SWCNT 复杂的曲率结构还可以诱导 Li 在其内部聚集，这就意味着超过 $1116mAh \cdot g^{-1}$ 的超高比容量是可以实现的[35]。研究表明，材料的纯净度对电极的电化学性能至关重要，对于纯净的 SWCNT 负极，其锂离子可逆容量可以达到 $400\sim460mAh \cdot g^{-1}$。

碳纳米管具有优良的导电性能，有助于提高电池的性能。Choi 等将 MWCNT 生长在铜箔上形成连续的导电通路，在 $3C$ 下获得了 $1500mAh \cdot g^{-1}$ 的比容量，而且循环 50 圈[图 8-13(a)]，容量衰减不明显[36]。为了研究锂离子的扩散迁移规律，Nishidate 等[37]采用第一性原理分子动力学方法模拟了带有不同缺陷的 CNT[图 8-13 (b)]，发现在缺陷较大的 CNT 中锂离子可以穿过曲线进入 CNT 管内，说明 CNT 储锂动力学快慢依赖于管壁缺陷尺寸。黄建宇教授采用原位透射电子显微镜观察了 CNT 被锂化的过程(图 8-14)。锂化过程中 CNT 的层间距从 3.4Å 增加到 3.6Å，相当于 5.9%的径向膨胀，产生了 50GPa 的张应力，原为直线的 CNT 开始变得扭曲，

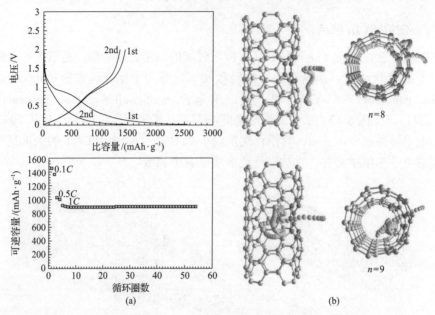

图 8-13　CNT 负极性能与模拟

(a)CNT 负极脱嵌锂的电化学性质[36]；(b)CNT 嵌锂的分子动力学模拟[37]

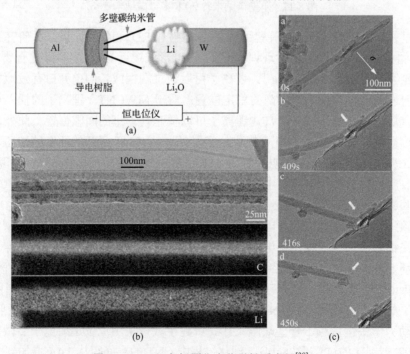

图 8-14　CNT 负极原位电化学性质表征[38]

(a)原位透射电子显微镜样品杆上微电池的示意图；(b)CNT 的 TEM 图和能谱元素分布；
(c)CNT 负极嵌锂过程的力学弯折实验

原位压缩弯折实验发现 CNT 变脆。这种锂化变脆现象由管壁间的点应力所致,同时锂离子嵌入导致电子填充在反键 π 轨道,从而弱化了 C—C 键,总和力学和化学作用导致锂脆现象[38]。

虽然纯净 CNT 材料可以储存大量的锂,但是它作为实际运用的锂离子电池负极有不少缺点,例如:库仑效率低,由于 SWCNT 的结构缺陷和大的比表面积,导致了表面 SEI 膜的形成会消耗更多的电解质,造成较大的不可逆容量;氧化还原的电压平台不明显,根据恒电流充放电测试可以发现,CNT 负极的充放电曲线成斜坡状,说明锂离子可能只是位于 CNT 的活性位点;结构不稳定,锂离子会插入到 CNT 各种曲率的节点处,长期的循环会破坏它的结构,使得 CNT 的晶格损坏,不再具备储锂能力;动力学缓慢,对于 MWCNT 材料,由于锂离子嵌入和脱出的迁移距离较大,存在极大的极化和电压滞后。

最后值得说明的是,CNT 作为负极材料,可以储锂,但是循环性能不及石墨,CNT 较高的长径比使其通常作为导电添加剂引入锂离子电池负极中,而非储锂材料。

8.2.11 石墨烯

石墨烯(graphene)是一种二维碳材料,它的原子排列方式和解离的单层石墨相同,都是按 sp^2 杂化轨道的六方晶格。目前,制备石墨烯的方法主要有机械剥离法、外延生长法、化学气相沉积法、化学氧化还原法、电弧放电法等。其中化学气相沉积法和外延生长法所制备的石墨烯质量较高,但是其制备工艺要求较高而不利于批量生产。而基于氧化还原反应的化学剥离法由于其成本低廉、方法简单而备受关注,大多数的储能材料研究都是通过该方法进行石墨烯的制备。化学氧化还原法首先使用氧化剂将天然石墨氧化,得到层间距变大的氧化石墨(graphite oxide,GO)。再通过物理剥离、高温膨胀等方法对 GO 粉体进行剥离,制得氧化石墨烯。最后通过化学法将氧化石墨烯还原,得到石墨烯。虽然这种方法简单经济,但是同样存在不少缺点,所制备的石墨烯质量不高,表面会含有大量的官能团和缺陷。

石墨烯应用于锂离子电池电极材料,作为负极材料,它具有以下的优势:①高容量,锂离子在石墨烯中能进行非化学计量比的嵌入和脱出。一种理论认为这主要得益于石墨烯巨大的比表面积,锂离子可以吸附在其表面[39],形成 Li_2C_6 化学计量比,得到约 $780mAh \cdot g^{-1}$ 的比容量。另一种理论认为锂离子通过共价键被固定在碳六元环中心[40],对应的化学计量比为 LiC_2,与 SWCNT 类似,获得约 $1116mAh \cdot g^{-1}$ 的比容量。此外,石墨烯表面存在大量的缺陷都可以被证明能够吸附锂离子,所以它的储锂能力可以高达 $700 \sim 2000mAh \cdot g^{-1}$;②高倍率,多层石墨烯构建的负极材料具有高于石墨的层间距,加上石墨烯在制备过程中出现的一些多孔现象，锂离子可以在材料体中快速地嵌入和脱出。这种表面储锂的方式被黄建宇教授用原位透射电子显微镜证实，如图 8-15 所示，可清楚实时观察表面金属锂的沉积过程，这种石墨烯表面储锂后力学性能比储锂后的 CNT 要好很多，作者原位测试弯折实验，显示锂化的石墨烯具有很强的弯折能力，这是因为锂沉积在表面和石墨烯后的作用相比 CNT 要弱很多，不影响石墨烯变形。MWCNT 锂化后变脆是因为多层 CNT 限制和反键轨道被填充的原因。因此，石墨烯被用于锂离子电池负极中，充当导电剂，好的力学性能有助于石墨烯在锂化和脱锂状态都保持较好的导电性。

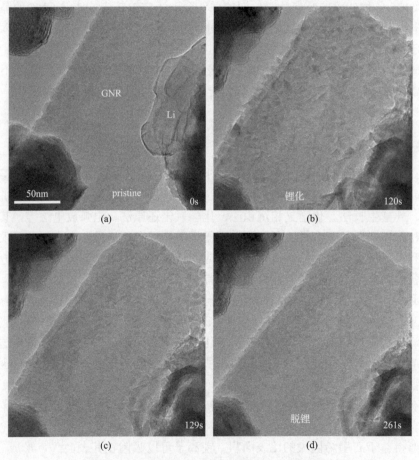

图 8-15 原位透射电镜研究石墨烯脱嵌锂离子[41]

尽管石墨烯锂离子电池的概念很多，纯石墨烯和石墨烯基复合材料在锂电池中已经逐渐被使用，但是实际对于深入理解石墨烯与锂离子电池电极之间关系的研究工作仍然有限，石墨烯如何发挥作用，石墨烯的效果等都需要实践和理论方面的佐证。目前石墨烯和 CNT 相似，在锂离子电池中能确认的应用，主要是利用它高的电子电导率以及热导率等特点。

8.3　钛酸锂负极

尖晶石型钛酸锂($Li_4Ti_5O_{12}$)是一种"零应变"嵌入材料，其因优良的循环性能和稳定的结构而成为锂离子电池负极材料中受到广泛关注的一种材料。尖晶石型 $Li_4Ti_5O_{12}$ 具有 1.55V 的放电电压，高电压避免了金属锂在负极的沉积，当然也限制了电池的总体电压。$Li_4Ti_5O_{12}$ 理论容量为 $175mAh\cdot g^{-1}$，实际容量保持在 150~160$mAh\cdot g^{-1}$，虽然 $Li_4Ti_5O_{12}$ 理论容量较其他负极材料低，但是由于 $Li_4Ti_5O_{12}$ 具有稳定的结构以及三维锂离子扩散通道，使得 $Li_4Ti_5O_{12}$ 可以进行大倍率充放电[42]。同时经过上千次循环仍能有较好的容量保持率，在充放电过程中材料结构稳定，循环性能和安全性能优异。$Li_4Ti_5O_{12}$ 作为锂离子电池负极材料能够在大多数液体电解质的稳定电压区间使用、库仑效率高(接近 100%)、锂离子扩散系数比普通碳负极高一个数量级(为 $2\times10^{-8}cm^2\cdot s^{-1}$)，是一种重要的锂离子电池负极材料。

8.3.1　$Li_4Ti_5O_{12}$ 的晶体结构

$Li_4Ti_5O_{12}$ 的晶体结构如图 8-16 所示，与尖晶石"$(A)[B_2]O_4$"结构相似。晶胞常数 a=0.836nm。空间点阵群为 $Fd\bar{3}m$，氧离子构成 fcc 的点阵，位于 32e 的位置，3 个 Li^+ 则位于 8a 的四面体间隙位置中，Ti 和剩余的 Li(Li/Ti=1/5)位于 16d 的八面体间隙位置中，其结构式可写作：$[Li]_{8a}[Li_{1/3}Ti_{5/3}]_{16d}[O_4]_{32e}$[43]。

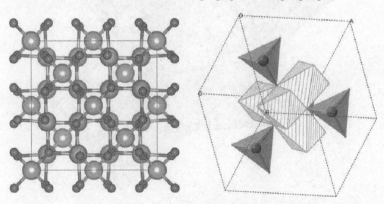

图 8-16　钛酸锂的晶体结构

8.3.2　$Li_4Ti_5O_{12}$ 的物理化学性质

$Li_4Ti_5O_{12}$ 用作锂离子负极材料时有尖晶石的三维网状通道，供 Li 离子迁移。

外来的 Li 进入到 $Li_4Ti_5O_{12}$ 的晶格中首先占据着 16c 空位，原来在四面体 8a 位置的锂开始向 16c 位置移动，最后所有 16c 位置都被 Li 所占据填充，形成岩盐结构的 $[Li_2]_{16c}[Li_{1/3}Ti_{5/3}]_{16d}[O_4]_{32e}$。反应后，晶胞参数 a 收缩到 0.835nm，电极体积变化很小（<0.3%），因此被称为"零应变"电极材料。其电化学反应可以用如下的方程式表示[44]：

$$Li_{(8a)}\left[Li_{1/3}Ti_{5/3}^{4+}\right]_{(16d)}O_{4(32e)} + Li^+ + e^- \underset{充电}{\overset{放电}{\rightleftarrows}} Li_{2(16c)}\left[Li_{1/3}Ti_{2/3}^{4+}Ti^{3+}\right]_{(16d)}O_{4(32e)}$$

目前认同的 $Li_4Ti_5O_{12}$ 的嵌锂机理为尖晶石型 $Li_4Ti_5O_{12}$ 向岩盐型 $Li_7Ti_5O_{12}$ 转变。上述反应方程式中，锂的嵌入和脱出是一个两相过程，当 Li^+ 嵌入晶格时，处于正四面体 8a 位置的 Li^+ 被挤到正八面体 16c 位置，晶格转换成为岩盐相的 $Li_7Ti_5O_{12}$[45]。8a 位置的锂离子可以移动到16c 位相连接的两个四面体 8a 的空位上。八面体 16d 和 16c 位之间连接有 48f 为中心的四面体，因此，锂离子可以通过路径 8a→16c→8a 扩散，也可以通过 8a→16c→48f→16d 来扩散。锂离子具有二维的扩散通路[46,47]。锂离子的扩散过程如图 8-17 所示。

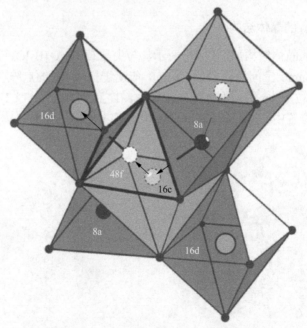

图 8-17 Li^+ 在 $Li_4Ti_5O_{12}$ 晶体中的扩散路径图[47]

由此可见，$Li_4Ti_5O_{12}$ 材料的可逆容量大小取决于可以容纳 Li^+ 的八面体空隙（16c）数量。一般认为在充放电 1～3V 之间，随着嵌入的 Li^+ 增加，越来越多的 Ti^{4+} 被还原成 Ti^{3+}，晶体的导电能力也得到了增强，其电导率能达到 $10^{-2}S\cdot cm^{-1}$，这样的电导率保证了两相转变的高度可逆。当以 $Li_4Ti_5O_{12}$ 为正极,锂片作为负极进行半电池实验,$Li_4Ti_5O_{12}$ 的平均放电平台为 1.55V,充电平台为 1.65V,放电曲线平台明显,$Li_4Ti_5O_{12}$ 的充放电曲线如图 8-18 所示。

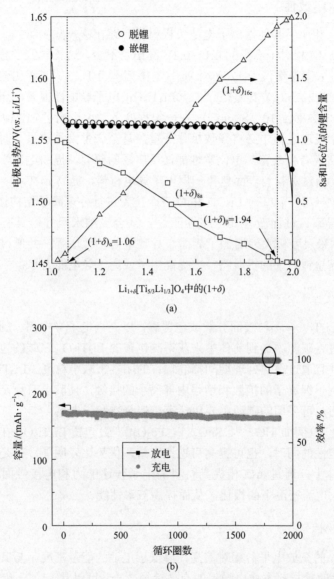

(a)

(b)

图 8-18 $Li_4Ti_5O_{12}$ 的充放电曲线[48] (a) 及纳米多孔 Cu 骨架支撑 $Li_4Ti_5O_{12}$ 的循环性能[49] (b)

$Li_4Ti_5O_{12}$ 作为锂离子电池负极材料可以与 $LiNiO_2$、$LiCoO_2$、$LiMn_2O_4$ 等正极材料(约 4V)组成开路电压为 2.4~2.5V 的电池。相对于其他负极材料,由于 $Li_4Ti_5O_{12}$ 具有价格低廉、制备容易、循环性能好、不与电解液反应、全充电状态下有良好的热稳定性，它有望成为车载锂离子动力电池负极材料。当然 $Li_4Ti_5O_{12}$ 的缺点也很明显，下面介绍为克服 $Li_4Ti_5O_{12}$ 劣势的改性方法。

8.3.3　$Li_4Ti_5O_{12}$ 改性

$Li_4Ti_5O_{12}$ 相比于其他锂离子电池负极材料，存在着一些劣势：①工作电压平台高，为 1.55V，相对于石墨的 0.1～0.2V 高出了不少，这就导致了整个电池的能量密度下降[50]；②容量仅为 175mAh·g^{-1}（电压范围为 1～3V），相比较目前商业化石墨材料的 372mAh·g^{-1} 有差距[51]；③$Li_4Ti_5O_{12}$ 电子导电性很差，属典型的绝缘体（室温下其电导率仅 10^{-13}S·cm^{-1}），在一定程度上大大影响了 $Li_4Ti_5O_{12}$ 的倍率性能，在电化学反应过程中必将导致极化严重，甚至产生大量热量，对电极性能非常不利[52]。研究者为改善其电化学性能做了广泛的研究，提高电化学性能的最常见策略是：①通过对材料表面包覆一层电子导电材料，提高 $Li_4Ti_5O_{12}$ 的电子导电能力或离子电导率[53]；②对 Li、Ti 和 O 三个位置进行外来离子结构掺杂，提高材料的电子电导率，进而改善其倍率性能[54]；③合成纳米尺寸、具有特殊形貌的 $Li_4Ti_5O_{12}$，纳米尺度极大地增加了界面，导致电荷转移增强，并通过将粒径减小至纳米级以缩短锂离子的扩散路径来提高电子或离子导电能力[55]。

1. 包覆改性

可以在 $Li_4Ti_5O_{12}$ 颗粒表面分散或包覆碳，以充当电子导电相。制备 $Li_4Ti_5O_{12}$ 过程中，通过将碳源添加到前体中来获得碳包覆的 $Li_4Ti_5O_{12}$。碳的包覆不影响尖晶石结构，并且通过在热处理期间抑制颗粒的团聚来减小粒度。$Li_4Ti_5O_{12}$ 的表面纳米碳层有利于锂离子的扩散和增强内部离子的接触，使其具有更高的容量和更好的速率能力。可采用的碳源主要包括有机聚合物和导电剂[56]。

金属氧化物（例如 TiO_2[57]、SnO_2[58]、Fe_2O_3[59]等）包覆 $Li_4Ti_5O_{12}$ 在提高其导电性和循环稳定性的同时，也可提高可逆比容量，优势比较明显，但是制备工艺比较复杂。总体上，通过第二相提高材料的电子传递能力和电接触面积，减少了 $Li_4Ti_5O_{12}$ 在大电流密度下的极化，从而提高倍率性能。

2. 掺杂改性

$Li_4Ti_5O_{12}$ 的充放电平台相对偏高，降低了电池的能量密度。与其他电极材料一样，掺杂是改善材料本体电导率的有效途径之一，可以从 Li、Ti 和 O 三个位置进行掺杂。可以通过对 Li、Ti 位置的阳离子掺杂，降低 $Li_4Ti_5O_{12}$ 的脱锂电势，使得电池体系的能量密度有所提升[60]。或者在 O 位进行阴离子掺杂，由于电荷补偿的效应，可以改变 Ti^{4+} 和 Ti^{3+} 的数量，这样不仅可以减少 Li 的电荷转移电阻，而且还改善了锂离子的扩散[61]。掺杂离子的半径与本体材料中的离子半径各不相同,所以掺杂后的材料在一定程度上会有更多的间隙,这有利于 Li^+ 在材料内部的迁移,进而提高了材料的离子扩散系数。

3. 纳米化改性

纳米化是指合成纳米尺度的 $Li_4Ti_5O_{12}$ 负极材料,它们的形貌各异,如纳米颗粒、纳米球、纳米管和纳米棒等。电极活性材料的电化学性能取决于其粒径和微观结构,降低块状 $Li_4Ti_5O_{12}$ 的晶粒尺寸可以缩短锂离子的扩散距离并提高电子导电性能[62]。同时,当材料达到纳米尺度时,良好的分散性可以增加电极与电解质的接触面积,与电解质的接触更加充分。可以促进 Li^+ 和电子的传输,因此可以提高倍率性能[63]。

$Li_4Ti_5O_{12}$ 负极材料是目前少数几个能够实际工业应用的负极材料之一,钛酸锂负极在军工设备、城市公交大巴、电网储能方面已经展示出产业化的潜力。钛酸锂工业化生产的主要阻力是能量密度低,一次成本较高,但这也无法掩盖钛酸锂的高功率密度、高安全性、寿命长、平均使用成本低等众多优势。

8.3.4 其他类型钛酸锂负极

氧化钛体系中存在很多符合化学计量比和非化学计量比的化合物,它们的晶型各异,并且具有不同的制备方法。其中除了上面介绍的 $Li_4Ti_5O_{12}$ 以外,尖晶石结构的 $LiTi_2O_4$ 是一种新型有发展前景的负极材料。

1. $LiTi_2O_4$ 负极材料

$LiTi_2O_4$ 与 $Li_4Ti_5O_{12}$ 属同系化合物,由于两者具有类似的结构和相同元素组成,因此推测这两者应该具有相似的电化学性能。$LiTi_2O_4$ 也具有立方尖晶石结构,其理论容量为 $160mAh\cdot g^{-1}$(从 $LiTi_2O_4$ 到 $Li_2Ti_2O_4$)。与 $Li_4Ti_5O_{12}$ 相比,一方面,$LiTi_2O_4$ 中钛的价态相对较低,钛的平均价数为 3.5,导致其能带只填充一半,这意味着该材料将具有出色的导电性。$LiTi_2O_4$ 负极材料在 20℃时的电阻率约为 $1.8m\Omega\cdot cm^{-1}$,远小于 $Li_4Ti_5O_{12}$,因此 $LiTi_2O_4$ 应该具有更好的循环性能和倍率性能[64]。

$LiTi_2O_4$ 有两个同质异相体,都属于面心立方晶系,矿物结构分别为尖晶石和斜方锰矿结构,这两种结构都适合锂离子的脱嵌,其中研究最多的是尖晶石结构的 $LiTi_2O_4$,其空间群为 $Fd\bar{3}m$,晶体结构示意图如图 8-19 所示。在 $LiTi_2O_4$ 中 O^{2-} 占据 32e 位置,构成面心立方点阵(fcc),Li^+ 占据 8a 位置,Ti^{3+} 和 Ti^{4+} 占据 16d 位置,因此 $LiTi_2O_4$ 的化学式可表示为 $[Li]_{8a}[Ti_2]_{16d}[O_4]_{32e}$,其晶格常数为 $a=0.8405nm$[65]。$LiTi_2O_4$ 的高温形式呈现斜方锰矿结构,空间群为 $Pbnm$,其中 O^{2-} 占据 32e 位置,Ti^{3+}、Ti^{4+} 占据 16d,Li^+ 位置目前尚未得到一个统一的结论,有待进一步研究[66]。

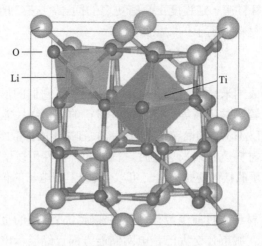

图 8-19　$LiTi_2O_4$ 的结构示意图

当 $LiTi_2O_4$ 嵌锂时，在嵌锂时嵌入的 Li^+ 和原本位于 8a 位置的 Li^+ 全部迁移至八面体间隙，即 16c 位置，最终全部占据 16c 位置，Ti^{3+}、Ti^{4+} 的位置不变。整个嵌锂过程晶格常数由 0.8405nm 减小到 0.8378nm，体积变化小于 1%[67]，与 $Li_4Ti_5O_{12}$ 体积变化类似，也是一种"零应变材料"，循环稳定性好。

尖晶石相的 $LiTi_2O_4$ 负极材料的电压为 1.36~1.338V[68]，后续研究发现了 TiO_2 的其他结构也有相似的可逆 Li 脱嵌电化学性质。尤其是纳米结构的 TiO_2 的比容量（~300mAh·g^{-1}）超过了尖晶石相 $LiTi_2O_4$。

2. TiO_2 作为负极材料的研究

TiO_2 有四种晶型结构，最常用的分别是金红石结构、锐钛矿结构[图 8-20(a)]、板钛矿结构及 TiO_2-B 结构。TiO_2 作为电池的负极材料具备以下特点：①充放电过程中的嵌入/脱嵌锂电势达 1.7V，可以有效地避免阳极表面固体电解质界面膜（SEI 膜）和锂枝晶的形成，从而大大提高锂离子电池的整体安全性[69]；②晶格中的 Ti—O 八面体在空间延展成为三维网状结构，中间的空位可以为嵌入的碱金属提供位置，可逆容量大并且在单位计量内可以储存更多的锂[70]；③二氧化钛负极材料在充放电过程中，锂离子嵌入/脱嵌时的体积变化较小（锐钛矿小于 4%），结构稳定性比较高，提高了锂离子电池的使用寿命[71]。在充放电过程中，锂离子与二氧化钛发生的氧化还原反应过程如下所示：

$$2TiO_2 + xLi^+ + xe^- == Li_xTiO_2$$

其中，x 的范围可能为 $0\sim1$，具体取决于 TiO_2 的晶型、大小和形态。从理论上分析，嵌入一个 Li^+，TiO_2 可达到的理论容量均为 $335mAh\cdot g^{-1}$，此时对应于 Ti^{4+} 被还原成 Ti^{3+}。锂离子在不同晶型中具有不同的扩散方式和嵌入效果，块状金红石结构 TiO_2 在常温下的嵌锂系数非常低 $(x<0.1)$，只能容纳微不足道的 Li 离子 $(<0.1mol\ Li/TiO_2)$，因为其晶体结构仅有利于 Li^+ 沿 c 轴通道扩散，从而限制了 Li^+ 的扩散。Li^+ 在板钛矿中的扩散因受到其结构的限制，是一维扩散过程，因此理论比容量较低。锐钛矿中锂离子的扩散是二维过程，它提供了一种用于锂离子插入的曲折路径，可以通过减小其颗粒尺寸来增加其表面积，从而提高其嵌锂能力[72]。

Tang 等[73]采用控制锂化和烧结条件等方法制备出了 $Li_4Ti_5O_{12}$ 和锐钛矿、金红石结构 TiO_2 三相组合的复合材料[图 8-20(b)]。这种复合材料可以降低一次颗粒的大小，但是不会牺牲振实密度。三种氧化钛的复合负极增加了相界面而非颗粒表面，从而降低锂离子形成 SEI 的消耗量。图 8-20(c)显示 $Li_4Ti_5O_{12}$ 贡献主要的锂离子存储能力，TiO_2 和 $Li_4Ti_5O_{12}$ 储锂反应发生在不同的电势。电流密度从 $200mA\cdot g^{-1}$ 增加到 $8000mA\cdot g^{-1}$，比容量从 $170mAh\cdot g^{-1}$ 降低到 $150mAh\cdot g^{-1}$ [图 8-20(d)]。这种复合材料显示出良好的循环性能，经历 1000 圈的循环，每圈循环容量损失仅为 0.02%[图 8-20(e)]。

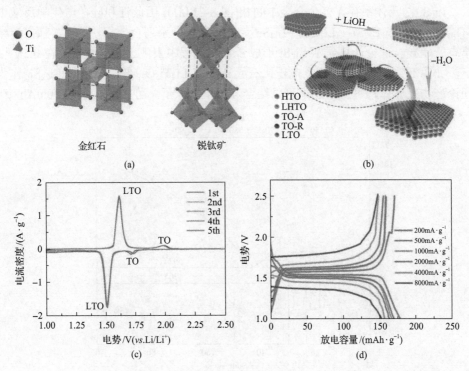

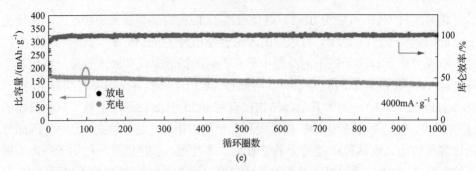

(e)

图 8-20　TiO$_2$ 结构和电化学性能[73]

(a) TiO$_2$ 的两种典型晶体结构示意图；(b) Li$_4$Ti$_5$O$_{12}$ 和锐钛矿、金红石结构 TiO$_2$ 三相组合的复合材料示意图；
复合材料的 (c) CV 曲线；(d) 充放电曲线；(e) 循环容量变化曲线

8.4　硅 负 极

8.4.1　硅负极的基本性质

1. Si 的容量和电压

Li-Si 二元体系存在多个合金中间相[图 8-21 (a)]，因此锂和硅在电化学反应中可能存在 LiSi、Li$_2$Si$_7$、Li$_{15}$Si$_4$、Li$_4$Si 及 Li$_{22}$Si$_5$ 等一系列合金相，不同文献报道结果有所差异。理论计算显示 Li-Si 形成合金相过程中表现出的电压一般在 0.5V 以下，如图 8-21 (b) 所示，这个电压比石墨高，比 Li$_4$Ti$_5$O$_{12}$ 低，如果以 Li$_{22}$Si$_5$ 作为理论产物来计算，每个硅原子可以结合 4.4 个锂原子，可提供高达 4200mAh·g^{-1}

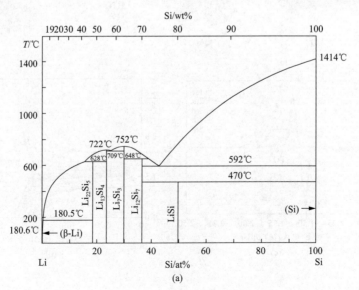

(a)

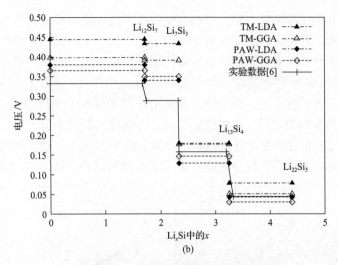

图 8-21　Li-Si 体系相图与电压计算

(a) Li-Si 相图[74]；(b) 第一性原理计算的 Si 负极在 415℃电压-组成曲线（图中不同数据点是采用不同算法的结果）[75]

的理论质量比容量以及 9786mAh·cm^{-3} 的体积比容量，远超石墨负极的理论容量（372mAh·g^{-1}），是除锂金属之外最高的负极材料。当然也要注意到这里的比容量计算单位是基于纯硅的量，尤其对于体积比容量来说，用脱锂的硅体积作为基准，不一定合理，因为锂化之后的硅体积膨胀 300%，实际上用膨胀之后的电极体积作为基准，或许更容易被工业界接受。

2. Si 负极的电压回线

在 Si 和后面将要讲述的其他类型的合金材料中，充放电曲线之间电压差明显，这种电压差称为电压回线（voltage gap 或者 hysteresis），会导致充放电效率降低。回线的存在是热力学和动力学共同作用的结果，在很多材料中具有一定普遍性。图 8-22 (a) 显示的是当扩散是一个限制因素时，形成能效应随组成的变化。形成能 E_f 定义为[76]：

$$E_f(x) = E_{Li_xSi} - (xE_{Li} + E_{Si})$$

其中等式右边是硅化锂与金属锂和单质硅之间的能量差，那么电压与化学势成反比，化学势代表无限小量 Li 嵌入 Si 中 Gibbs 自由能变化，所以有下式：

$$V(x) = -\frac{1}{e}\frac{dE_f(x)}{dx}$$

如果锂嵌入速度比锂在 Si-Li 体系中扩散速率快，就会产生浓度梯度，局部增加的锂浓度导致形成能比平衡状态高。总体上，材料比平衡状态不稳定，这种情况形成能曲线依赖于锂化速度。对应倍率增加时，充放电曲线之间间距增加，这是动力学对电压回线的影响，动力学的贡献可以通过无限降低充放电速率来消除或者减少其影响。但实际上降低充放电倍率至 $C/100$，依然可以看到电压回线，这表明存在另外一个因素不随倍率而变化。这个影响电压曲线下降或者上升趋势的因素涉及化学键的断裂问题，当锂原子嵌入 Si 晶格中时，需要断裂 Si—Si 键。石墨结构中不需要断裂 C—C 键，所以石墨中锂离子脱嵌的电压回线间距不大。断裂 Si—Si 键需要跨越能垒，在势能面上从一个能量局部最小值迁移到能量最小区，其穿越轨迹上存在一个不稳定结构，导致了能垒的存在，锂含量越低，越多的 Si—Si 键需要打断，所以能垒越高，导致形成能的增加，如图 8-22(b)所示。

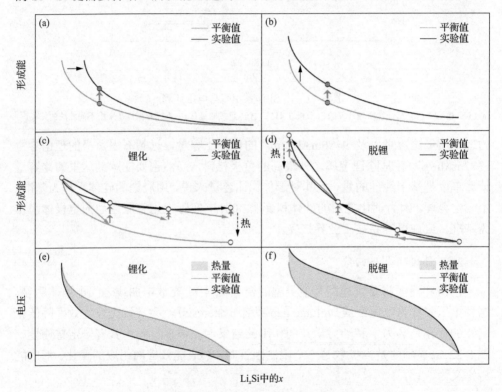

图 8-22　电压回线产生机理讨论[76]

(a)扩散过程导致形成能增加；(b)化学键断裂导致的形成能增加；
(c)锂化和(d)脱锂过程中形成能变化；(e)锂化和(f)脱锂过程中电压曲线和平衡值关系

图 8-22(c)、(d)显示的锂化和脱锂过程中形成能变化关系，无论是脱锂还是嵌锂过程，形成能都比平衡值要高，但是二者变化斜率不同。图 8-22(c)所示锂化过程中 Si 起始，越多 Li 嵌入，形成能降低得没有平衡值快，多出来的额外的能量被用于克服扩散过程和断裂 Si—Si 键的能垒，最终以热能释放。注意这里黑色线的斜率绝对值降低表明电压值低于平衡值，产生的锂化电压曲线低于平衡值。与图 8-22(d)类似，但是充电过程中能垒导致黑色线条上翘趋势更陡，曲线斜率绝

对值增加，导致充电电压曲线高于平衡值，得到图 8-22(f) 的形式。图 8-22(e)、(f) 中阴影区域最终以热能形式释放，是充放电能量效率降低的原因所在[76]。

3. Si 负极的问题

硅具有非常高的比容量，但是硅的容量保持能力通常较差。早期的研究表明[77]，硅负极在循环过程中容量迅速衰减。10μm 的硅微粉，第一次锂化可获得高容量，随循环圈数的增加而迅速衰减，仅经过 5 圈循环，硅电极的可逆容量就下降了 70%。此外，该硅负极在第一个循环中的不可逆容量损失过高，库仑效率过低，与实际应用需求差距较大。一般认为，在脱锂过程中，硅负极的容量衰减和初始不可逆容量大是由负极巨大的体积变化所引起。通过原子力显微镜和理论计算发现[78]，硅负极的体积膨胀发生在锂化过程中，而收缩发生在脱锂过程中。从 Si 到 $Li_{4.4}Si$，体积变化为原来的 420%，体积膨胀率与锂离子浓度之比几乎是线性的。体积的膨胀/收缩会产生较大的应力，这些应力会导致硅的开裂和粉化，从而导致电接触损耗和最终的容量衰退。这一机制可能解释了在早期使用大块硅、薄膜和大颗粒硅的研究中观察到大部分容量衰减。硅负极的体积巨大变化也给整体电极的制备和使用造成了重大的挑战。在嵌锂过程中，硅颗粒相互膨胀和挤压，在脱锂过程中，硅粒子会收缩，导致其周围的电接触脱离。这种剧烈的电极形态变化会进一步导致容量衰减。此外，由于锂化和脱锂作用，整个硅负极的总体积也会增加或减少，导致电极脱落和失效，给整个电池的设计带来问题。这是硅体积变化机械效应产生的不可逆容量。

此外，硅作为负极材料，较低电压容易还原电解质，在表面形成 SEI 层，SEI 层的变化是影响硅循环性能的另外一个重要因素。理想的 SEI 层应当是致密而稳定的，能够导通离子但是对电子绝缘。大量实验和表征研究证实了 Si 表面形成的这种钝化 SEI 膜，主要由 Li_2CO_3、各种烷基碳酸锂 (ROCO_2Li)、LiF、Li_2O 和非导电聚合物组成[79]。硅与液体电解质界面的 SEI 稳定性是获得长循环寿命的关键因素。然而，硅负极体积变化过大，很难形成一个稳定的 SEI。Si 颗粒在成锂过程中向电解质方向膨胀，在脱锂过程中收缩。锂化(膨胀)状态中形成的 SEI 可以在粒子脱锂过程中收缩时被破坏。这会重新暴露新的硅表面与电解液接触，使得新的 SEI 再次形成，导致在充放电循环中生成更厚的 SEI，持续充放电就会消耗可循环的锂离子，从而导致电池失效。

8.4.2　纳米硅

1. 硅纳米线和纳米管

为了克服硅负极巨大体积变化带来的循环性能差的问题，各种硅材料的纳米结构设计已经被报道，包括纳米薄膜、纳米线和纳米颗粒等(图 8-23)。研究表明这些纳米结构设计能一定程度缓解体积效应及其所带来的问题。从机械应力角度考虑，纳米结构或纳米尺度的电极可以为硅膨胀提供一定自由空间，并使纳米结构能耐受相对高的应力应变。Cui 等[80]最早设计了纳米硅线结构，并显示出接近理论值的比容量($4200mAh \cdot g^{-1}$)，虽然当时仅提供了 10 圈的循环，但显示纳米硅可以发生 400%的形变，却没有发生断裂，这项研究引发纳米结构 Si 负极研究的热点。Liu 等[81]在纳米硅表面包覆了碳材料，实现了 $1489mAh \cdot g^{-1}$ 的比容量，而且在 20 圈后，库仑效率高于 99.5%。Takamura 等[82]发现将 50nm 的硅沉积在 Ni 箔上，获得了 $3600mAh \cdot g^{-1}$ 的比容量，并且循环了 200 圈，库仑效率接近 100%。

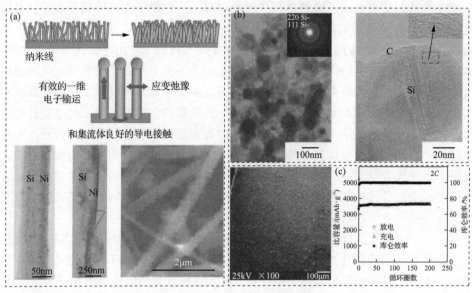

图 8-23　纳米 Si 性能结构研究
(a)Si 纳米线[80]；(b) Si 纳米颗粒[81]；(c) Si 纳米薄膜(50nm 厚)[82]

　　这些研究证明纳米结构可容许硅在锂化过程中的膨胀，转移或者适应相变过程中积累的应力，从而缓解电极粉末化现象，一定程度提高了电极的可逆性和循环稳定性。薄膜状纳米硅负极，由于硅附着在衬底上，与衬底有很强的附着力，在充放电过程中会经历各向异性的体积变化。颗粒状硅负极不受基质黏附的限制，充放电过程中在三维空间各方向上扩展，从而允许应力快速释放，使得纳米颗粒比块状颗粒更抗断裂。总结实验数据，产生了"临界尺寸"概念，通过计算和比较部分脱锂化硅纳米颗粒(由锂化的核心和去锂化的壳层组成)的应力失配能，发现对于直径≤10nm 的硅纳米颗粒，在循环过程中不会发生断裂。临界尺寸反映了材料抵抗锂化产生应力应变的能力，虽然不同研究得出具体数值可能有差异，但对于硅材料，临界尺寸一般在几十纳米以下。另外的研究发现，薄膜材料的临界断裂应力随着薄膜厚度的减小而增大，可由 Griffith-Irwin 关系描述[83]：

$$\sigma = \frac{K}{\sqrt{\pi d}}$$

σ 为临界断裂应力；K 为材料的断裂韧性；d 为薄膜厚度。这印证了薄膜负极的电化学性能一般随着薄膜厚度的减小而提高。Griffith-Irwin 关系似乎也可以推广至零维纳米颗粒和一维纳米线，所谓纳米材料的特征尺寸在临界尺寸以下，有助于提高硅的循环性能。

除了从力学性能考虑纳米化方法的优势外，在纳米颗粒和纳米线结构表面包覆特定功能层能进一步改善硅负极的电化学性能。Wu 等[84]设计了一种双壁的 Si 纳米管，内管是活性的 Si，外管是具有锂离子导通能力的 SiO_x。在这种设计中，电解质只接触外管，所以形成了稳定的外壁 SEI，这层 SEI 在循环过程中比较稳定，内层的 Si 在循环过程中，向内膨胀收缩，受到了外壁的机械约束。这种双壁设计避免了单纯 Si 纳米线或者 Si 纳米管体积膨胀导致的 SEI 层破坏现象。在单纯 Si 纳米线或者 Si 纳米管负极，最终由于不断消耗锂离子形成了大量的 SEI[图 8-24(a)]，但是双壁 $Si-SiO_x$ 设计在循环过程没有过度累积表层 SEI，所以电化学性能得到了显著提高，实现了 6000 次循环，容量保持率在 85%。Yushin 等[85]采用阳极氧化铝多孔(AAO)膜作为模板，在 AAO 孔内依次沉积了碳和 Si，刻蚀掉 AAO 得到了一个外壁为 CNT，内壁为 Si 纳米管的复合结构[图 8-24(b)]，这种复合结构中 CNT 充当导电通路连接到集流体 Cu 箔上。管内的 Si 是活性物质，充放电过程在内部膨胀收缩，刚性的 CNT 管壁对内部 Si 存在机械约束。Si 含量在 9wt%时，电极能够提供接近理论的比容量，也没有观察到 Si 的脱层。含量 33wt%的 Si 在循环过程显示 $700mAh \cdot g^{-1}$ 的总体比容量和接近 99%的库仑效率。

从这些报道可知，Si 纳米线特殊的结构对缓解体积膨胀问题有所帮助，膨胀带来的粉末化问题，可以通过减少颗粒维度得到缓解，但是另一方面却增加了 Si 暴露在电解液中的表面积，为了削减 SEI 增厚的问题，可以在外表面设计能够稳定 SEI 的机械隔离层，这些精巧的概念充分展示了纳米结构设计的重要性，为 Si 负极的应用做了非常有意义的探索。

2. 三维硅结构设计

纳米 Si 能在一定程度提高材料的比容量和循环性能，但是纳米硅堆积不致密，反而会降低以电极特征计算的比容量。在产业界更倾向于使用微米尺寸的活性颗粒，因为微米尺寸颗粒装填密度高，容易压缩颗粒与颗粒间的间隙，提高整体电极的能量密度。另外如前所述，纳米结构表面积大，诱导表面副反应多，SEI 消耗过多锂离子。为了解决上述矛盾，发挥纳米结构硅的优势，同时提高电极尺度比容量，Cui 等[86]设计了石榴结构的硅颗粒。这种石榴结构 Si 负极的特点是由纳

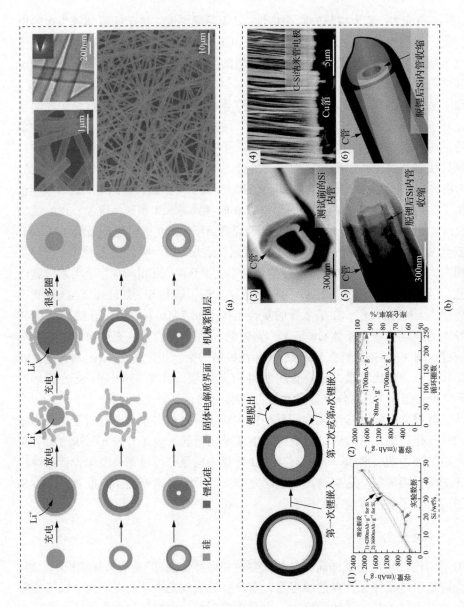

图 8-24 各种Si纳米管负极结构与性能

(a) 双壁Si纳米管负极[84]; (b) 碳管包覆Si纳米管负极[85]

米尺度的 Si—C 蛋黄结构组成的具有石榴结构的二次微米颗粒[图 8-25(a)]。活性
Si 纳米颗粒包覆在碳外壳层中形成蛋黄结构单元,碳壳功能是导电和容许 Si 在其
中膨胀收缩,蛋黄结构单元构成的二次微米颗粒具备高的堆积密度,避免了纳米
颗粒低装填度的难题。碳外壳改善了固态电解质相的形成,图 8-25(c)显示随着石
榴直径的增加,产生 SEI 的比表面积急剧减小。所以这种分级结构能够循环 1000
圈后还能保持 97% 的比容量。石榴结构可以很容易实现 $3mAh\cdot cm^{-2}$ 的 Si 负载量,
解决了工程上纳米颗粒堆积密度低,难以处理的问题。

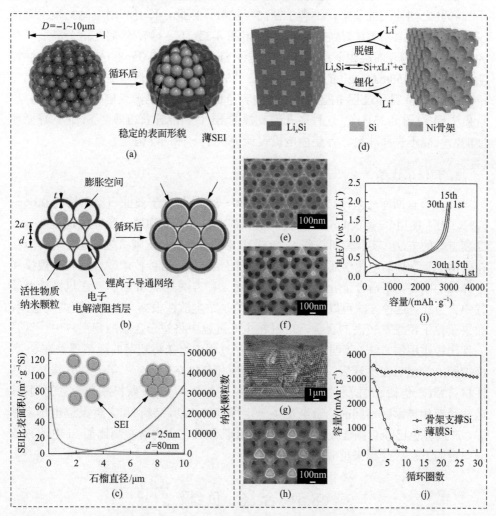

图 8-25　多孔纳米 Si 颗粒与整体电极设计

(a)石榴结构 Si 材料设计概念图;(b)石榴结构 Si 材料电化学循环后颗粒体积变化示意图;(c)与电解接触表面积
随 Si 颗粒直径变化关系[86];(d)三维反蛋白石结构多孔 Ni 负载 Si 负极循环过程体积变化示意图;(e)三维反蛋白
石结构多孔 Ni;(f)电抛光扩孔之后的多孔镍;(g)界面结构;(h)气相沉积 Si 的多孔 Ni;(i)充放电曲线;
(j)循环性能对比[87]

作者利用反蛋白石结构制备了多孔 Ni 骨架支撑的 Si 负极[图 8-25(d)]，Si 的膨胀需要骨架支撑，Si 导电性差，需要连续导电网路。但是骨架不是活性物质，高比例的骨架降低了电池的比能量，需要超轻的导电骨架。另外骨架需要具备高比表面积，在相同 Si 负载量下，高比表面积有利于分散 Si，产生较薄的 Si 层厚度，低于临界尺寸的硅才有好的循环性能，在膨胀收缩过程不容易粉末化。为此，作者采用聚苯乙烯小球沉积蛋白石结构，然后在蛋白石结构中电镀金属 Ni，除去聚苯乙烯小球后，得到了多孔镍结构，但是这种多孔镍形貌如图 8-25(e)所示，其中孔和孔之间连接处狭窄，不利于锂离子扩散，因此，作者利用电抛光技术刻蚀了多孔镍中狭窄空隙，得到扩孔的多孔镍[图 8-25(f)、(g)]，然后在这个高度多孔的金属 Ni 结构表面沉积薄层 Si 负极。这种 Si 负极表现出 3568mAh·g^{-1} 的活性物质比容量和 1450mAh·g^{-1} 的总体比容量。与相同负载量的薄膜电极相比较，在三维结构中的 Si 循环过程中能够有很好的容量保持率，但是薄膜电极在 5 圈后，容量损失殆尽[图 8-25(j)]。这种多孔镍支撑的 Si 负极能够获得薄层 Si 的良好循环性能，又能不失面载量，为整体电极设计提供了一种三维构建思路。

3. 预锂化技术

Si 负极首圈库仑效率较低，一般为 65%~85%，远低于商业石墨负极的 90%~94%，为了使用 Si 负极的高比容量，就要解决首效低的问题。预锂化是其中一种提高首效的方法，实验室可以将 Si 负极和金属锂粉直接压紧接触，在有电解液存在的情况下，辅助电化学还原实现 Si 负极的预锂化，这种技术适合实验室规模和小样品的制备，不适合工业连续化生产；第二种方法是将 Si 粉和锂在机械球磨装置中合金化，这种方法可以大规模制备，但是粉尘活性很高，生产过程高度危险；如果获得了锂含量较高的合金，可以在生产过程中将锂合金添加到混料中，这是一种比较实用的方法；第四种方法是在生产过程中直接将超薄的锂箔覆盖在 Si 负极表面上，然后在注液后，紧固负极，让锂和负极充分反应；第五种方法是将活性材料颗粒(包括 Si 粉)和熔融锂接触，直接发生化学反应，获得高锂含量的颗粒。这些预锂化技术在不同的场合获得了一定程度的成功，专利和文献报道也越来越多，产业界也已经有预锂化成功的例子，相信预锂化作为解决高比能 Si 电池首效低问题的方法，会越来越成熟。

8.5 合金负极

合金作为锂离子电池负极有较长的历史，表 8-1[88]比较了几种合金负极与锂金属、石墨的电化学性能。其中 Sn 是研究较多的合金负极，Sn 负极的理论比容量是石墨负极的两倍多，但是体积容量是石墨负极的近九倍。合金负极有相对适中的工作电势，例如，Si 和 Al 负极的起始电压都高于 0.3～0.4V (vs. Li/Li$^+$)。这一适中的电势导致析出金属锂的趋势比石墨负极 (0.05V vs. Li/Li$^+$) 低，从而避免了锂枝晶引起的安全问题，同时也避免了使用高电势负极 (如 Li$_4$Ti$_5$O$_{12}$，1.5V) 组装电池的能量损失。合金负极面临的主要挑战是锂的插入和提取过程中体积变化较大 (高达 300%)，容易导致活性合金颗粒粉化，循环稳定性差[89,90]，合金负极的首圈不可逆电容损耗过高，消耗可循环的锂离子。

表 8-1　负极材料储锂性质比较[88]

材料	密度/(g·cm^{-3})	锂化相	理论比容量/(mAh·g^{-1})	理论体积容量/(mAh·cm^{-3})	体积变化/%	相对于锂金属的电势/V
Li	0.53	Li	3862	2047	100	0
C	2.25	LiC$_6$	372	837	12	0.05
Li$_4$Ti$_5$O$_{12}$	3.5	Li$_7$Ti$_5$O$_{12}$	175	613	1	1.6
Si	2.33	Li$_{4.4}$Si	4200	9786	320	0.4
Sn	7.29	Li$_{4.4}$Sn	994	7246	260	0.6
Sb	6.7	Li$_3$Sb	660	4422	200	0.9
Al	2.7	LiAl	993	2681	96	0.3
Mg	1.3	Li$_3$Mg	3350	4355	100	0.1
Bi	9.78	Li$_3$Bi	385	3765	215	0.8

　　元素周期表中能和锂发生合金化反应的元素有 Si、Sn、Sb、Al、Mg、Bi、In、Zn、Pb、Ag、Pt、Au、Cd、As、Ga、Ge[89,91]。出于性能、成本、储量和环保等因素综合考虑，前五种元素被大量研究，尝试用于锂离子电池负极。另外这些可锂化的金属的氧化物也能用作锂离子电池，除了合金化反应储锂之外，脱氧和氧化反应也可能用于锂离子的存储。下面分别介绍比较重要的几类合金负极材料。

8.5.1　锡负极

　　与石墨的插层反应不同，一个金属锡原子理论上可以和 4.4 个锂原子形成 Li$_{4.4}$Sn 合金，可以产生 993mAh·g^{-1} 理论质量比容量，或者～2106mAh·cm^{-3} 的理论体积容量 (注意这里的数值是按照实际锂嵌入后的体积计算)，是石墨负极的数倍。原位的 XRD 研究表明，锡在完全锂化过程中，不同的电势会形成如 Li$_{0.4}$Sn、Li$_{0.7}$Sn、Li$_{2.33}$Sn、Li$_{2.63}$Sn 以及 Li$_{3.5}$Sn 等多个合金相[91,92]。锡和锂的化学反应可表示如下：

$$x\text{Li}^+ + \text{Sn} \longrightarrow \text{Li}_x\text{Sn}$$

　　图 8-26(a) 显示 Sn 的电压曲线，图中出现多个电压平台，对应于不同锂含量的 Sn-Li 合金中间相之间的两相反应平台，在 $x > 2.5$ (相当于 564mAh·g^{-1}) 时，电

压曲线呈现斜坡状，表明形成了单相区，在这个 Sn-Li 相中，无法再成核晶相。XRD 实验证实继续锂化的材料表现出一定程度的无序性，可能与二元相图中的高锂含量中间相的结构有一定相似性，但总体处于无序结构。与热力学平衡二元相图比较，在室温下的电化学体系，能够锂化的最高锂含量 x 可能在 3.4～3.8，也有文献报道 XRD 发现存在一些短程有序的最高锂化相($Li_{4.4}Sn$)。$x>2.5$ 的合金熔点显著增加，$Li_{4.4}Sn$ 的熔点为 765℃，所以锂离子在其中的迁移率很低，导致进一步锂化变得困难。利用穆斯堡尔谱，研究者在低速下完全锂化的 Sn 材料中确实清楚地发现了 $Li_{4.4}Sn$ 的存在。所以，在室温下 Sn 锂化开始时，较容易形成低熔点的低含锂合金相，继续锂化，熔点提高，锂离子扩散困难，所以不容易锂化到 $Li_{4.4}Sn$[91]。

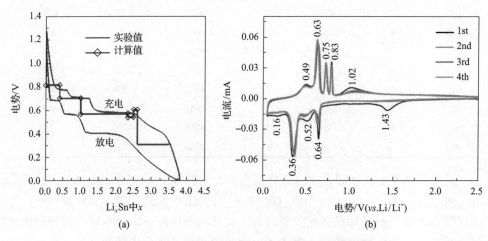

图 8-26 Sn 材料电化学性质计算结果和实验曲线
(a)Sn 的充放电曲线[93]；(b)锡薄膜负极在 0.05～2.50V 的 CV 曲线[94]

锡作为锂电池负极有很多优势，也有其劣势，巨大的体积变化(>300%)，产生较大的应力，加上锂-锡合金比较脆，很容易在长期的充放电过程中电化学疲劳，出现活性颗粒开裂或者粉化等现象，造成电池的容量迅速衰减。根据 Morimoto 等的研究[95]，在铜箔上进行电沉积直接得到厚膜锡负极，其可逆容量高达 700mAh·g⁻¹，但是在循环 12 圈后，其容量便迅速下降，20 个循环后只剩余 35.7% 的容量。厚的活性层和微米级的颗粒是其电池不能长时间循环的主要原因。尽管利用经过脉冲处理得到亚微米级别的金属锡负极块后，其循环性能有一定的提升，但是面载量不够[96]。为了解决这一问题，研究人员发展了一系列改善措施，包括制备纳米结构锡、三维结构支撑锡、锡基合金、锡-氧化合物和锡复合材料等。

8.5.2 纳米结构锡

纳米结构锡(如零维纳米颗粒、一维纳米线、纳米棒和纳米管以及二维纳米片、纳米薄膜等)已被证明能够有效地抑制锂嵌入锡后体积变化带来的应力效应。对于金属以及合金而言,在充电时存在临界尺寸,大于临界尺寸的颗粒容易发生裂纹,小于临界尺寸的颗粒比较容易耐受应力而不产生裂纹,进而得以长时间的稳定循环。另外,纳米材料的尺寸小、比表面积大,可以缩短锂离子的扩散长度,促进电荷的传输。

Eom 等以 $SnCl_4$ 为锡源,在柠檬酸三钠的乙二醇溶液中制备出平均尺寸为 6.9nm 的纳米锡颗粒[97],并在电解液中添加了碳酸氟乙烯酯(fluoroethylene carbonate,FEC)。FEC 在 SEI 循环形成的过程中可以去除高度氧化的碳基成分,使得 SEI 变薄(图 8-27),大大提高了锡纳米颗粒电极的倍率性能和容量。在 $1.3C$ 的倍率下循环 150 圈后依然保持了约 $320mAh \cdot g^{-1}$ 的容量,而 $100\sim200nm$ 的锡颗粒则没有观测到明显的稳定性能。

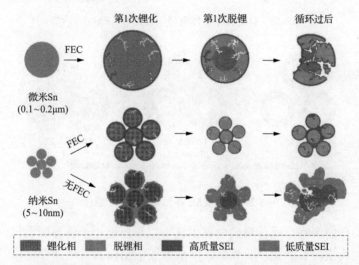

图 8-27 微米颗粒和纳米颗粒 Sn 循环过程中发生破裂和 FEC 添加剂保护作用的示意图[97]

金属 Sn 容易电镀,直接在集流体上生长薄层锡膜,不同于锡纳米颗粒电极,可以不需要添加黏结剂和导电炭黑,直接形成整体电极,电荷在薄层中是纵向的一维方向扩散,锡薄膜的循环和倍率都很好。虽然纳米级超薄的金属锡负极层可以提升电极的循环稳定性,但是它却不能同时满足高面载量和高能量密度的需求。在保证机械性能良好,锂离子可以快速扩散的薄层尺寸的同时,实现结构的三维化可提升电池的面载量。通过不同的微-纳加工技术,可以制备纳米管、多孔结构等一系列三维结构作为导电支架负载纳米锡,改善锡的循环和容量性能。如图 8-28 所示,作者等人通过对脉冲电沉积的控制,优化了一种 TiN 负载 Sn 纳米管阵列的复合电极[89]。20nm 的活性锡层展现了首圈 $795mAh \cdot g^{-1}$ 的比容量以及高达 $1812mAh \cdot cm^{-3}$ 的体积比容量。在长达 400 圈的充放电循环中,仅仅显示了每圈

0.04%的容量下降率。一方面，超薄的锂-锡合金层不易断裂，另一方面，三维结构中管状的空隙可以有效地缓冲锂嵌入时引起的锡层体积膨胀，避免了外部的应力作用(图 8-29)。

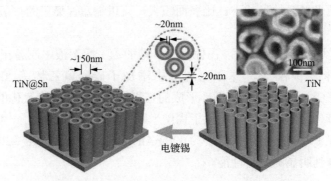

图 8-28　TiN@Sn 复合负极示意图和 SEM 照片[89]

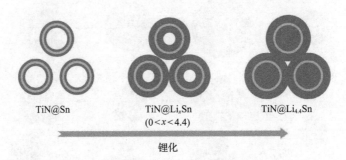

图 8-29　TiN@Sn 复合负极锂化示意图

　　基于同样的策略，通过精确电镀工艺可以将厚度小于临界断裂值的锡薄膜，沉积在三维反蛋白石多孔 Ni 骨架，形成双连续结构的三维复合电极[98]。由于高的锡百分比(5.7%镍和 94.3%锡)，该复合电极可以获得 1846mAh·cm^{-3} 的体积容量，为 Li$_{4.4}$Sn 合金的 90%。多孔的镍支架可以容纳总体的体积膨胀和收缩，不会导致 Sn 层破裂。从事后分析的 SME 照片[图 8-30(a)]可以看出，在相同电流下反复充放电 20 次后，三维结构电极保持着它的完整性，而对于平板厚膜电极，合金膜开裂而且部分区域出现脱落的现象，表明三维化的纳米电极将会大大提升电池的稳定性。在 200 次循环中锡负极容量的保持率为约 84%。Wang 等利用病毒作为支架[图 8-30(b)]，从含 SnCl$_2$ 和柠檬酸三铵的水溶液中电沉积制备了一种三维相互连接的锡纳米线阵列[90]。这种三维互连纳米线显示，在 100 个循环周期之后，其锂的存储容量依然为约 560mAh·g^{-1}。

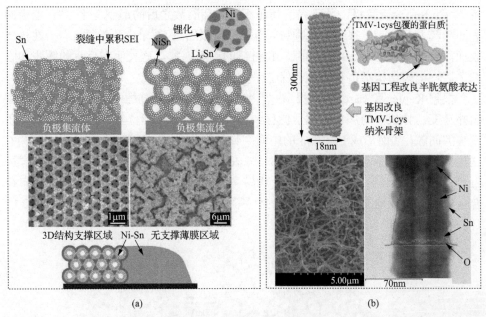

图 8-30 结构化的纳米 Sn 负极

(a)反蛋白石结构多孔 Ni 支撑的 NiSn 负极[98]；(b)TMV-1cys 病毒骨架支撑的 Sn 负极[90]

模板辅助制备的三维锡纳米线结构也被用于其他锂离子电池负极材料。由于一维纳米结构所需的扩散路径短，对锂的嵌入和脱出过程的影响较小，相比高负载的厚膜电极，三维结构提高了循环和倍率性能。

8.5.3 锡基合金

采用锡基合金可改善锡负极的循环稳定性，合金中的活性组分能够可逆地储存和释放锂，其他组分充当缓冲基体的作用，缓解活性物质在锂嵌入和脱出过程中的体积膨胀和收缩，从而维持材料结构的稳定性。常见的锡基合金负极包括了铜-锡、锡-锑、镍-锡、锡-钴、锡-锌以及一些三元合金等。制备锡基合金负极的方法有电沉积、电子束蒸镀、水热还原、加热熔融等。对于二元的锡基合金负极而言，一般有两种类型的合金组合方式。一种是锡与非活性金属(如镍、铜、钴等)的组合，另一种是锡与活性金属(如锌、锑、铝等)形成的合金负极。

1. 惰性金属合金

合金负极中锡与非活性金属(如镍、铜、钴等)的组合较多。Morimoto 等通过先在铜箔上沉积一层金属锡，再用 200℃加热处理的方式得到了 Cu_6Sn_5 和 Cu_3Sn 的混合合金层[99]，20 圈循环后其容量保持率由约 35.7%(不加热处理的纯锡负极)上升至约 80%。在铜和锡的盐溶液中，孙世刚等通过直接电化学共沉积的方式制

备了 Cu_6Sn_5 合金负极，并研究了其在不同循环圈数之后的形貌变化[100]。电极的表面粗糙并且布满了很多纳米颗粒。当合金电极经过 50 个电化学循环，活性物质表面没有明显的"岛"或"间隙"和材料的剥落现象，这表明在反复的膨胀和收缩之后，电极结构不再收缩，它保证了更好的电池寿命。

根据 Kepler 和 Larcher 的报道[101,102]，在锂离子嵌入过程中，Cu_6Sn_5 结构发生拓扑转变，骨架中的部分锡原子位移到相邻的三角双锥形位置，锂原子进入三角双锥的间隙，从而形成 Li_2CuSn 的中间产物（$10Li+Cu_6Sn_5\rightarrow5Li_2CuSn+Cu$）[103,104]，这导致原来的铜原子被挤出（图 8-31）。在随后的第二步锂化过程中，中间产物 Li_2CuSn 又会通过一个假设的 Li_3Sn 相转变成为 $Li_{4.4}Sn$ 相，铜原子将始终分布在合金周围，有效地缓冲了活性组分的体积膨胀和团聚，从而改善合金的循环性能（图 8-32）。

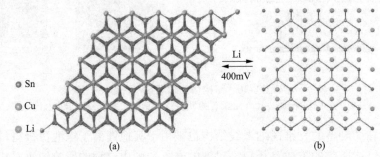

图 8-31　Cu_6Sn_5（a）向 Li_2CuSn（b）的转变[103]

为清晰起见，省略了（b）图中三角双锥的间隙铜原子

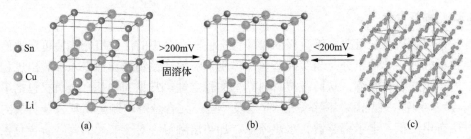

图 8-32　通过假设的"Li_3Sn"（b）将 Li_2CuSn（a）转换为 $Li_{4.4}Sn$（c）[103]

类似的机理可以反映在其他的锡基合金负极中，如锡-镍、锡-钴合金等。例如，Osaka 和 Mukaibo 等用电镀制备了不同比例的镍-锡合金[105,106]，他们发现当合金的组分被控制在 62%锡和 38%镍时，它的性能最为显著，在 $50mA\cdot g^{-1}$ 的电流下，第 70 圈时依然显示出 $650mAh\cdot g^{-1}$ 的循环容量（该比例下锡-镍合金的理论容量为 $763mAh\cdot g^{-1}$）。从 XRD 的分析可知 Ni_3Sn_4 相是该 $Sn_{62}Ni_{38}$ 合金中的主要成分，可以与锂原子发生可逆反应形成锂-锡合金，并释放出高的容量。Ui 等利用脉冲共电沉积的手段制备出 $Co_{30.5}Sn_{69.5}$ 电极[107]，恒电流充放电表明，在首圈放电时

可以获得 529.2mAh·g^{-1} 的比容量和 87.9% 的库仑效率，在循环了 50 次后，其容量依然保持在 470.5mAh·g^{-1}。Lee 等同样在铜箔上共沉积出锡和钴比例为 2：1 的 CoSn$_2$ 薄膜负极[108]，在 0.1C 的倍率下循环 30 圈后，其放电容量依然高达 740mAh·g^{-1}，没有出现任何衰减，显示出良好的循环性能。这些工作都表明通过与铜、钴、镍等非活性金属的合金化处理，可以有效地提升该金属负极的稳定性。

2. 活性金属合金

锡与另外一种可锂化的金属形成的合金负极，如锡-锌、锡-锑合金等，反应机理与 Cu$_6$Sn$_5$ 等合金嵌锂反应有所不同，被置换出来的组分也可以继续与锂作用形成合金，提供额外的容量。

SnSb 合金与 Sb 的结构相同，具有岩盐结构（图 8-33），晶胞参数 a=5.880Å（立方相，空间群为 $Fm3m$），锡和锑原子沿 c 轴方向交替排列。锂与 SnSb 合金在约 900mV 下反应形成 Li$_3$Sb（a=6.572Å）和金属锡，该反应可以简单地视为锂插入到锑的宿主结构中，锡从锑的宿主结构中被置换出来（图 8-33）[103]。这一过程主要发生在电极颗粒的表面，因为它伴随着大量的体积膨胀、出现锡的挤出和颗粒尺寸的显著减小。这些反应与传统的金属氧化物插入反应不同，金属氧化物插入反应的体积变化相对较小，没有金属挤压，也没有相同程度的粉末化。Li/Sb 反应时，锑原子重新排列。Li 和 SnSb 反应时，锂插入和锡挤出时，SnSb 中的锑原子保持在 fcc 位置。在 SnSb 到 Li$_3$Sb 的转换过程中，体积仅增加 40%，远小于单质 Sb 的 137%。即使考虑到锡的析出，电极的整体膨胀也只有 93%。这个反应是可逆的，但它取决于 Li$_3$Sb 粒子表面锡原子的利用率。反应挤出来的锡在较低电势下发生锂化，在 Li$_x$Sn 体系（0<x<4.4）中生成化合物，从而增加合金负极的容量。这些低电势反应会导致电极的进一步膨胀及 Li$_3$Sb 和锡组分粒子间的接触损失，从而影响高压 Li$_3$Sb 与 SnSb 反应的可逆性。虽然如此，SnSb 合金依然能够显示出优于单独锡或者锑负极的电化学性能。

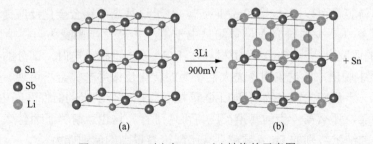

图 8-33　SnSb（a）向 Li$_3$Sb（b）转换的示意图

近年来，有很多工作是围绕此类电极展开的。例如，Ke 等在金属基底上共同电沉积出 Sn-Sb 合金膜[109]，首圈放电容量为 697mAh·g^{-1} 且可逆容量高达

$650mAh \cdot g^{-1}$，50 圈循环后还有约 $600mAh \cdot g^{-1}$ 的容量保留。Zhao 等同样用电沉积后加热处理的方法制备出 Sn-Sb 多孔薄膜[110]，在 $0.5C$ 的倍率下循环 30 圈后，依然显示出 82.9%的容量保留。

8.5.4　锡-氧化合物

氧化锡(SnO_2)和氧化亚锡(SnO)也可用作负极材料，锡-氧化合物负极具有较高的理论容量(高于 $500mAh \cdot g^{-1}$)，但是循环性能欠佳。锡-氧化合物的储锂过程分步进行，首先是一定程度的锂嵌入[式(8-1)]，然后是金属 Sn 的还原[对应转化机制，式(8-2)]，最后金属 Sn 的合金化反应机制[式(8-3)]。

$$xLi + SnO_2(SnO) \longleftrightarrow Li_xSnO_2(Li_xSnO) \qquad (8-1)$$

$$Li + SnO_2(SnO) \longrightarrow Li_2O + Sn \qquad (8-2)$$

$$xLi + Sn \longleftrightarrow Li_xSn(0 < x < 4.4) \qquad (8-3)$$

其中，氧化锡被还原成单质锡和 Li_2O 的反应一度被认为是不可逆的，这也是锡-氧化合物的首圈库仑效率不高的主要原因。在随后的反应中，锂会继续和生成的金属锡发生可逆的合金化反应。锡的氧化物与有机电解液分解反应形成的一层无定形 SEI 钝化膜[以 Li_2CO_3 和 $ROCO_2Li$ 为主]，这也是除了第一步的不可逆反应以外，该类负极库仑效率不高的另一个原因。按照合金机制，SnO_2 和 SnO 的理论容量分别为 $782mAh \cdot g^{-1}$ 和 $875mAh \cdot g^{-1}$，尽管低于金属锡单质($993mAh \cdot g^{-1}$)。但是由于在第一步反应中形成的 Li_2O 可以作为缓冲基体，支撑金属锡颗粒，使得其具有更好的循环性能。

近年来，越来越多的研究发现，SnO_2 负极材料的实际容量远远高于理论容量 $782mAh \cdot g^{-1}$。例如，楼雄文等采用简单的水热法制备了粒径在 $6\sim10nm$ 范围内的 SnO_2 纳米粒子，然后通过改进的方法成功地进行了表面碳纳米层的包覆[111]。这种复合材料容量可以高达 $1379mAh \cdot g^{-1}$。对于这种高于锡合金化反应提供的理论容量的现象，不少的研究人员猜测是由于第一步转化步骤变为可逆所致。根据 Dahn 等的研究[112,113]，SnO_2 负极材料在 1.0V 以上进行充电时，部分的锂能够从 Li_2O 基质中脱出来，这说明原先人们认为的转化反应并非完全不可逆。他们认为如果将第一步反应中间产物锡和 Li_2O 颗粒限制在一个纳米的活性区间内，使得它们紧密接触，那么第一步的转换反应将可逆进行。这也就解释了为什么实际实验中所制备的纳米级别的 SnO_2 颗粒具有比理论容量高的储锂能力。

为了讨论这些锡基氧化物高比容量以及可逆反应发生的根本机制，胡仁宗等通过一系列手段对其进行了系统的分析。他们发现在 SnO_2 纳米结构中，转化产物 Li_2O 可以发生可逆反应，高达 95.5%的初始库仑效率远远高于之前报道块状 SnO_2

的初始库仑效率(50%～60%)[114]。随后他们又通过原位衍射光谱证实了这一电化学反应的高度可逆性。纳米级的 SnO_2 有很多界面和晶粒边界，可以在脱锂化过程中增加锡和 Li_2O 的接触，能够提高转化反应活性，促进 Li_2O 和锡的反应，可逆生成无定形的 SnO_2 (图 8-34)。

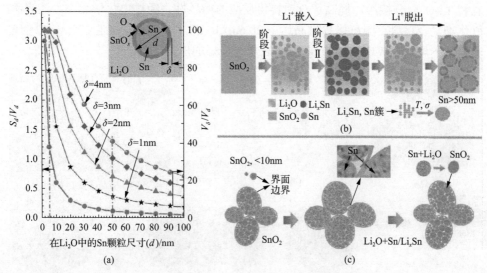

图 8-34　纳米 SnO_2 活性产生机理[114]

(a) SnO_2 电极的微观结构设计；(b) 块状 SnO_2 电极初始放电和充电期间的示意图；
(c) 纳米级 SnO_2 电极反应的示意图

除了 SnO_2 和 SnO 这两种简单的锡-氧化合物，还有一种较为复杂的锡基复合氧化物负极，它可以在一定程度上减缓氧化锡体积膨胀、不可逆容量大、循环不稳定的问题。锡基复合氧化物一般是在锡的氧化物中加入一些其他金属氧化物，如钴、锰、钛、铜、锌等。因此它可以用通式 SnM_xO_y 来表示，它们大多处于非晶状态，在锂嵌入之后体积变化不大。

二元的 M/Sn 基氧化物负极和纯的 SnO_2 负极相比，表现出更好的循环性能和更高的容量。对于这一性能的提升，称为协同效应或者催化效应[115,116]。有研究表明临界纳米颗粒的锡和 Li_2O 可以发生转化反应，但是在循环过程中 Sn 会发生晶粒粗化，使得产物破裂并形成不稳定的 SEI 膜[117,118]。为了保证 Li_2O 在反应过程中的可逆性，就必须要保持在 Li_2O 基体中的纳米级锡颗粒的分散性，即要限制其粗化和团聚。通过掺入过渡金属 M，可以稳定 Sn 和 Li_2O 的反应界面以及限制锡颗粒的长大。这一点也得到了姜银珠等人的验证，他们在 SnO_2 纳米颗粒中引入 Fe_2O_3，通过原位 TEM 表征手段发现锡-铁的复合氧化物的确可以防止充放循环过程中纳米颗粒的团聚现象[119]。作者通过理论计算结合实验设计(图 8-35)，筛选出了合适的掺杂元素——锰，并用实验制备出相应的纳米多孔的 $MnSnO_3$ 负极材料[120]。在电化学锂化时，生成的超细锰纳米晶可以限制锡在电池反应过程中的晶粒粗化，提高锡和 Li_2O 的接触界面，促进生成的 Li_2O 的可逆转化。该设计可以产生大量原子尺度的 Mn-Sn 界面，提高了 SnO_2 在反应过程中的可逆容量。更重要的是，在反应过程中，金属锡在金属锰的限制下，一直保持小颗粒的状态，并且和 Li_2O 充分接触，提高了可逆转化反应的循环性。经过电化学测试，该锡-锰氧化物复合材料首圈可以提供高达 $1620.6mAh \cdot g^{-1}$ 的比容量，并且在 $2A \cdot g^{-1}$ 的电流密度下可以充放电循环 1000 次，表现出很好的电化学性能。

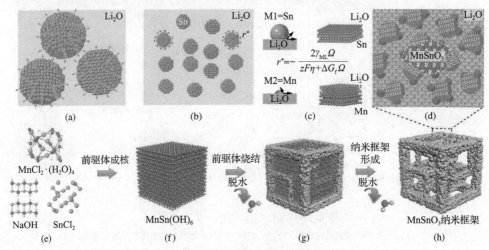

图 8-35　M/Sn 氧化物负极设计思路示意图

(a) 大颗粒的 Sn 循环过程会破裂；(b) Sn 成核半径取决于 (c) Sn/Li_2O 界面能；
(d) 掺杂 Mn 限制了 Sn 颗粒长大；(e~h) $MnSnO_3$ 纳米框架制备工艺

这些结果表明这类复合物不仅可以提高 Li_2O 的反应可逆性，而且还能够提高锡基氧化物电极的循环性能。

8.6　过渡族金属氧化物

Tarascon 等[121]于 2000 年在 *Nature* 发表文章提出纳米化的过渡金属族氧化物，如 CuO、NiO、CoO、FeO 等材料，在较低电极电势下有一定程度可逆储锂的性质 (图 8-36)。不同于高价金属氧化物用作正极材料，低价的过渡族金属氧化物在储锂过程中表现出不同的电化学机制。正极氧化物中锂的可逆脱嵌以插层反应为主，而这里介绍的低价过渡族金属氧化物的储锂反应是转化反应，因此在学术界过渡族金属氧化物负极材料是一类非常重要、有特点的二次电池负极材料。过渡族金属氧化物通式为 MO_x，如果 M 还可以形成锂合金的话，MO_x 的锂化/脱锂过程可以简单地表示为以下两个分步反应：

$$MO_x + 2xLi^+ + 2xe^- \rightleftharpoons M + xLi_2O \text{ (转化反应)}$$

$$M + yLi^+ + ye^- \rightleftharpoons Li_yM \text{ (合金化反应)}$$

　　Co、Ni、Cu、Fe、Mn 和锂不形成合金，不会发生第二步的反应，但是由于氧可以结合两个锂，因此能够储存大量的锂，表现出高达 $700\text{mAh} \cdot \text{g}^{-1}$ 的比容量。这个转化反应的可逆性取决于氧化锂的电化学可逆性，因此只有纳米化的颗粒才能实现较好的循环。Tarascon 等[121]报道的金属在氧化锂基体中大小为 $1\sim5\text{nm}$。转化反应中产物和反应物的结构差异完全不同，涉及原子的全部重排，结构变化剧烈，因此对于颗粒表界面稳定性要求较高，在锂化和脱锂过程中体积膨胀容易破坏固液界面，不断形成 SEI，消耗可循环的锂离子，因此转化型材料的充放电过程循环稳定性存在很大问题。

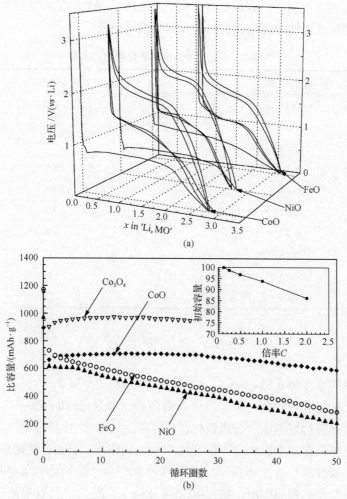

图 8-36　CoO、NiO、FeO 的充放电曲线(a)和循环曲线(b)[121]

另外，过渡族金属氧化物的电压对其应用前景至关重要。虽然这些过渡族金属氧化物的储锂能力有所提高，比石墨高一些，但是大部分过渡族金属氧化物的充放电平均电势较高，而高比能电池既需要高容量，也需要合理高的电压，以容量提高换得电压的降低，可能得不偿失。因此研究过渡族金属氧化物作为负极需要综合考虑电压、容量、循环等多方面因素。

如果再考虑 M 与锂之间可能的合金化反应，其理论容量可以更高，例如 SnO_x、ZnO、InO_x 等材料和一些双金属氧化物。金属氧化物材料在电池体系中首次充放电容易产生惰性的锂氧化物，作为一种缓冲介质，可以降低合金化材料循环过程中的粉化程度，因此适当设计的复合金属氧化物通常能比单金属氧化物表现出较好的循环性能。但是它的不可逆容量可能较大，脱锂电势较高，电池工作电压区间较窄。表 8-2 给出了一些过渡族金属氧化物的比容量性能，这些参数必须和电压区间和循环性能结合起来综合评价材料的应用前景。

表 8-2　一些过渡族金属氧化物的比容量

金属氧化物	比容量/$(mAh \cdot g^{-1})$
Cr_2O_3	1058
MnO	755
MnO_2	1233
Fe_2O_3	1007
Fe_3O_4	926
CoO	715
Co_3O_4	890
NiO	718
CuO	674
MoO_2	1117

8.7　金属锂负极

金属锂的密度为 $0.534g \cdot cm^{-3}$，是目前已知最轻的金属单质。作为锂电池负极，它具有最低的电化学电势（$-3.04V$）以及最高的比容量（$3860mAh \cdot g^{-1}$）。因此，在众多的电池负极材料当中，金属锂也被称为高能量密度电池的"圣杯"电极。

由于锂单质在水中极度的不稳定性，早在 1958 年，Harris 就提出了以有机电解质作为金属锂原电池的体系[122]。从随后的 20 世纪 60 年代开始，科研人员逐渐开发出各种类型的锂原电池，如锂-碘电池（Li-I$_2$）、锂-二氧化锰电池（Li-MnO$_2$）、锂-聚氟化碳电池[Li-$(CF)_n$]、锂-二氧化硫($Li-SO_2$)、锂-二硫化钛($Li-TiS_2$)、锂-二硫化钼($Li-MoS_2$)等[123]。但是，由于金属锂在电极表面析出时容易产生锂枝晶，造成电池短路。因此，锂原电池的安全性一直备受关注，直到 1989 年 Moli 公司的锂原电池爆炸事件以及 1990 年 Sony 公司推出了可循环的锂离子电池，以金属锂为负极的锂电池才逐渐淡出市场。

直到今天，随着社会的不断进步，以传统石墨为负极的锂离子电池难以满足人们对高能量密度储能器件的渴望。因此，以金属锂为负极的锂二次电池体系再次受到全球科研人员的关注。

8.7.1 金属锂负极的失效机制

金属锂作为二次电池负极材料的基本工作原理实际上就是锂的沉积和剥离过程，即锂离子和锂单质之间的相互转换过程。在实际的锂原电池体系中，金属锂负极的失效与锂离子不均匀的沉积行为、金属锂的高度活泼性、自然形成 SEI 膜的脆弱性以及循环过程中不可避免的体积变化密切相关。具体而言，锂负极失效可分为两大类：①无约束的锂枝晶生长引起的电池短路；②锂枝晶在电池循环中反复沉积和剥离造成大量非活性的"死锂"。下面仅就锂金属的这两种弊端进行简要描述。

1. 锂枝晶的形成与电池短路

锂离子在金属锂负极中的行为和锂离子插层负极的行为完全不同。通常，在充电时，锂离子从外部电路获得电子，直接沉积在负极的表面。这与经典的金属电化学沉积过程类似，存在成核与生长的两个阶段。美国宾夕法尼亚州立大学 Chen 等人提出了一种考虑非线性反应动力学的新型二维热力学相场模型，从电极-电解质界面中心的成核出发，说明相场、锂离子浓度以及电势等随沉积时间的分布变化情况，用于研究电沉积过程中锂枝晶的形态变化(图 8-37)[124]。锂离子浓度和电势两者的局部变化都清晰可见，即电沉积与锂离子的浓度和电势的分布密切相关。从图中可以看出，在锂成核后，沉积物附近的锂离子浓度和电势都呈现梯度分布，其中，沉积物的尖端处具有较大的锂离子浓度和电势梯度，从而产生较大的过电势，并迫使此处锂金属的快速生长(即所谓的"尖端效应")。

此外，商业锂盐与有机电解液溶剂都是热力学不稳定的，暴露在电解液中的金属锂箔的表面形成一层不同于锂单质性质的 SEI 膜。SEI 膜是电子的绝缘体，离子的良导体，从而锂离子可以扩展到 SEI 层以下，接受外电路的电子发生锂金属沉积。然而，这层自然形成的 SEI 膜的机械强度较差，极易在不均匀的锂沉积

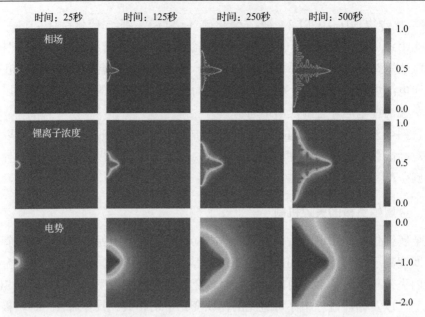

图 8-37　锂金属沉积过程中相场、锂离子浓度以及电势随时间的演变模拟图[124]

过程中因为应力而发生断裂(图 8-38)，暴露出新鲜的金属锂。由于新鲜的锂表面具有较高的电导率和表面积，锂离子扩散到这些位点并集中在附近，优先沉积。而此时该处的锂沉积呈突起状，产生的"尖端效应"有利于树枝状锂的沉积，这些综合因素最终造成锂枝晶在没有机械约束的情况下加速生长。无限制的锂枝晶生长极大程度地增加了其刺穿隔膜造成电池内部短路的发生，导致电池发热，影响电池的正常运行，严重时甚至会发生起火和爆炸的危险。

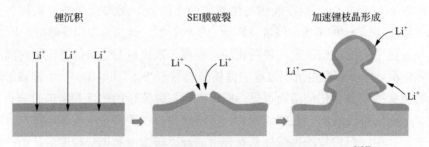

图 8-38　自然形成 SEI 膜破裂导致锂枝晶加速形成示意图[125]

2. 死锂的形成与容量衰减

在锂金属的剥离过程中，锂离子最先从枝晶状的锂沉积中剥离出来，这是因为它们具有比从块状锂剥离出锂离子更低的阻抗(图 8-39)。随着锂枝晶内部锂金属的不断减小，其体积收缩会进一步破坏 SEI，同时，缩小的树枝状结构会从块状锂表面脱离，然后被电子绝缘的 SEI 膜紧密包覆，破坏其与基底的电接触，产生几乎没有电化学活性的"死锂"。

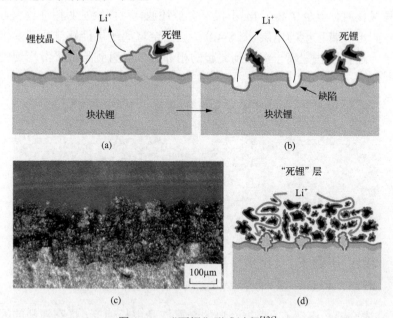

图 8-39　"死锂"形成过程[126]
(a)锂离子从锂枝晶处剥离和"死锂"的形成示意图；(b)循环后的"死锂"层的光学截面照片；
循环后的"死锂"层的光学照片(c)和示意图(d)

Dasgupta 等利用原位光学拍摄的研究手段发现在经过多次循环后，电极的表面会形成由大量非活性颗粒组成的"死锂"层(图 8-39)[126]。这一方面会严重降低电池充放电的库仑效率，从而使电池的容量下降；另一方面大量电子绝缘 SEI 的堆积还会增加电极的阻抗，降低了电池的倍率性能。

8.7.2　金属锂负极的改性

1. 液态电解液的改进

改进锂负极电池的液态电解液一直是优化金属锂负极电池最常见的办法。大量的研究表明特定的电解液的组分，尤其是一些额外的添加剂，可以明显改善锂负极的性能。就目前而言，对于电解液的改进主要包括以下方案：

(1)含氟组分添加剂：氟化锂(LiF)是一种有效的抗有机电解液腐蚀的稳定材料。同时，LiF 具有足够的机械强度(其弹性模量为 55.1GPa)[127,128]，可以抑制并经受锂枝晶生长的应力。因此，采用富含氟元素的添加剂，如氟代碳酸乙烯酯(FEC)、氟化氢(HF)以及一些含氟的离子液体等，可以在复杂的反应中形成富含LiF 的 SEI 膜，以达到改善 SEI 膜机械强度的作用。

(2)屏蔽离子添加剂：美国太平洋西北国家实验室 Zhang 等人发现向电解液中添加极少量还原电势与锂离子接近的金属离子 M^+（如铯离子 Cs^+、铷离子 Rb^+）后，当锂沉积成核时，该金属离子 M^+不仅不会被还原，反而会被吸附在锂突起处，并聚集在一起形成带正电静电层（图 8-40）。这层金属离子层能够排斥其余扩散至此的锂离子，迫使这些锂离子沉积到突起的相邻区域，直到形成平滑均匀的锂金属沉积层[129]。

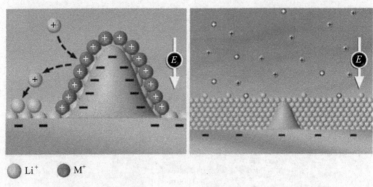

Li^+　　M^+

图 8-40　基于自愈静电屏蔽机理的锂沉积工艺示意图[9]

(3)高浓度锂盐电解液：根据经典的金属枝晶生长理论，提高锂盐的浓度可以延迟锂枝晶的特征时间，从而抑制枝晶的形成[130,131]。Wang 等研究发现在 $10mol \cdot L^{-1}$ 高浓度的双氟磺酰亚胺锂（LiFSI）电解液体系中，锂负极能够以 99.3% 的高库仑效率稳定循环 250 圈[132]。但是这里需要注意的是，高浓度的锂盐电解液只在一定范围内是有效的。因为高浓度的电解液黏度显著增加，导致离子电导率严重降低。

2. "人工" SEI 膜的构建

从锂金属 SEI 机械属性出发，具有高韧性和高离子迁移率的薄膜材料可以用作锂表面的保护层，抑制锂枝晶的生长。由于这层额外添加的保护层与自然形成的 SEI 膜完全不同，所以又被称为"人工" SEI 膜。一般而言，构建"人工" SEI 膜的工艺可以分为原位生长与非原位覆盖两种方式。

(1)原位生长：该类方法是直接在金属锂箔表层，通过化学反应原位生成机械强度高的离子导体薄膜。如 Qian 等将锂箔浸入含有三氯化磷（PCl_3）的 1,2-二甲氧基乙烷溶液中，锂会和 PCl_3 发生反应，在锂箔的表面形成一层磷化锂（Li_3P）和氯化锂（LiCl）的混合保护膜（图 8-41）[133]。该均匀的保护层可以被认为是一层"人工"添加的 SEI 层，用于阻止电解液与底层锂的接触和抑制锂枝晶的生长，在 $3mA \cdot cm^{-2}$ 的电流密度下，电池可以稳定地循环 200 圈。此外，氮气、碘酸（HIO_3）、取代硅烷等也可以和锂箔原位反应生成相应物质，起到类似 SEI 膜的效果。

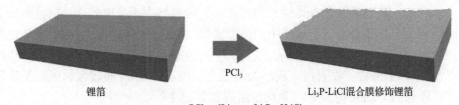

锂箔　　　　　　　　　　　　　　　Li₃P-LiCl混合膜修饰锂箔

$$PCl_3 + 6Li \rightleftharpoons Li_3P + 3LiCl$$

图 8-41　原位 Li_3P-LiCl 保护膜修饰锂箔[133]

(2)非原位覆盖：此类方法较为简单，先制备一层机械强度高或者柔韧性极佳的离子导体膜后，再覆盖在金属锂箔表面。如美国斯坦福大学鲍哲南和崔屹等人，设计了一种具有"自愈合"能力的柔性聚合物材料[134]，首先通过油酸和二乙烯三胺之间的缩合反应来获得聚合物骨架，再加入尿素反应，产生一种黏弹性材料，该材料由于结构中存在较弱的交联氢键，而具有高强度的可拉伸性(图 8-42)，包覆在锂箔上可以有效地避免因锂枝晶刺穿隔膜导致的短路威胁。另一种是直接在锂箔表层覆盖保护层充当"人工"SEI 膜，其制备方法包括离子溅射、原子层沉积、旋涂等，保护层物质有三氧化二铝(Al_2O_3)、氮化硼(BN)等。

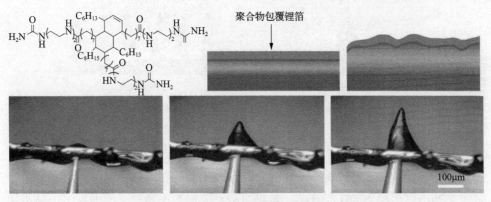

图 8-42　"自愈合"柔性聚合物保护层[134]

3. 三维微纳骨架负载锂

金属电沉积过程中，溶液相中离子扩散速率等于表面沉积速率，离子扩散靠浓度梯度驱动，在表面处金属离子耗尽也不能满足电镀电流的需求时，金属优先沉积在表面形状突出处，因而导致非均匀的金属沉积，为了衡量这个金属离子耗尽的时间，Sand 提出的一个特征时间，后来被称为"Sand 时间 τ"[135,136]：

$$\tau = \pi D \left(\frac{eC_0}{2J} \right)^2 \left(\frac{\mu_a + \mu_c}{\mu_a} \right)^2$$

其中，时间 τ 表示锂枝晶开始生长的时间，它的值越大说明电池在锂枝晶形成前的时间越久；D 值是特定电解质中的扩散常数；e 代表电荷；C_0 为电解液中锂盐的初始浓度；J 表示有效的电流密度；μ_a 和 μ_c 分别为阴离子迁移率和阳离子迁移率[137]。从以上公式可以看出，较小的有效电极电流密度(J)和较大的锂离子迁移率导致较长的"Sand 时间 τ"，从而延缓锂枝晶的生长。

与二维平面集流体相比，三维导电微纳米结构具有更高的活性表面积，从而增加了锂金属的沉积面积。在相同的电流密度下，局部电流密度和锂的局部沉积速率显著地降低。因此，一般情况下，三维导电支架可以在一定程度上缓解锂枝晶的形成，从而稳定锂金属负极电极。例如，郭玉国等人设计了一种三维突起的铜结构，可以有效地降低电流密度，还可以抑制经典的尖端效应，使得锂离子在电极表面的分布更加均匀，从而避免了锂枝晶的生长(图 8-43)[138]。

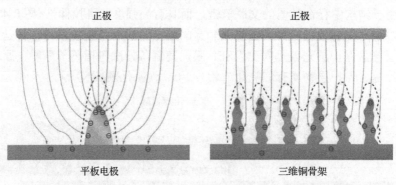

图 8-43　平板电极和三维电极的锂离子分布对比示意图[138]

4. 亲锂诱导成核

在金属锂负极充电过程中，锂离子穿过隔膜后到达负极表面成核，受制于扩散过程和电极局部表面化学状态。扩散过程总是倾向于诱导金属锂在阻力最小的负极和隔膜界面处沉积。这会导致金属锂沉积的不均匀性，产生锂枝晶刺穿隔膜等问题。为了削弱锂沉积的不均一性，崔屹等人提出了亲锂材料诱导锂金属选择性沉积的技术，金(Au)、银(Ag)、锡(Sn)、锌(Zn)等可以和锂形成合金的基底，诱导锂优先在上面沉积，通过在负极材料均匀分布这些亲和位点，可以促使金属锂的均匀电镀[139]。作者等人利用该种技术，设计了一种 Au 纳米颗粒修饰石墨烯层的复合结构，由于 Au 颗粒的诱导作用，致使锂离子穿过石墨烯层并在其间隙中沉积(图 8-44)[140]。同时，由于碳材料的高弹性模量，石墨烯层可以充当"人工"SEI 膜，迫使锂的二维横向沉积，降低了枝晶的形成。这种 Au 纳米粒子柱撑石墨烯层的结构设计填补了金属与插层负极之间的空白，使得锂负极可以稳定地循环至少 200 圈。

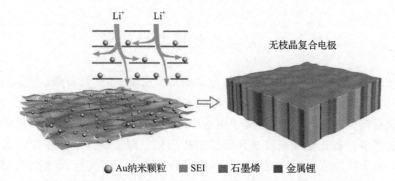

● Au纳米颗粒 ■ SEI ■ 石墨烯 ■ 金属锂

图 8-44 Au 纳米颗粒诱导锂金属在石墨烯层间电镀示意图[140]

5. 固态电解质

为了避免液态电解质与锂金属接触引发的不稳定的电沉积和不受控制的界面反应，具有较高模量的固态电解质一直被科研人员认为是构建安全、稳定的高能量锂金属基电池的重要选择。常用的固态电解质主要有无机陶瓷（如 LiPON、Li_3N、$Li_{10}GeP_2S_{12}$ 等），有机固体聚合物（如聚氧化乙烯基聚合物电解质），有机-无机杂化/复合材料（如二氧化钛、二氧化硅和聚氧化乙烯基聚合物的混合材料）等，它们的基本属性包括高弹性模量、高离子电导率、宽的电势窗口和低的界面电阻等特性。最近的研究表面在高极化条件下，金属锂甚至可以沿着固态电解质的晶界生长，因此固态电解质抑制锂枝晶的研究目前还有很多问题需要解决。

8.7.3 挑战与展望

尽管目前的一些工艺在一定程度上缓解了锂枝晶的生长，但是真正实现锂金属基电池的产业化还有不少的问题尚需解决，具体可以总结为：

（1）对 SEI 形成机制、结构的理解还不够完善。通过先进的表征手段如原子力显微镜、红外光谱、拉曼技术、原位扫描和透射电子显微镜以及理论模型的构建，来观测和理解 SEI 界面问题必不可少。

（2）相对于液态电解质，固态电解质低的离子导电性，以及这些电解质与锂金属之间的不良接触也是固态电池市场化急需解决的问题。

（3）虽然现行的工艺可以将锂负极的库仑效率提升到高达 99.3%左右，从理论计算的角度来看，1000 次循环后，仍需要 2～3 倍以上的锂来维持其初始容量，所以进一步提高库仑效率是电池寿命的保证。

（4）对于一些严苛条件，如大电流密度和低的环境温度等，锂金属的可控沉积和稳定循环策略还较为缺乏。

8.8　大容量负极共性问题

目前，负极材料的主要发展思路是朝高功率密度(如含孔石墨、软碳、硬碳、钛酸锂)、高能量密度、长循环性能和低成本的方向发展。高容量的合金类负极(如硅碳负极材料)将会在下一代锂离子电池中逐渐获得应用，然而合金类负极材料面临的问题很多。首先是其高容量伴随的体积变化。即使解决了循环性、倍率特性等问题，由于实际应用时电池电芯体积不允许发生较大的变化(一般小于 5%，最大允许 30%)，而合金类材料的容量与体积变化成正比，要获得高比容量，就带来体积变化，因此合金类负极材料在实际电池中的容量发挥受到限制。其次，大容量负极体积变化的附带效应是 SEI 的稳定性问题，如掺硅虽然提高了比容量，但是导致循环性能打折扣，未来需要兼顾两者性能的优化；最后是首次库仑效率问题，低库仑效率降低了材料的利用率，让比容量的优势无法发挥，未来提高首效是关键。总之，大容量的负极正在逐渐走向市场，但是实际效果需要在应用中从以上几个方面不断优化。

参 考 文 献

[1] Megahed S, Scrosati B. Lithium-ion rechargeable batteries. Journal of Power Sources, 1994, 51(1-2): 79-104.

[2] Endo M, Kim C, Nishimura K, Fujino T, Miyashita K. Recent development of carbon materials for Li ion batteries. Carbon, 2000, 38(2): 183-197.

[3] Zhu Z, Chen J. Review-advanced carbon-supported organic electrode materials for lithium(sodium)-ion batteries. Journal of the Electrochemical Society, 2015, 162(14): A2393-A2405.

[4] Tuinstra F, Koenig J L. Raman spectrum of graphite. Journal of Chemical Physics, 1970, 53(3): 1126-1130.

[5] Ohzuku T. Formation of lithium-graphite intercalation compounds in nonaqueous electrolytes and their application as a negative electrode for a lithium ion(shuttlecock)cell. Journal of the Electrochemical Society, 1993, 140(9): 2490-2498.

[6] Dahn J R. Phase diagram of Li_xC_6. Physical review. B.Condensed Matter, 1991, 44(17): 9170-9177.

[7] Billaud D, Henry F X, Willmann P. Electrochemical synthesis of binary graphite-lithium intercalation compounds, Materials Research Bulletin, 1993, 28(5): 477-483.

[8] Jiang Z, Alamgir M, Abraham K M. The electrochemical intercalation of Li into graphite in Li/polymer electrolyte/graphite cells. Journal of the Electrochemical Society, 1995, 142(2): 333-340.

[9] Zaghib K, Tatsumi K, Sawada Y, Higuchi S, Abe H, Ohsaki T. ^{7}Li-NMR of well-graphitized vapor-grown carbon fibers and natural graphite negative electrodes of rechargeable lithium-ion batteries. Journal of the Electrochemical Society, 1999, 146(8): 2784-2793.

[10] Wu Y P, Jiang C, Wan C, Holze R. Modified natural graphite as anode material for lithium ion batteries. Journal of Power Sources, 2002, 111(2): 329-334.

[11] Tatsumi K, Zaghib K, Sawada Y, Abe H, Ohsaki T. Anode performance of vapor-grown carbon fibers in secondary lithium-ion batteries. Journal of the Electrochemical Society, 1995, 142(4): 1090-1096.

[12] Uchida T, Morikawa Y, Ikuta H, Wakihara M, Suzuki K. Chemical diffusion coefficient of lithium in carbon fiber. Journal of the Electrochemical Society, 1996, 143 (8) : 2606-2610.

[13] Mabuchi A, Fujimoto H, Tokumitsu K, Kasuh T. Charge-discharge mechanism of graphitized mesocarbon microbeads. Journal of the Electrochemical Society, 1995, 142 (9) : 3049-3051.

[14] Aurbach D, Zinigrad E, Cohen Y, Teller H. A short review of failure mechanisms of lithium metal and lithiated graphite anodes in liquid electrolyte solutions. Solid State Ionics, Diffusion & Reactions, 2002, 148 (3-4) : 405-416.

[15] Song Y, Zhai G, Li G, Shi J, Guo Q, Liu L. Carbon/graphite seal materials prepared from mesocarbon microbeads. Carbon, 2004, 42 (8-9) : 1427-1433.

[16] Wang Y, Su F, Wood C D, Lee J Y, Zhao X S. Preparation and characterization of carbon nanospheres as anode materials in lithium-ion secondary batteries. Industrial & Engineering Chemistry Research, 2008, 47 (7) : 2294-2300.

[17] Shi H. Coke vs. graphite as anodes for lithium-ion batteries. Journal of Power Sources, 1998, 75 (1) : 64-72.

[18] Moshtev R V, Zlatilova P, Puresheva B, Manev V. Material balance of petroleum coke/LiNiO$_2$ lithium-ion cells. Journal of Power Sources, 1995, 56 (2) : 137-144.

[19] Dahn J R, Zheng T, Liu Y H, Xue J S. Mechanisms for lithium insertion in carbonaceous materials. Science, 1995, 270 (5236) : 590-593.

[20] Flandrois S, Simon B. Carbon materials for lithium-ion rechargeable batteries. Carbon, 1999, 37 (2) : 165-180.

[21] Xue J S, Dahn J R. Dramatic effect of oxidation on lithium insertion in carbons made from epoxy resins. Journal of the Electrochemical Society, 1995, 142 (11) : 3668-3677.

[22] Zheng T, Liu Y, Fuller E W, Tseng S, Sacken U V, Dahn J R. Lithium insertion in high capacity carbonaceous materials. Journal of The Electrochemical Society, 1995, 142 (8) : 2581-2590.

[23] Gong J, Wu H, Yang Q. Structural and electrochemical properties of disordered carbon prepared by the pyrolysis of poly (p-phenylene) below 1000℃ for the anode of lithium-ion battery. Carbon, 1999, 37 (9) : 1409-1416.

[24] Xing W, Xue J S, Dahn J R. Optimizing pyrolysis of sugar carbons for use as anode materials in lithium-ion batteries. Journal of the Electrochemical Society, 1996, 143 (10) : 3046-3052.

[25] Nagao M, Pitteloud C, Kamiyama T, Otomo T, Itoh K, Fukunaga T, Tatsumi K, Kanno R. Structure characterization and lithiation mechanism of nongraphitized carbon for lithium secondary batteries. Journal of the Electrochemical Society, 2006, 153 (5) : A914-A919.

[26] Xiang H, Fang S, Jiang V. Carbonaceous anodes for lithium-ion batteries prepared from phenolic resins with differentcross-linking densities. Journal of the Electrochemical Society, 1997, 144 (7) : 187-189.

[27] Xing W, Dunlap R A, Dahn J R. Studies of lithium insertion in bailmilled sugar carbons. Journal of the Electrochemical Society, 1998, 145 (1) : 62-69.

[28] Mochida I, Ku C, Korai Y. Anodic performance and insertion mechanism of hard carbons prepared from synthetic isotropic pitches. Carbon, 2001, 39 (3) : 399-410.

[29] Mochid I, Ku C, Yoon S H, Korai Y. Anodic performance and mechanism of mesophase-pitch-derived carbons in lithium ion batteries. Journal of Power Sources, 1998, 75 (2) : 214-222.

[30] Xu K. Nonaqueous liquid electrolytes for lithium-based rechargeable batteries. Chemical Reviews, 2004, 104 (10) : 4303-4417.

[31] Agubra V A, Fergus J W. The formation and stability of the solid electrolyte interface on the graphite anode. Journal of Power Sources, 2014, 268: 153-162.

[32] Santner H J, Möller K C, Kohs W, Veit C, Lanzer E, Trifonova A, Wagner M R, Raimann P, Korepp C, Besenhard J O, Winter M. Anode-electrolyte reactions in Li batteries: The differences between graphitic and metallic anodes,

New Carbon Based Materials for Electrochemical Energy Storage Systems: Batteries, Supercapacitors and Fuel Cells. Dordrecht: Springer, 2006: 171-188.

[33] Iijima, Sumio. Helical microtubules of graphitic carbon. Nature, 1991, 354(6348): 56-58.

[34] Nalimova V A, Sklovsky D E, Bondarenko G N, Alvergnat-Gaucher H, Bonnamy S, Béguin F. Lithium interaction with carbon nanotubes. Synthetic Metals, 1997, 88(2): 89-93.

[35] Landi B J, Ganter M J, Cress C D, DiLeo R A, Raffaelle R P. Carbon nanotubes for lithium ion batteries. Energy & Environmental Science, 2009, 2(6): 638-654.

[36] Lahiri I, Oh S, Hwang J Y, Cho S, Sun Y, Banerjee R, Choi W. High capacity and excellent stability of lithium ion battery anode using interface-controlled binder-free multiwall carbon nanotubes grown on copper. ACS Nano, 2010, 4(6): 3440-3446.

[37] Nishidate K, Hasegawa M. Energetics of lithium ion adsorption on defective carbon nanotubes. Physical Review B, 2005, 71(24): 245418.

[38] Liu Y, Zheng H, Liu X H, Huang S, Zhu T, Wang J, Kushima A, Hudak N S, Huang X, Zhang S, Mao S X, Qian X, Li J, Huang J Y. Lithiation-induced embrittlement of multiwalled carbon nanotubes. ACS Nano, 2011, 5(9): 7245-7253.

[39] Hu Y H, Wang H, Hu B. Thinnest two-dimensional nanomaterial-grahpene for solar energy. ChemSusChem, 2010, 3(7): 782-796.

[40] Dahn J R, Zheng T, Liu Y, Xue J S. Mechanisms for lithium insertion in carbonaceous materials. Science, 1995, 270(5236): 590-593.

[41] Liu X H, Wang J W, Liu Y, Zheng H, Kushima A, Huang S, Zhu T, Mao S X, Li J, Zhang S, Lu W, Tour J M, Huang J Y. In situ transmission electron microscopy of electrochemical lithiation, delithiation and deformation of individual graphene nanoribbons. Carbon, 2012, 50(10): 3836-3844.

[42] Yin S Y, Song L, Wang X Y, Zhang M F, Zhang K L, Zhang Y X. Synthesis of spinel $Li_4Ti_5O_{12}$ anode material by a modified rheological phase reaction. Electrochimica Acta, 2009, 54(24): 5629-5633.

[43] Ohzuku T, Ueda A, Yamamoto N. Zero-strain insertion material of $Li[Li_{1/3}Ti_{5/3}]O_4$ for rechargeable lithium cell. Journal of the Electrochemical Society, 1995, 142(5): 1431-1435.

[44] Scharner S, Weppner W, Schmid-Beurmann P. Evidence of two-phase formation upon lithium insertion into the $Li_{1.33}Ti_{1.67}O_4$ spinel. Journal of the Electrochemical Society, 1999, 146(3): 857-861.

[45] Wagemaker M, Simon D R, Kelder E M, Schoonman J, Ringpfeil C, Haake U, Lützenkirchen-Hecht D, Frahm R, Mulder F M. A kinetic two-phase and equilibrium solid solution in spinel $Li_{4+x}Ti_5O_{12}$. Advanced Materials, 2006, 18(23): 3169-3173.

[46] Schmidt W, Bottke P, Sternad M, Gollob P, Hennige V, Wilkening M. Small change—great effect: Steep increase of Li ion dynamics in $Li_4Ti_5O_{12}$ at the early stages of chemical Li insertion. Chemistry of Materials, 2015, 27(5): 1740-1750.

[47] Wilkening M, Amade R, Iwaniak W, Heitjans P. Ultraslow Li diffusion in spinel-type structured $Li_4Ti_5O_{12}$—A comparisonof results from solid state NMR and impedance spectroscopy. Physical Chemistry Chemical Physics, 2007, 9(10): 1239-1246.

[48] Jung K N, Pyun S I, Kim S W. Thermodynamic and kinetic approaches to lithium intercalation into $Li[Ti_{5/3}Li_{1/3}]O_4$ film electrode. Journal of Power Sources, 2003, 119(6): 637-643.

[49] Wang X, Liu D, Weng Q, Liu J, Liang Q, Zhang C. $Cu/Li_4Ti_5O_{12}$ scaffolds as superior anodes for lithium-ion batteries. NPG Asia Materials, 2015, 7(4): e171.

[50] Li X, Lin H, Cui W, Xiao Q, Zhao J. Fast solution-combustion synthesis of nitrogen-modified $Li_4Ti_5O_{12}$ nanomaterials with improved electrochemical performance. ACS Applied Materials & Interfaces, 2014, 6(10): 7895-7901.

[51] Sorensen E M, Barry S J, Jung H, Rondinelli J R, Vaughey J T, Poeppelmeier K P. Three-dimensionally ordered macroporous $Li_4Ti_5O_{12}$: Effect of wall structure on electrochemical properties. Chemistry of Materials, 2006, 18(2): 482-489.

[52] Cheng L, Li X L, Liu H J, Xiong H M, Zhang P W, Xia Y Y. Carbon-coated $Li_4Ti_5O_{12}$ as a high rate electrode material for Li-ion intercalation. Journal of The Electrochemical Society, 2007, 154(7): A692-A697.

[53] Jung H G, Myung S T, Yoon C S, Son S B, Oh K H, Amine K, Scrosati B, Sun Y K. Microscale spherical carbon-coated $Li_4Ti_5O_{12}$ as ultra high power anode material for lithium batteries. Energy & Environmental Science, 2011, 4(4): 1345-1351.

[54] Huang S, Wen Z, Gu Z, Zhu X. Preparation and cycling performance of Al^{3+} and F^- co-substituted compounds $Li_4Al_xTi_{5-x}F_yO_{12-y}$. Electrochimica Acta, 2005, 50(27): 4057-4062.

[55] Feckl J M, Fominykh K, Döblinger M, Fattakhova-Rohlfing D, Bein T. Nanoscale porous framework of lithium titanate for ultrafast lithium insertion. Angewandte Chemie International Edition, 2012, 51(30): 7459-7463.

[56] Wang G J, Gao J, Fu L J, Zhao N H, Wu Y P, Takamura T. Preparation and characteristic of carbon-coated $Li_4Ti_5O_{12}$ anode material. Journal of Power Sources, 2007, 174(2): 1109-1112.

[57] Liao J, Chabot V, Gu M, Wang C, Xiao X, Chen Z. Dual phase $Li_4Ti_5O_{12}$–TiO_2 nanowire arrays as integrated anodes for high-rate lithium-ion batteries. Nano Energy, 2014, 9: 383-391.

[58] Ji G, Ma Y, Ding B, Lee J Y. Improving the performance of high capacity Li-ion anode materials by lithium titanate surface coating. Chemistry of Materials, 2012, 24(17): 3329-3334.

[59] Chen M, Li W, Shen X, Diao G. Fabrication of core–shell α-Fe_2O_3@$Li_4Ti_5O_{12}$ composite and its application in the lithium ion batteries. ACS Applied Materials & Interfaces, 2014, 6(6): 4514-4523.

[60] Huang S, Wen Z, Zhu X, Lin Z. Effects of dopant on the electrochemical performance of $Li_4Ti_5O_{12}$ as electrode material for lithium ion batteries. Journal of Power Sources, 2007, 165(1): 408-412.

[61] Zhao Z, Xu Y, Ji M, Zhang H. Synthesis and electrochemical performance of F-doped $Li_4Ti_5O_{12}$ for lithium-ion batteries. Electrochimica Acta, 2013, 109: 645-650.

[62] Chen J Z, Yang L, Fang S H, Hirano S I, Tachibana K. Synthesis of hierarchical mesoporous nest-like $Li_4Ti_5O_{12}$ for high-rate lithium ion batteries. Journal of Power Sources, 2012, 200: 59-66.

[63] Jiang C, Ichihara M, Honma I, Zhou H. Effect of particle dispersion on high rate performance of nano-sized $Li_4Ti_5O_{12}$ anode. Electrochimica Acta, 2007, 52(23): 6470-6475.

[64] Wang Q, Yu H T, Xie Y, Li M X, Yi T F, Guo C F, Song Q S, Lou M, Fan S S. Structural stabilities, surface morphologies and electronic properties of spinel $LiTi_2O_4$ as anode materials for lithium-ion battery: A first-principles investigation. Journal of Power Sources, 2016, 319: 185-194.

[65] Colbow K M, Dahn J R, Haering R R. Structure and electrochemistry of the spinel oxides $LiTi_2O_4$ and $Li_{4/3}Ti_{5/3}O_4$. Journal of Power Sources, 1989, 26(3-4): 397-402.

[66] Kuhn A, Baehtz C, García-Alvarado F. Structural evolution of ramsdellite-type $Li_xTi_2O_4$ upon electrochemical lithium insertion–deinsertion ($0 \leqslant x \leqslant 2$). Journal of Power Sources, 2007, 174(2): 421-427.

[67] Murphy D W, Cava R J, Zahurak S M, Santoro A. Ternary Li_xTiO_2 phases from insertion reactions. Solid State Ionics, 1983, 9-10(part-P1): 413-418.

[68] Pan M, Chen Y, Liu H. Carbon-coated spinel-structured $Li_{1-x}Ti_2O_4 (0 < x < 0.5)$ anode materials with reversible two-stage lithiation potentials. Ionics, 2015, 21(9): 2417-2422.

[69] Xu T, Wang W, Gordin M L, Wang D, Choi D. Lithium-ion batteries for stationary energy storage. Jom, 2010, 62(9): 24-30.

[70] Kavan L, Kalbáč M, Zukalová M, Exnar I, Lorenzen V, Nesper R, Graetzel M. Lithium storage in nanostructured TiO_2 made by hydrothermal growth. Chemistry of Materials, 2004, 16(3): 477-485.

[71] Wagemaker M, Borghols W J H, Mulder F M. Large impact of particle size on insertion reactions. a casefor anatase Li_xTiO_2. Journal of the American Chemical Society, 2007, 129(14): 4323-4327.

[72] Jiang C, Zhang J. Nanoengineering titania for high rate lithium storage: A review. Journal of Materials Science & Technology, 2013, 29(2): 97-122.

[73] Wang S, Yang Y, Quan W, Hong Y, Zhang Z, Tang Z, Li J. Ti^{3+}-free three-phase $Li_4Ti_5O_{12}/TiO_2$ for high-rate lithium ion batteries: Capacity and conductivity enhancement by phase boundaries. Nano Energy, 2017, 32: 294-301.

[74] Morachevskii A G, Demidov A I. Lithium-silicon alloys: Phase diagram, electrochemical studies, thermodynamic properties, application in chemical power cells. Russian Journal of Applied Chemistry, 2015, 88(4): 547-566.

[75] Chevrier V L, Zwanziger J W, Dahn J R. First principles studies of silicon as a negative electrode material for lithium-ion batteries. Canadian Journal of Physics, 2009, 87(6): 625-632.

[76] Chevriera V L, Dahn J R. First principles studies of disordered lithiated silicon. Journal of the Electrochemical Society, 2010, 157(4): A392-A398.

[77] Li H, Huang X J, Chen L Q, Wu Z G, Liang Y. A high capacity nano-Si composite anode material for lithium rechargeable batteries. Electrochemical and solid-state letters, 1999, 2(11): 547-549.

[78] Beaulieu L Y, Eberman K W, Turner R L, Krause L J, Dahna J R. Colossal reversible volume changes in lithium alloys. Electrochemical and solid-state letters, 2001, 4(9): A137-A140.

[79] Chan C K, Ruffo R, Hong S S, Cui Y. Surface chemistry and morphology of the solid electrolyte interphase on silicon nanowire lithium-ion battery anodes. Journal of Power Sources, 2009, 189(2): 1132-1140.

[80] Chan C K, Peng H, Liu G, Mcilwrath K, Zhang X F, Huggins R A, Cui Y. High-performance lithium battery anodes using silicon nanowires. Nature nanotechnology, 2008, 3(1): 31-35.

[81] Ng S H, Wang J Z, Wexler D, Konstantinov K, Guo Z P, Liu H K. Highly reversible lithium storage in spheroidal carbon-coated silicon nanocomposites as anodes for lithium-ion batteries. Angewandte Chemie International Edition, 2006, 45(41): 6896-6899.

[82] Takamura T, Ohara S, Uehara M, Suzuki J, Sekine K. A vacuum deposited Si film having a Li extraction capacity over 2000 mAh/g with a long cycle life. Journal of Power Sources, 2004, 129(1): 96-100.

[83] Huggins R A, Nix W D. Decrepitation model for capacity loss during cycling of alloys in rechargeable electrochemical systems. Ionics, 2000, 6(1-2): 57-63.

[84] Wu H, Chan G, Choi J W, Ryu I, Yao Y, McDowell M T, Lee S W, Jackson A, Yang Y, Hu L B, Cui Y. Stable cycling of double-walled silicon nanotube battery anodes through solid-electrolyte interphase control. Nature nanotechnology, 2012, 7(5): 310-315.

[85] Hertzberg B, Alexeev A, Yushin G. Deformations in Si-Li anodes upon electrochemical alloying in nano-confined space. Journal of the American Chemical Society, 2010, 132(25): 8548-8549.

[86] Liu N, Lu Z, Zhao J, McDowell M T, Lee H W, Zhao W T, Cui Y. A pomegranate-inspired nanoscale design for large-volume-change lithium battery anodes. Nature Nanotechnology, 2014, 9(3): 187-192.

[87] Zhang H G, Braun P V. Three-dimensional metal scaffold supported bicontinuous silicon battery anodes. Nano Letter, 2012, 12(6): 2778-2783.

[88] Zhang W J. A review of the electrochemical performance of alloy anodes for lithium-ion batteries. Journal of Power Sources, 2011, 196(1): 13-24.

[89] Pu J, Du H X, Wang J, Wu W L, Shen Z H, Liu J Y, Zhang H G. High-performance Li-ion Sn anodes with enhanced electrochemical properties using highly conductive TiN nanotubes array as a 3D multifunctional support. Journal of Power Sources, 2017, 360: 189-195.

[90] Chen X L, Guo J C, Gerasopoulos K, Langrock A, Brown A, Ghodssi R, Culver J N, Wang C S. 3D tin anodes prepared by electrodeposition on a virus scaffold. Journal of Power Sources, 2012, 211: 129-132.

[91] Obrovac M N, Chevrier V L. Alloy negative electrodes for Li-ion batteries. Chemical Reviews, 2014, 114(23): 11444-11502.

[92] Wang J Q, Raistrick I D, Huggins R A. Behavior of some binary lithium alloys as negative electrodes in organic solvent-based electrolytes. Journal of The Electrochemical Society, 1986, 133(3): 457-460.

[93] Courtney I A, Tse J S, Mao O, Hafner J, Dahn J R. Ab initio calculation of the lithium-tin voltage profile. Physic Review B, 1998, 58(23):15583.

[94] Wu M, Li X W, Zhou Q, Ming H, Adkins J, Zheng J W. Fabrication of Sn film via magnetron sputtering towards understanding electrochemical behavior in lithium-ion battery application. Electrochimica Acta, 2014, 123: 144-150.

[95] Morimoto H, Tobishima S, Negishi H. Anode behavior of electroplated rough surface Sn thin films for lithium-ion batteries. Journal of Power Sources, 2005, 146(1-2): 469-472.

[96] Javadian S, Kakemam J, Sadeghi A, Gharibi H. Pulsed current electrodeposition parameters to control the Sn particle size to enhance electrochemical performance as anode material in lithium ion batteries. Surface & Coatings Technology, 2016, 305: 41-48.

[97] Eoma K S, Jung J, Lee J T, Lair V, Joshi T, Lee S W, Lin Z Q, Fuller T F. Improved stability of nano-Sn electrode with high-quality nano-SEI formation for lithium ion battery. Nano Energy, 2015, 12: 314-321.

[98] Zhang H G, Shi T, Wetzel D J, Nuzzo R G, Braun P V. 3D scaffolded nickel-tin Li-ion anodes with enhanced cyclability. Advanced Materials, 2016, 28(4): 742-747.

[99] Morimoto H, Tobishima S, Negishi H. Anode behavior of electroplated rough surface Sn thin films for lithium-ion batteries. Journal of Power Sources, 2005, 146: 469-472.

[100] Fan X Y, Zhuang Q C, Wei G Z, Huang L, Dong Q F, Sun S G. One-step electrodeposition synthesis and electrochemical properties of Cu_6Sn_5 alloy anodes for lithium-ion batteries. Journal of Applied Electrochemistry, 2009, 39(8): 1323-1330.

[101] Larcher D, Beaulieu L Y, MacNeil D D, Dahn J R. In situ X-Ray study of the electrochemical reaction of Li with η-Cu_6Sn_5. Journal of the Electrochemical Society, 2000, 147(5): 1658-1662.

[102] Kepler K D, Vaughey J T, Thackeray M M. $Li_xCu_6Sn_5$ ($0<x<13$), An intermetallic insertion electrode for rechargeable lithium batteries. Electrochemical and Solid State Letters, 1999, 2(7): 307-309.

[103] Thackeray M M, Vaughey J T, Johnson C S, Kropf A J, Benedek R, Fransson L M T, Edstrom K. Structural considerations of intermetallic electrodes for lithium batteries. Journal of Power Sources, 2003, 113(1): 124-130.

[104] Tan X F, McDonald S D, Gu Q F, Hu Y X, Wang L Z, Matsumura S, Nishimura T, Nogita K. Characterisation of lithium-ion battery anodes fabricated via in-situ Cu_6Sn_5 growth on a copper current collector. Journal of Power Sources, 2019, 415: 50-61.

[105] Mukaibo H, Momma T, Osaka T. Changes of electro-deposited Sn-Ni alloy thin film for lithium ion battery anodes during charge discharge cycling. Journal of Power Sources, 2005, 146(1-2): 457-463.

[106] Mukaibo H, Sumi T, Yokoshima T, Momma T, Osaka T. Electrodeposited Sn-Ni alloy film as a high capacity anode material for lithium-ion secondary batteries. Electrochemical and Solid State Letters, 2003, 6(10): A218-A220.

[107] Ui K, Kikuchi S, Jimba Y, Kumagai N. Preparation of Co-Sn alloy film as negative electrode for lithium secondary batteries by pulse electrodeposition method. Journal of Power Sources, 2011, 196(8): 3916-3920.

[108] Gnanamuthu R M, Jo Y N, Lee C W. Brush electroplated CoSn$_2$ alloy film for application in lithium-ion batteries. Journal of Alloys and Compounds, 2013, 564: 95-99.

[109] Ke F S, Huang L, Jamison L, Xue L J, Wei G Z, Li J T, Zhou X D, Sun S G. Nanoscale tin-based intermetallic electrodes encapsulated in microporous copper substrate as the negative electrode with a high rate capacity and a long cycleability for lithium-ion batteries. Nano Energy, 2013, 2(5): 595-603.

[110] Zhao H P, Zhang G, Jiang C Y, He X M. An electrochemical and structural investigation of porous composite anode materials for LIB. Ionics, 2012, 18(1-2): 11-18.

[111] Chen J S, Cheah Y L, Chen Y T, Jayaprakash N, Madhavi S, Yang Y H, Lou X W. SnO$_2$ nanoparticles with controlled carbon nanocoating as high-capacity anode materials for lithium-ion batteries. the Journal of Physical Chemistry C, 2009, 113(47): 20504-20508.

[112] Courtney I A, Dahn J R. Electrochemical and in situ X-Ray diffraction studies of the reaction of uthium with tin oxide composite. Journal of The Electrochemical Society, 1997, 144(6): 2045-2052.

[113] Courtney I A, Dahn J R. Key factors controlling the reversibility of the reaction of lithium with SnO$_2$ and Sn$_2$BPO$_6$ glass. Journal of the Electrochemical Society, 1997, 144(9): 2943-2948.

[114] Hu R Z, Chen D C, Waller G, Ouyang Y P, Chen Y, Zhao B T, Rainwater B, Yang C H, Zhu M, Liu M L. Dramatically enhanced reversibility of Li$_2$O in SnO$_2$-based electrodes, the effect of nanostructure on high initial reversible capacity. Energy & Environmental Science, 2016, 9(2): 595-603.

[115] Morales J, Sanchez L. Improving the electrochemical performance of SnO$_2$ cathodes in lithium secondary batteries by doping with Mo. Journal of the Electrochemical Society, 1999, 146(5): 1640-1642.

[116] Zhu Q Y, Wu P, Zhang J J, Zhang W Y, Zhou Y M, Tang Y W, Lu T H. Cyanogel-derived formation of 3D nanoporous SnO$_2$-M$_x$O$_y$(M=Ni, Fe, Co)hybrid networks for high-performance lithium storage. ChemSusChem, 2015, 8(1): 131-137.

[117] Meduri P, Clark E, Dayalan E, Sumanasekera G U, Sunkara M K. Kinetically limited de-lithiation behavior of nanoscale tin-covered tin oxide nanowires. Energy & Environmental Science, 2011, 4(5): 1695-1699.

[118] Cheng Y, Li Q, Wang C L, Sun L S, Yi Z, Wang L M. Large-scale fabrication of core-shell structured C/SnO$_2$ hollow spheres as anode materials with improved lithium storage performance. Small, 2017, 13(47): 1701993.

[119] Jiang Y Z, Li Y, Sun W P, Huang W, Liu J B, Xu B, Jin C H, Ma T Y, Wu C Z, Yan M. Spatially-confined lithiation-delithiation in highly dense nanocomposite anodes towards advanced lithium-ion batteries. Energy & Environmental Science, 2015, 8(5): 1471-1479.

[120] Zhang L, Pu J, Jiang Y H, Shen Z H, Li J C, Liu J Y, Ma H X, Niu J J, Zhang H G. Low interface energies tune the electrochemical reversibility of tin oxide composite nanoframes as lithium-ion battery anodes. ACS Applied Materials & Interfaces, 2018, 10(43): 36892-36901.

[121] Poizot P, Laruelle S, Grugeon S, Dupont L, Tarascon J M. Nano-sized transition-metal oxides as negative-electrode materials for lithium-ion batteries. Nature, 2000, 407(6803): 496-499.

[122] 吴宇平, 戴晓兵, 马军旗, 程预江. 锂离子电池: 应用于实践. 北京: 化学工业出版社, 2004.

[123] Whittingham M S. Electrical energy storage and intercalation chemistry. Science, 1976, 192(4244): 1126-1127.

[124] Chen L, Zhang H W, Liang L Y, Liu Z, Qi Y, Lu P, Chen J, Chen L Q. Modulation of dendritic patterns during electrodeposition: A nonlinear phase-field model. Journal of Power Sources, 2015, 300: 376-385.

[125] Guo Y P, Li H Q, Zhai T Y. Reviving lithium-metal anodes for next-generation high-energy batteries. Advanced materials, 2017, 29(29): 1700007.

[126] Chen K H, Wood K N, Kazyak E, LePage W S, Davis A L, Sanchez A J, Dasgupta N P. Dead lithium: Mass transport effects on voltage, capacity, and failure of lithium metal anodes, Journal of Materials Chemistry A, 2017, 5(23): 11671-11681.

[127] Zhao J, Liao L, Shi F F, Lei T, Chen G X, Pei A, Sun J, Yan K, Zhou G M, Xie J, Liu C, Li Y Z, Liang Z, Bao Z N, Cui Y. Surface fluorination of reactive battery anode materials for enhanced stability. Journal of the American Chemical Society, 2017, 139(33): 11550-11558.

[128] Dong H N, Dorfman S M, Holl C M, Meng Y, Prakapenka V B, He D W, Duffy T S. Compression of lithium fluoride to 92GPa. High Pressure Research, 2014, 34(1): 39-48.

[129] Ding F, Xu W, Graff G L, Zhang J, Sushko M L, Chen X L, Shao Y Y, Engelhard M H, Nie Z M, Xiao J, Liu X J, Sushko P V, Liu J, Zhang J G. Dendrite-free lithium deposition via self-healing electrostatic shield mechanism. Journal of the American Chemical Society, 2013, 135(11): 4450-4456.

[130] Aurbach D, Cohen Y. The application of atomic force microscopy for the study of Li deposition processes. Journal of the Electrochemical Society, 1996, 143(11): 3525-3532.

[131] Wu X, Wang J L, Ding F, Chen X L, Nasybulin E, Zhang Y H, Zhang J G. Lithium metal anodes for rechargeable batteries. Energy & Environmental Science, 2014, 7(2): 513-537.

[132] Fan X L, Chen L, Ji X, Deng T, Hou S, Chen J, Zheng J, Wang F, Jiang J J, Xu K, Wang C S. Highly fluorinated interphases enable high-voltage Li-metal batteries. Chem, 2018, 4(1): 174-185.

[133] Lin L D, Liang F, Zhang K Y, Mao H Z, Yang J, Qian Y T. Lithium phosphide/lithium chloride coating on lithium for advanced lithium metal anode. Journal of Materials Chemistry A, 2018,6(32): 15859-15867.

[134] Zheng G Y, Wang C, Pei A, Lopez J, Shi F F, Chen Z, Sendek A D, Lee H W, Lu Z D, Schneider H, Safont-Sempere M M, Chu S, Bao Z N, Cui Y. High-performance lithium metal negative electrode with a soft and flowable polymer coating. ACS Energy Letters, 2016, 1(6): 1247-1255.

[135] Rosso M, Gobron T, Brissot C, Chazalviel J N, Lasaud S. Onset of dendritic growth in lithium/polymer cells. Journal of Power Sources, 2001, 97-98: 804-806.

[136] Zhang R, Li N W, Cheng X B, Yin Y X, Zhang Q, Guo Y G. Advanced micro/nanostructures for lithium metal anodes. Advanced Science, 2017, 4(3): 1600445.

[137] Jin S, Sun Z W, Guo Y L, Qi Z K, Guo C K, Kong X H, Zhu Y W, Ji H X. High areal capacity and lithium utilization in anodes made of covalently connected graphite microtubes. Advanced Materials, 2017, 29(38): 700783.

[138] Yang C P, Yin Y X, Zhang S F, Li N W, Guo Y G. Accommodating lithium into 3D current collectors with a submicron skeleton towards long-life lithium metal anodes. Nature communications, 2015, 6(1): 8058.

[139] Yan K, Lu Z D, Lee H W, Xiong F, Hsu P C, Li Y Z, Zhao J, Chu S, Cui Y. Selective deposition and stable encapsulation of lithium through heterogeneous seeded growth. Nature Energy, 2016, 1(3): 16010.

[140] Pu J, Li J C, Shen Z H, Zhong C L, Liu J Y, Ma H X, Zhu J, Zhang H G, Braun P V. Interlayer lithium plating in Au nanoparticles pillared reduced graphene oxide for lithium metal anodes. Advanced Functional Materials, 2018, 28(41): 1804133.

第9章　其他类型充电电池

随着电化学储能市场的快速发展，各种类型的充电电池被研发和改进，以适应不同市场的需求。除了前面章节讲述的水系电池和锂离子电池占据绝大多数份额外，还有一些非常具有前景的充电电池类型，吸引了学术界和产业界的目光。比如，为了应对锂离子储量不足及其高昂的价格问题，钠和钾离子储能系统被当作替代方案研究。钠、钾和锂处于同一主族，性质相似，相关材料和机理大同小异，这里不做介绍。第二主族的 Mg 和 Ca 作为插层离子的电池也有许多研究，Mg 和 Ca 属于二价阳离子，与锂离子相比能够传递两倍的电荷，可制成镁离子和钙离子电池。Al 是三价离子，能够进一步提高传递电荷数目，产生了铝离子电池。图 9-1 显示了不同金属作为阳极能够提供的容量和其电极电势。一个电化学储能体系除了图 9-1 给出的低电势的阳极外，其强氧化性阴极也有不同选择，前面几章讲述金属氧化物和聚阴离子阴极，其实 O_2、S、Cl_2 等直接作为充电电池的阴极材料都被研究过。这些阴阳极材料搭配组合可以产生众多类型的充电电池，其中锂硫电池和镁离子电池是研究最多的类型。在这一章我们重点介绍锂硫电池和镁离子电池。

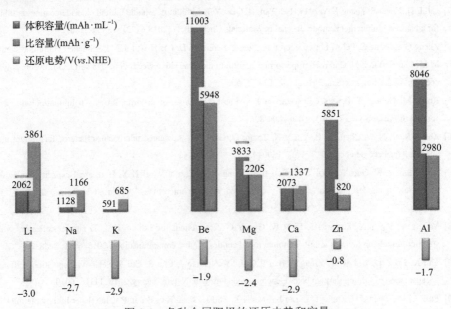

图 9-1　各种金属阳极的还原电势和容量

9.1　锂硫电池

锂硫电池理论比能量和能量密度分别为 $2600Wh\cdot kg^{-1}$ 和 $2800Wh\cdot L^{-1}$，与现有商业化锂离子电池理论比能量 $(580Wh\cdot kg^{-1})$ 相比，具有相当高的优势[1]，是当前储能材料研究的热点。即使假设在实际应用中能够实现 25% 的理论能量密度，锂硫电池比能量也高达 $650Wh\cdot kg^{-1}$，超越常规锂离子电池(图 9-2)。因此锂硫电池正吸引了大量研究者的兴趣，近年来锂硫电池研究取得了一些重要进展，预期未来锂硫电池在长续航领域将获得应用。

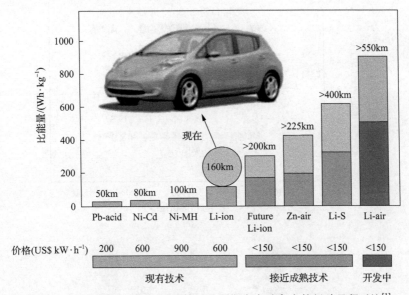

图 9-2　各种充电电池比能量比较以及预期在电动车上的行驶里程对比[1]

9.1.1　锂硫电池基本原理

锂硫电池采用单质硫的转化反应储存锂，通过 S—S 键的断裂和重组来实现电能和化学能的相互转化，不同于商业化锂离子电池的插层反应机理，不像插层材料受有限位点的约束，锂硫电池的硫正极反应能够储存和转化大量的锂离子。在放电过程中，锂离子从负极向正极迁移，和单质硫 S_8 发生一系列反应，形成中间产物 $Li_2S_n(1\leqslant n\leqslant 8)$，最后生成 Li_2S。充电时，Li_2S 被电解氧化，依次形成各种中间产物 Li_2S_x，回到 S_8，释放出的锂离子重新迁回负极，沉积为金属锂。其电化学反应方程如下：

$$S + 2Li \longleftrightarrow Li_2S \quad \Delta G = -425kJ\cdot mol^{-1}$$

图 9-3 显示了锂硫电池的充放电过程，图中标识除了在不同反应阶段可能出现的中间相多硫化物。为了方便讨论，多硫化物被分为两种，第一类是长链多硫化物 Li_2S_n($4<n<8$)，代表了高的氧化状态或者电池充电状态；第二类是短链多硫化物 Li_2S_n($2<n<4$)，代表了低的氧化状态和电池放电状态。这两类多硫化物的状态与放电过程中的两个电化学反应平台相关，高放电平台主要发生的电化学反应为：

$$S_8^0 + 4e^- \Longrightarrow 2S_4^{2-}$$

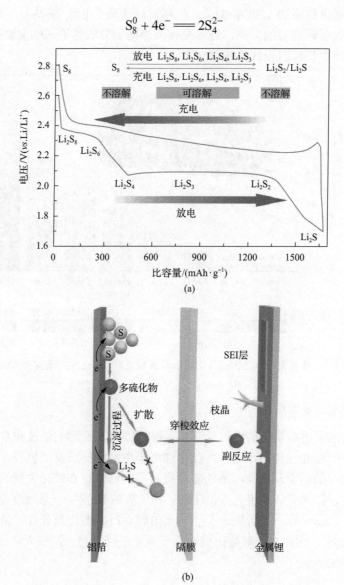

(a)

(b)

图 9-3　锂硫电池充放电曲线(a)及 Li-S 电池电极表面电化学反应示意图(b)[2]

该平台涉及的多硫化物(Li_2S_8、Li_2S_6、Li_2S_4)可溶解于电解液中，它们之间的反应是液相转变过程，其电化学反应动力学较快。低放电平台主要发生的电化学反应为：

$$2S_4^{2-} + 4e^- == 4S_2^{2-}$$

$$4S_2^{2-} + 8e^- == 8S^{2-}$$

该平台代表涉及的 Li_2S_2 和 Li_2S 不溶于电解液中，电化学反应动力学过程缓慢，最后，Li_2S_2/Li_2S 从电解液中析出并沉积在导电剂表面，有可能完成锂硫电池的充放电过程，也有可能钝化电极表面。实际锂硫电池中，硫活性物质的转化过程并不一定严格按照上述方程式逐步进行，具体反应更加复杂，这是由多硫化物本身性质所决定，需要具体分析。

长链的多硫化物能够与金属锂负极发生还原反应，并且也能够与不溶的放电产物 Li_2S 发生还原反应。硫正极生成的长链多硫化物，由于浓度梯度的存在，会向金属锂负极扩散并与其发生反应，生成 Li_2S 及短链的多硫化物，这些短链的多硫化物会再次扩散回硫正极，被氧化成长链多硫化物。多硫化物在电池正负极之间的这种迁移现象，被称为"穿梭效应"（图 9-4）。"穿梭效应"降低了充放电的效率，导致可逆容量减少，同时也引起自放电发生。锂硫电池一个重要问题就是抑制"穿梭效应"的发生。

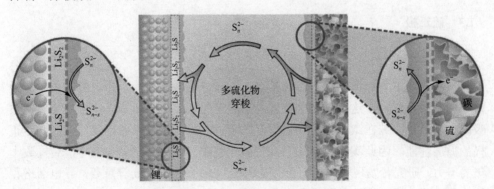

图 9-4　穿梭效应示意图[3]

9.1.2　锂硫电池的挑战

锂硫电池虽然具有高的理论比容量和能量密度，但目前可实现的能量密度远远低于理论值。电池倍率性能差、容量衰减快、实际放电容量低、循环寿命短等问题阻碍了锂硫电池的商业化步伐。无论是材料还是系统，锂硫电池都面临着许多挑战。

(1) 单质硫 (电导率为约 10^{-30}S·cm^{-1}) 和固态放电产物 Li$_2$S 的绝缘性，必须与导电添加剂复合，来增加正极对电子的导电率。导电剂不参与电极反应，大量添加剂降低了正极的容量。

(2) 充放电过程中的硫体积变化大，正极结构不断收缩和膨胀，使得正极结构失效，导致硫与导电基底分离，失去活性，通过构建三维导电网络，或者机械支撑结构，能够缓解该问题。

(3) 多硫化物的穿梭效应是造成容量衰减的主要因素，一方面消耗了正极活性物质，另一方面导致负极腐蚀及钝化，同时严重降低了电池的库仑效率，并且导致自放电。抑制穿梭效应是锂硫电池研究的重点，一般采用吸附剂捕获多硫离子，吸附剂不提供容量，所以如果吸附剂添加量增加，降低了电池整体比能量。也可以采用多孔网络结构将多硫化物限域在正极，还可以在正极和隔膜处添加中间层，阻挡多硫离子向负极扩散。

(4) 多硫化物转化反应涉及液固相和固固相的转化过程，动力学过程缓慢，不利于高倍率的电池充放电。目前常用策略是添加催化剂，加快反应动力学，催化剂还可相对地抑制多硫离子的穿梭效应。催化剂设计是目前锂硫电池研究的重点。

(5) 锂硫电池的高比能量需要和锂金属搭配才能发挥，如负极章节所述，金属锂的循环和安全性能存在严重问题，所以对锂硫电池来说，面临双重挑战[图 9-3(b)]。

9.1.3　硫正极

1. 硫-多孔碳复合正极

锂硫电池中添加活性炭的目的是增加正极导电性，提高正极材料利用率。最常用的是炭黑材料，这些导电剂不仅有高的表面积还有大量微孔，多硫化物能被吸附在表面，限域在微孔中，一定程度限制了多硫化物带来的副反应，提高了正极的循环性能。因此碳材料成为早期锂硫电池中广泛使用的添加剂[4]，经过数十年的努力，研究者发现"吸附"和"限域"，与增强导电性同等重要，导电网络和绝缘的硫紧密接触能够显著提高电荷转移。因此更多研究致力于用多孔导电碳增强锂硫电池正极性能(图 9-5)。Ji 等[5]报道了一种有序结构介孔碳复合的锂硫正极材料，由于优良的导电性和介孔限域作用，复合材料表现出 1320mAh·g^{-1} 的比容量，接近 80%硫利用率。多硫化物被吸附在介孔内，压制了穿梭效应，所以循环性能得到大幅提高。至此后，硫碳复合材料得到了广泛重视，各种各样的孔结构被设计和报道。

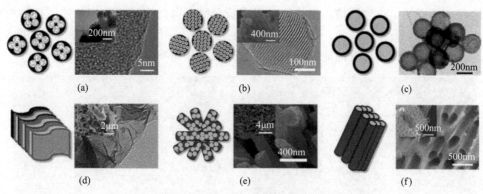

图 9-5 分级多孔碳基硫正极复合材料[6]

(a)微孔碳球；(b)球形有序介孔碳纳米颗粒；(c)中空碳球；(d)石墨烯氧化物；
(e)多孔碳纳米纤维；(f)中空碳纳米线

Zhang[7]通过两步热处理工艺将熔融硫包裹在微孔碳球内部，以强吸附力来限制电化学活性材料在其狭窄微孔内反应，该方法使硫正极实现 500 圈循环的长寿命，剩余容量达到了 $650mAh \cdot g^{-1}$。在微孔碳的狭窄空间内合成亚稳态多硫化物，避免了可溶性多硫化物的扩散，使得链状硫分子与导电碳基质有很强的相互作用，因而可以克服常规锂硫电池中严重的多硫化物扩散问题。

理想的碳基体作为硫的支撑材料，需要具备以下几个特点：①高电导率；②电化学亲硫；③具备小孔限域硫，但是没有敞开的大孔作为出口；④液态电解质能够浸润所有的孔；⑤稳定的框架结构能够耐受硫膨胀收缩的应力。图 9-5 大致总结了几种常见的分级碳设计。具有微孔结构的碳球可以负载硫在孔内，但是需要增加总的孔体积来提高硫载量；球形有序介孔碳具有大量的内孔，非常适合容纳硫，不会影响电池循环；多孔中空碳硫复合材料表现出超过 100 圈的循环性能。氧化石墨烯也能用于锂硫电池，但是石墨烯直接用于载硫需要解决如何吸附固定多硫化物的问题（见下一节）；多孔碳纳米纤维和中空碳纳米纤维很适合载硫。多孔碳载硫显示出很好的性能，但是目前一种锂硫复合材料还不能同时获得以下性质：①＞70wt%活性物质负载量；②＞$1200mAh \cdot g^{-1}$ 的比容量；③100 圈容量损失低于 10%。

2. 硫-石墨烯复合正极

石墨烯基材料具有出色的电子导电性、高机械强度和柔韧性，应用于硫正极以增强电化学反应活性和稳定性，涂覆或包覆硫的复合材料中的石墨烯可以抑制由于循环过程中的溶解而导致的活性物质硫的损失。Wang 等[8]报道了如图 9-6 所示的硫-石墨烯复合材料，石墨烯通过溶剂热方法制备，然后将其和硫在 200～300℃加热复合形成硫正极材料。这种复合材料比纯硫电极具有更高的初始放电比容量和更低的电化学阻抗。另外还可以将硫分散在有机溶剂 CS_2 中，然后将溶液相与石墨烯混合来负载硫，挥发完 CS_2，再加热使硫熔融以降低硫的黏度，改善 S 在石墨烯中的分布，进而能够提高含硫量并改善其循环性能。

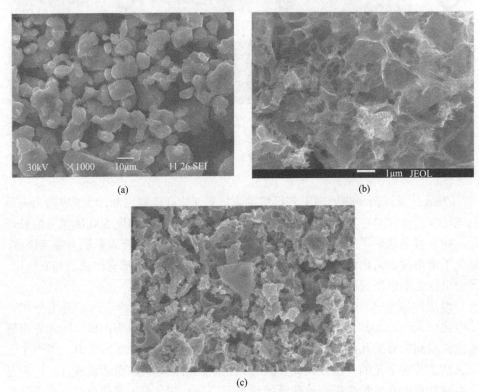

图 9-6　S 颗粒(a)、石墨烯(b)、S-石墨烯复合材料(c)的 SEM 图片[8]

　　完美的石墨烯是由芳香性 C—C 结构组成，表面没有官能团，与单质硫之间存在非极性相互作用，但是与极性的多硫化物作用较弱。对石墨烯表面进行功能化处理，可改善硫-石墨烯复合正极的性能。为了检查硫组分与石墨烯基底上特定类型官能团之间的相互作用，Manthiram 等[9]用羟基选择性地修饰了石墨烯，并在室温下实现了羟基诱导的硫键合的异质成核，在 100 圈循环后，分别以 0.5C、1C 和 2C 的倍率保持了 1021mAh·g^{-1}、955mAh·g^{-1} 和 647mAh·g^{-1} 的优异可逆容量，这归因于：①均匀分布的羟基，有助于形成附着在石墨烯上的无定型硫并吸附多硫化物；②由于羟基和硫组分之间作用增强，硫颗粒尺寸变小，提供了较短的离子和电子传输路径；③柔性的石墨烯基底允许电解液完全渗透并缓解了充放电过程中体积变化所引起的应变。

　　Cao 等[10]将 S 纳米颗粒夹在功能化石墨烯(FGS)层间获得了一种三明治结构的 S-C 复合材料(FGSS，图 9-7)。这种复合结构负载 70wt%的 S，实现了 0.92g·cm^{-3}

高振实密度，表现出 505mAh·g^{-1} 的可逆容量。如果在表层覆盖一层 Nafion 膜，多硫化物能够被阻挡在正极，抑制了穿梭效应，经过 100 圈循环之后容量保持 75%。Nafion 是燃料电池中常用的阳离子交换膜，能够选择性透过锂离子，阻挡阴离子。这种方法引出了阻挡层的概念。

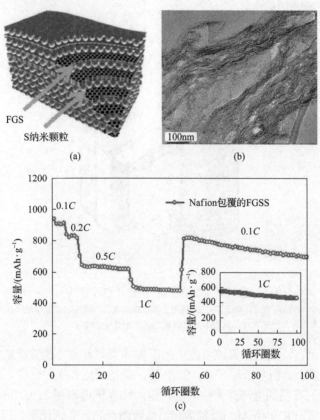

图 9-7　石墨烯-S 三明治结构[10]
(a)概念图；(b)TEM；(c)循环性能

3. 硫-阻挡层复合正极

阻挡层是在隔膜正极之间铺设一层吸附剂材料，能够有效地吸附多硫化物，只容许锂离子穿过。图 9-8 显示的是一种用多壁碳纳米管(MWCNT)制备的碳纸层，这层碳纸对多硫化物有很强的吸附作用，另外碳纳米管优良的导电性也可以提升多硫化物的转化效率。因此使用了 MWCNT 中间层的电池循环 100 圈容量保持在 800mAh·g^{-1}。中间阻挡层作用集中在三点，一是导电集流体作用；第二，催化转化多硫化物；第三，吸附阻挡多硫化物，抑制穿梭效应。

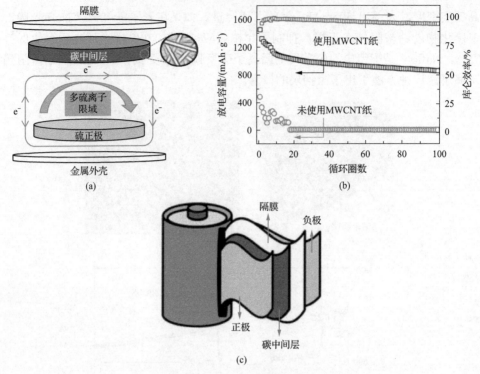

图 9-8　锂硫电池结构设计和性能[6]

(a)中间阻挡层设计概念图；(b)使用了多壁碳纳米管中间层的锂硫电池性能；
(c)包含中间层的未来新电池组装结构图

就这三点而言，碳纳米管或者完美的石墨烯类材料并不能完全胜任，因此有学者对碳中间层掺杂，引入杂原子 N、S、P 等，提高催化和吸附性能，Xing 等使用了 N 和 S 共掺杂的石墨烯泡沫作为中间层，电池比容量提高至 2193.2mAh·g^{-1}[11]，6C 倍率下也能表现出 829.4mAh·g^{-1} 的容量。就吸附而言，多硫化物与极性材料之间的作用要比与非极性的石墨烯强。因此，氧化物和硫化物对多硫化物吸附较强。V_2O_5 和 TiO_2 等材料被引入到中间碳层[12,13]，这些氧化物可以显著抑制多硫化物的穿梭。

4. 硫-导电聚合物复合正极

由于导电聚合物复合材料具有非局域 π 电子共轭体系，可以通过与硫的混合提高材料的导电性能，硫和导电聚合物复合材料可以改善电化学性能的原因可能是：①与纯硫相比，导电聚合物具有更好的导电性能；②由于复合材料具有诸如树枝状或多孔形状的特殊结构，因此可以减轻多硫化物的聚集，使电极结构稳定，并改善循环性能；③特殊结构可有效抑制多硫离子穿梭，提高活性物质的利用率。此外，将导电聚合物视为活性材料的一部分可以提供额外的容量。例如，聚吡咯是一种电化学体系常用的导电聚合物，将其制备成核壳结构和含有支链的硫-聚吡咯纳米复合材料,聚吡咯提供有效的电子传导路径,促进了电池的电化学性能[14,15]。

5. 硫-金属化合物复合正极

碳材料由于其良好的导电性能和较大的比表面积被应用于锂硫电池,但是其对多硫化物的吸附能力并不是很强,这主要是由于碳材料的非极性特性,不利于对极性多硫化物的吸附。杂原子掺杂和官能团修饰虽然在一定程度上能够增强对多硫化物的吸附,但是依然受到吸附位点数量和吸附能力的限制。金属化合物通常是极性材料,可以用作捕获可溶性多硫化物的吸附剂,催化多硫化物转化,前提要求在锂硫电池的工作电压范围内,该吸附剂不会参与电池反应中,保持较好的电化学和化学稳定性。

研究和设计金属化合物,利用其催化性能和强吸附性能成为锂硫电池研发的重要方向。张强等在石墨烯复合材料中引入 CoS_2,当多硫化物分子靠近 Co 和 S 位点时(图 9-9),存在电荷转移导致强的吸附作用,电化学阻抗谱研究 Li_2S_6

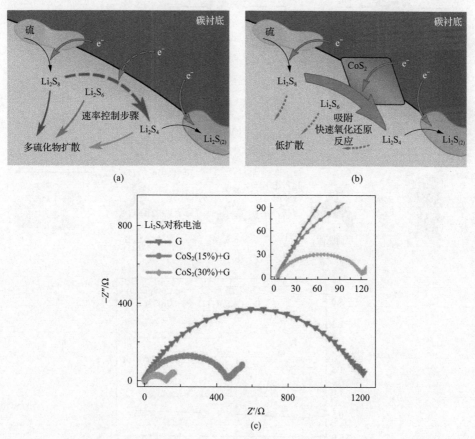

图 9-9　CoS_2 催化性能表征与示意[16]

(a)没有催化剂情况下多硫离子扩散穿梭示意; (b)CoS_2 催化剂加速多硫化物转化; (c)EIS 阻抗谱图显示催化效果

对称电池，发现添加了 CoS_2 的电池电荷传递电阻显著降低。循环性能试验表明 CoS_2 能降低容量衰减速率，每圈循环容量损失低于 0.034%[16]。

　　作者课题组[17]利用自模板法，在水热环境下生成一个前驱物纳米线，然后通过克肯达尔效应，将其转化为 Co_3S_4 纳米管，然后将 S 负载在纳米管壁上，形成了一个复合材料(图 9-10)。第一，Co_3S_4 纳米管具备金属导电性，显著改善了 S 正极的导电性；第二，通过第一性原理计算，Co_3S_4 能够强烈吸附多硫化物分子[图 9-10(c)]，将正极反应中产生的多硫化物吸附在表面上，防止其扩散到负极；第三，Co_3S_4 还有一定催化效果，促进了多硫化物的转化，催化效果可以通过如图 9-10(d) 所示的对称电池测试表征，有催化剂的对称电池在施加电压之后，显示出较强的电流信号，表明多硫化物被快速转化。与之相对比，没有添加 Co_3S_4 催化剂的对称电池的电流信号较弱。这样的材料设计体现出多种功能，一个 Co_3S_4 纳米管同时起导电剂、吸附剂和催化剂的作用。

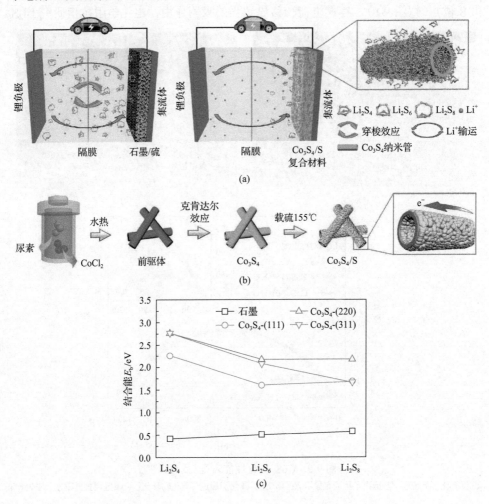

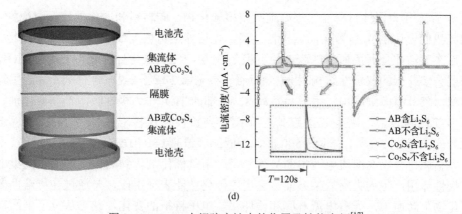

图 9-10　Co₃S₄ 在锂硫电池中的作用及性能表征[17]

(a)Co₃S₄ 纳米管催化剂作用下抑制多硫离子扩散穿梭的示意图；(b)Co₃S₄ 催化剂制备过程；

(c)Co₃S₄ 纳米管对多硫化物吸附计算结果；(d)对称电池测试计时电流曲线显示 Co₃S₄ 的催化效果

　　催化剂能够加速多硫化物转化，相对抑制穿梭效应，但是不能完全阻断多硫化物向负极扩散。在锂硫电池中存在多种极性的硫组分，S_8 是非极性的，容易吸附在非极性的碳材料上。多硫化物是极性的，与金属化合物作用强。如何在充放电过程中，跨越多种极性作用，同时实现导电网络、吸附多硫化物等功能。作者课题组借鉴细胞膜结构的选择性透过功能，仿生设计了双极性微囊[18]。图 9-11

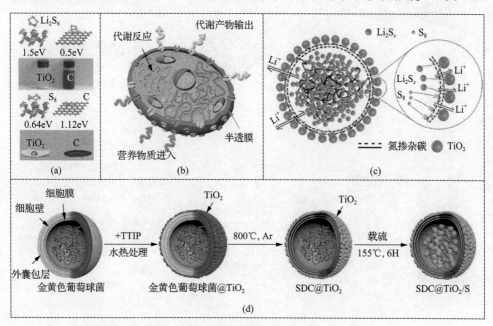

图 9-11　仿生双极性微囊原理与制备[18]

(a)第一性原理计算吸附能和可视化验证 S/多硫化物与 TiO₂/C 之间相互作用；(b)细胞膜的选择透过性示意图；

(c)双极性微囊的示意图；(d)利用金黄色葡萄球菌作为模板制备双极性微囊的流程示意

显示 TiO₂ 作为极性材料能够很好地吸附多硫化物，碳材料和融化的硫润湿很好，因此我们设计 TiO₂ 包覆碳的双极性微囊。先培养金黄色葡萄球菌作为初始结构，然后在灭活的金黄色葡萄球菌表面沉积 TiO₂ 层，然后碳化处理获得了外层 TiO₂，内层为多孔碳的双极性结构（相关电镜照片参见第 2 章图 2-9）。含有氮元素的生物碳球内部具有多级结构，很容易负载 S。外部的 TiO₂ 作为极性吸附剂和催化剂，将多硫化物吸附，减少其溶解与"穿梭"到负极。这种双极性 S 正极表现出 1202mAh·g^{-1} 比容量，循环 1500 圈，每圈的容量衰减 0.016%。

　　金属化合物在锂硫电池中的另外一个应用是催化剂，锂硫催化剂的研究集中在极性作用产生的吸附效果方面。常用的催化性能表征手段，是通过在可溶性多硫化物电解质中，观察电流响应和循环伏安电压特征的变化，缺乏从分子层面来理解电子结构特性与其催化性能之间的关系。在前期工作的基础上，作者课题组采用理论计算与实验相结合的方法，设计出过渡族金属掺杂的催化剂，调控金属 d 带和硫 3p 间的相互作用，研究催化反应机理，制备出高活性的多硫化物转化反应催化剂（图 9-12）[19]。如图 9-12(a) 所示，Ni₂Co₄P₃ 中的 Co 掺杂提高了金属位点的 d 带中心，加强了多硫化物与催化剂之间的相互作用，从而降低反应活化能垒

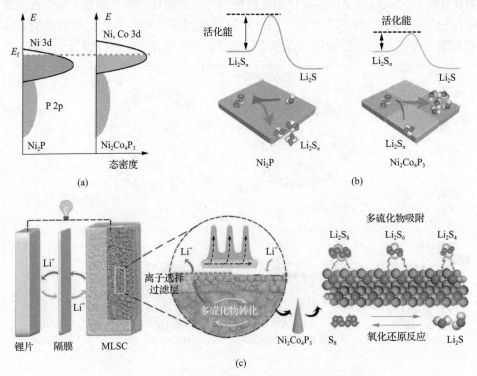

图 9-12　阳离子掺杂调控 d 带的催化过程机理示意图

(a) 3d 轨道能级随着 Co 掺杂而向费米能级方向移动；(b) Co 掺杂使得表面多硫化物转化活化能垒更低；
(c) 微反应器硫正极示意图以及纳米线阵列催化多硫化物转化

[图 9-12(b)]。理论分析表明，末端 S 原子通过强金属-S 键吸附到三重桥连的金属位点上。为了最大限度地发挥催化作用，在具有高孔隙率的镍骨架上生长了 $Ni_2Co_4P_3$ 纳米线阵列[图 9-12(c)]，产生快速的电子和离子通道。最后，我们将离子选择性过滤层嵌入多孔镍骨架的浅表面，形成微反应器 S 正极（MLSC）。$Ni_2Co_4P_3$ 和 MLSC 的设计加速了多硫化物转化，显著改善了 Li-S 电池的循环性能。借助微反应器策略，能够实现 $25mg \cdot cm^{-2}$ 的超高 S 负载，并具有 $413mAh \cdot g^{-1}$ （$10mAh \cdot cm^{-2}$）的比容量（面容量）。

9.1.4　锂硫电池发展趋势

在过去的几十年中，通过研究人员的不断努力，锂硫电池的性能已经获得了显著提高，尤其在硫正极方面采用孔道丰富、结构新颖的碳材料、导电聚合物以及金属化合物材料，提高正极导电性能、改善正极结构、抑制多硫化物溶解扩散方面取得了长足的进步。

尽管锂硫电池的巨大发展给具有高能量存储的锂硫可充放电电池带来了希望，但是目前大多数的研究集中在实验上，理论方面的研究相对较少，因此，构建锂硫电池的理论研究体系变得更加重要。一方面建立数学模型对于探索放电容量保持率与硫的百分比、正极导电率、电解质导电率、孔隙率之间的关系具有重要意义。另一方面，进一步了解锂硫电池的机制尤其是多硫化物转化过程中的成核过程、催化过程，将对该领域的研究提供更多的突破点。尽管锂硫电池离商业化还有一段距离，但不会太遥远，未来锂硫电池很有可能应用于高能量存储系统。

9.2　镁离子电池

9.2.1　镁离子电池概述

除了锂离子电池外，Mg 离子电池最近成为研究的热点，因为 Mg 相比 Li 而言，可以传递两个电子，Mg 在地球上的储量更大，价格比 Li 低很多，Mg 的化合物无毒或低毒，具有生物和环境友好性。Mg 和 Li 具有很多相似的化学性质，Mg 电极电势（-2.375V，相对标准氢电极）不如 Li 低，但也很可观，镁离子电池的理论比容量为 $2205mAh \cdot g^{-1}$，体积容量是锂金属的两倍 $3832mAh \cdot cm^{-3}$。在小型移动电子设备上，人们更关注轻便性，所以体积容量这个参数很重要。Mg 金属在沉积过程不产生枝晶，这是镁离子电池的一个重要优点。Mg 的熔点为 649℃，化学稳定性相对较高，能够耐湿度，因此使用的安全性能高。如果设计出 2～3V 的 Mg 离子电池，则有可能实现 150～200Wh · kg^{-1} 的比能量。镁离子电池工作原理和锂离子电池相似，采用插层化学原理。Gregory 等[20]首次报道了用较完整的镁二次电池系统进行试验。充放电的库仑效率可达 99%，说明了二次镁电池从技术上是可行的。2000 年 Aurbach 等[21]组装的镁二次电池在性能上明显提高，该电池在电流密度 $0.2\sim0.3mA \cdot cm^{-2}$ 下，放电平台达到了 $1.1\sim1.2V$ 左右，循环近600 圈。此后，逐渐形成了研究镁电池的热潮。

9.2.2 镁离子电池正极材料

理想的镁电池正极材料，需要具备能量密度高，循环性好，镁离子能够很好地可逆脱嵌，而且还要安全性能好，环境友好，价格低廉。与锂离子电池相比，镁离子电池中的 Mg^{2+} 嵌入更为困难，原因在于 Mg^{2+} 电荷密度大，有可能以溶剂化形式插入；另外 Mg^{2+} 在嵌入材料中的移动也较为困难。因而找到理想的正极嵌入材料是一个亟待解决的难题。镁离子电池正极材料的研究主要集中在过渡金属氧化物（如 V_2O_5、MoO_3、Mn_3O_4、RuO_2、MnO_2 等）、过渡金属硫化物（如 TiS_2、MoS_2、ZrS_2 等）、过渡金属硼化物（如 MoB_2、TiB_2、ZrB_2 等）、聚阴离子型磷酸盐材料和硅酸盐材料（$MgFeSiO_4$）等[22-24]。

1. 过渡金属硫化物

过渡金属硫化物作为镁二次电池的正极材料具有较好的研究前景。过渡金属硫化物被认为是一种典型的脱嵌机制材料，至今人们研究比较多的过渡金属硫化物主要有 Mo_6T_8（T=S、Se）、MoS_2 和 TiS_2。

Chevrel 相是 R. Chevrel 等人 1971 年提出的一类三元 Mo 的硫族化合物（图 9-13），具有通用化学式 $M_xMo_6T_8$（T=S、Se、Te），其中 M 可以是周期表中 40 种金属离子，x 取值范围在 $1\sim4$，其晶体可以看成 Mo_6S_8 结构的堆积，六个 Mo 原子形成一个八面体在 8 个 T 原子组成的立方块中间。Mg 离子嵌入主要占据两个间隙位点。最早报道 Chevrel 相能够 100%放电深度下循环 2000 圈，容量衰减小于 15%[26]。虽然这个材料的放电容量只有 $130mAh \cdot g^{-1}$，平均电压在 1.2V（$vs.$ Mg/Mg^{2+}），但是良好的循环性能迅速掀起了研究 Chevrel 相的热点。

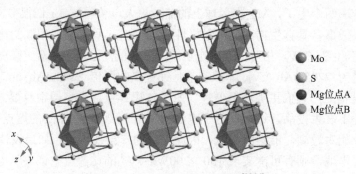

● Mo
○ S
● Mg位点A
● Mg位点B

图 9-13　Chevrel 相晶体结构[25,26]

图 9-14 显示 $Mg_xMo_6S_8$ 充放电曲线。Mg 离子嵌入 Mo_6S_8 首先以环状形式排布在位点 A 处，第一个位点嵌入过程中，传递了第一个电子产生了 $MgMo_6S_8$。环状的 Mg 离子非常稳定，产生很高的能垒，阻止了 Mg 离子的迁移。因此在 $x<1$ 范围放电 $Mg_xMo_6S_8$，存在过电势。一旦位点 A 被占据之后，继续嵌入 Mg 离子在位点 B 的速度相对比较快。如果用 Se 替换 S 可以减少位点 A 的阻力，Se 替换之后导致结构发生三斜扭曲，Se 离子增加了晶体的晶格常数，降低了 Mg 离子迁移活化能垒。Se 原子可极化，这也有助于 Mg 离子的扩散。但是 Se 密度高，导致材料的比容量降低至 $89mAh \cdot g^{-1}$。Mo_6S_8 不能直接合成，可以通过高温固态水热或者熔盐合成 $Cu_2Mo_6S_8$，然后刻蚀 Cu 获得。

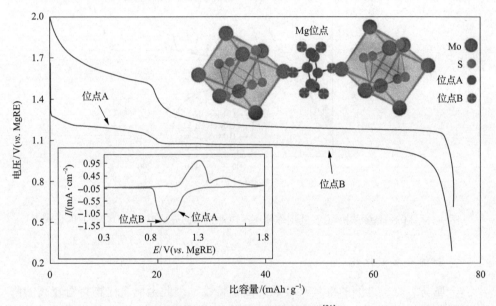

图 9-14　$Mg_xMo_6S_8$ 充放电曲线[21]

另外一种硫化物正极是层状 MoS_2[图 9-15（a）]，Liang 等制备了高度剥离的石墨烯一样的 MoS_2，用作镁离子正极，表现出 1.8V 电势，可逆容量为 $170mAh \cdot g^{-1}$。图 9-15（b）、（c）显示充放电和 CV 曲线，其中对比了块状（B）和石墨烯一样（G）的 MoS_2 及纳米颗粒状（N）金属 Mg 负极的电化学性质。G-MoS_2 和 N-Mg 搭配的电池表现出最高的比容量，50 圈还能保持首圈容量的 95%。以 MoS_2 为正极、金属镁为负极的镁二次电池的反应如下[27]：

正极：$6MoS_2+4Mg^{2+}+8e^- \longrightarrow Mg_4Mo_6S_{12}$

负极：$4Mg \longrightarrow 4Mg^{2+}+8e^-$

总反应：$6MoS_2+4Mg \longrightarrow Mg_4Mo_6S_{12}$

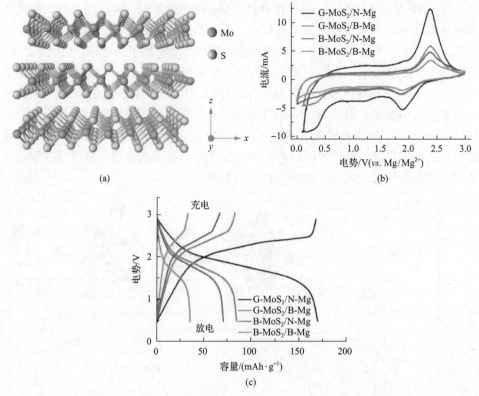

图 9-15　MoS$_2$ 晶体结构(a)及其用作镁离子电池正极的充放电(b)和(CV)曲线(c)[27]

2. 过渡金属氧化物

金属与氧原子之间的键具有较强的离子特性,因此金属氧化物有着较高的阳极氧化电势。氧化物比硫化物的化学性质更加稳定。其中被研究用作镁二次电池正极材料的主要是 V$_2$O$_5$ 和 MnO$_2$,其他许多可作为锂离子嵌入材料的氧化物并不适用于镁二次电池。V$_2$O$_5$ 晶体是由层状的 V$_2$O$_5$ 多面体基体构成的,这种结构有利于镁离子的嵌入与迁移,如图 9-16(a)所示。V$_2$O$_5$ 有相对较高的开路电压(2.66V),Mg 离子嵌入到 V$_2$O$_5$ 结构过程比较缓慢,大多数 Mg 离子被吸附在 V$_2$O$_5$ 晶体表面。Ramos 等报道了在 150℃的熔盐电解质中,Mg 离子可逆嵌入 V$_2$O$_5$ 中形成了三元氧化物 Mg$_x$V$_2$O$_5$。Novak 等发现如果电解液中出现水分子,则 Mg 离子可以可逆地嵌入到 V$_2$O$_5$ 结构中,因为水分子有限溶剂化 Mg 离子,有助于插层过程。有文献报道 V$_2$O$_5$ 电极的最高比容量是 170mAh·g^{-1},所用电解液为乙腈溶剂中添加了 1∶1 的 Mg(ClO$_4$)$_2$ 和 H$_2$O。但是这种体系容量衰减很快。如果在 Mg$_x$V$_2$O$_5$ 晶格中出现晶格水分子,则嵌入速度增加。但是对于非水体系的镁离子电池中应该完全避免水分子,因为水分子会钝化 Mg 金属负极的表面,因此此类研究还需要进一步证明有效性[25]。

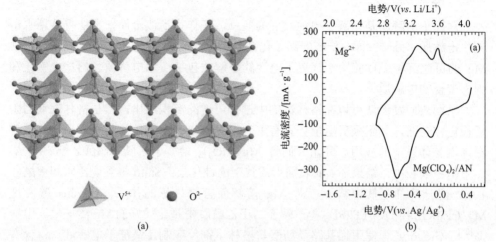

图 9-16　V_2O_5 晶体结构（a）和 V_2O_5 的 CV 循环曲线（b）

　　V_2O_5 的电子和离子电导率不高，为了优化 Mg 离子的扩散路径，不同的研究者采用了降低晶粒尺寸和添加导电剂的做法。一定程度改善了 V_2O_5 在高电流下的容量保持问题。在一些研究报道中发现 V_2O_5 的气溶胶能够显著增强 Mg 离子的嵌入和脱出，但是溶胶状颗粒产生了大量的空隙和表面积，高表面积有利于扩散，原则上增强了倍率性能。但是气溶胶状态 V_2O_5 只观察到 0.6 个 Mg 离子的嵌入，与纳米颗粒的 V_2O_5 相似。将碳和干凝胶复合，能够将 Mg 离子嵌入量增加到 1.84。图 9-16（b）显示的是碳和干凝胶复合材料的 CV 曲线，出现了两个宽的还原峰是与 Mg 离子的嵌入有关，表明在干凝胶 V_2O_5 中存在两个 Mg 离子位点。红外光谱分析表明 −0.15V 的峰可能与 Mg 离子嵌入层内位点有关，−0.65V 的峰则是层间位点[26]。

　　MnO_2 是另外一类可用于 Mg 离子正极的材料，α-MnO_2 具有 2×2 通道，Mg^{2+} 离子很容易嵌入其中，产生 280mAh·g^{-1} 的比容量。但是 α-MnO_2 通道很容易塌陷，Mg 的电荷密度高，极化强，Mn^{3+} 又容易产生姜-泰勒扭曲，所以需要稳定 α-MnO_2 结构。Rasul 等合成了 Holandite 型 $K_{0.14}MnO_2 \cdot H_2O$，这种结构也具有 2×2 隧道结构，将其与乙炔黑混合，在乙腈溶剂中测试显示出 210mAh·g^{-1} 的比容量，但是衰减也很快。Birnessite 型 MnO_2 被测试可以用作 Mg 离子正极，但是容量仅为 109mAh·g^{-1}。另外橄榄石结构的 $MgMSiO_4$（M=Mn、Co、Fe）也被发现可以嵌入脱出 Mg 离子。例如介孔 $Mg_{1.03}Mn_{0.97}SiO_4$ 可以显示出 200mAh·g^{-1} 的比容量[25]。

　　金属氧化物比硫化物拥有更强的键能，因此氧化物正极中锂离子嵌入后结构保持较好，但是容易捕获嵌入的镁离子而使其不容易脱嵌。相反，硫化物正极因为键弱，镁离子脱嵌需要的能量少，但是弱的 M—S 键导致金属硫化物很容易在 Mg 嵌入后发生结构变化。

9.2.3　电解质

镁离子电解质是镁离子电池发展的瓶颈。镁作为活泼金属，不能直接用水溶液作电解质；另一方面，传统的离子化镁盐[如 $MgCl_2$、$Mg(ClO_4)_2$ 等]又不能实现 Mg 的可逆沉积。目前用于镁离子电池的电解质包括液态电解质、熔盐电解质和固态聚合物电解质等。

早期人们发现镁可以在格林试剂中进行可逆的沉积溶出，但是格林试剂的阳极稳定性较低，其阳极稳定电势只有 1.5V（$vs.$ MgO/Mg^{2+}），这就限制了格林试剂在高电势体系下的应用。开始人们将 $Mg(ClO_4)_2$ 溶解于乙腈、碳酸乙酯、N, N-二甲基甲酰胺中，结果在 Mg 表面形成致密的钝化层。Saito 等发现乙腈和甲酰胺 1∶1 混合溶剂在低电势下，对 Mg 溶解而言是最好的体系。Lossius 等发现 $Mg(CF_3SO_3)_2$ 和 $Mg(TFSI)_2$ 盐溶解在二甲乙酰胺中是比较好的 Mg 离子电池电解质[25]。Gregory 等使用铝基路易斯酸与格林试剂反应制备镁离子电解液，将含有烷基的格林试剂与氯化铝反应可以有效地改善镁的沉积，并且提高阳极稳定电压，使电压提高至 1.9V。这成为镁离子电池电解液领域的首次重要突破，高阳极稳定性的镁离子电解液就此诞生。随后，Aurbach 等用芳香基取代了烷基，开发了第二代镁离子电池电解液。这种电解液的阳极稳定电压提升至 3.5V，电化学窗口可达到 3V，且其镁沉积效率可达 100%[28]。

另外一类是熔盐电解质，室温熔盐又称作离子液体，是在室温或低温下呈液态的导电体系，它只含有阴阳离子，并且具有蒸气压低、溶解范围广且溶解度大、热稳定性好、电化学窗口宽、性质可调等特点。离子液体中阴离子是无机离子，如 PF_6^-、$TFSI^-$、BF_4^- 等；阳离子是有机离子，如$[NR_xH_{4-x}]^+$、$[PR_xH_{4-x}]^+$、哌啶离子、咪唑离子、吡咯离子等。高温融盐中，在 $MgCl$、$MgCl$-MgF_2、$CaCl_2$-$NaCl$ 这三个体系中可实现 Mg 的可逆沉积。其机理主要存在两种推测，分别认为是扩散过程和两步骤的电荷迁移过程[29]。

9.2.4　镁离子电池方向和局限性

镁离子电池研发的动力是寻找锂离子电池的一种可替代储能系统，虽然镁离子电池具有高性能、低成本、安全环保等优点，有很好的应用前景和发展空间，但是从使用角度考虑，镁离子电池的容量和能量密度都无法超越锂离子电池。现在 1V 的镁离子电池使用 Chevrel 相正极和金属 Mg 负极的比能量只有 $60Wh \cdot kg^{-1}$。因此镁离子电池可能更适合基站式储能。

尽管当前镁离子电池已经有了突破进展，但仍有很多问题亟待解决：电池的放电容量低、不适合高倍率放电、钝化膜和副反应使电池效率低等。Mg 离子嵌入化学速率慢，需要快速的正极材料，负极方面库仑效率不高，需要研发高库仑效率的非水溶剂电解质。因此，后续的研究方向是寻找可逆性好的嵌入脱出正极材料，开发新的高电导率、宽电化学窗口的电解液。

参 考 文 献

[1] Bruce P G, Freunberger S A, Hardwick L J, Tarascon J M. Li-O$_2$ and Li-S batteries with high energy storage. Nature Materials, 2011, 11(1): 19-29.

[2] Zhang L, Qian T, Zhu X Y, Hu Z L, Wang M F, Zhang L Y, Jiang T, Tian J H, Yan C L. In situ optical spectroscopy characterization for optimal design of lithium-sulfur batteries. Chemical Society Reviews, 2019, 48(22): 5432-5453.

[3] Busche M R, Adelhelm P, Sommer H, Schneider H, Leitner K, Janek J. Systematical electrochemical study on the parasitic shuttle-effect in lithium-sulfur-cells at different temperatures and different rates. Journal of Power Sources, 2014, 259(0): 289-299.

[4] Manthiram A, Fu Y, Chung S H, Zu C, Su Y S. Rechargeable lithium-sulfur batteries. Chemical Reviews, 2014, 114(23): 11751-11787.

[5] Ji X L, Lee K T, Nazar L F. A highly ordered nanostructured carbon-sulphur cathode for lithium-sulphur batteries. Nature Materials, 2009, 8(6): 500-506.

[6] Manthiram A, Fu Y, Su Y S. Challenges and prospects of lithium-sulfur batteries. Accounts of Chemical Research, 2013, 46(5): 1125-1134.

[7] Zhang S S. Liquid electrolyte lithium/sulfur battery: Fundamental chemistry, problems, and solutions. Journal of Power Sources, 2013, 231(0): 153-162.

[8] Wang J Z, Lu L, Choucair M, Stride J A, Xu X, Liu H K. Sulfur-graphene composite for rechargeable lithium batteries. Journal of Power Sources, 2011, 196(16): 7030-7034.

[9] Zu C, Manthiram A. Hydroxylated graphene-sulfur nanocomposites for high-rate lithium-sulfur batteries. Advanced Energy Materials, 2013, 3(8): 1008-1012.

[10] Cao Y L, Li X L, Aksay I A, Lemmon J, Nie Z M, Yang Z G, Liu J. Sandwich-type functionalized graphene sheet-sulfur nanocomposite for rechargeable lithium batteries. Physical Chemistry Chemical Physics, 2011, 13(17): 7660-7665.

[11] Xing L B, Xi K, Li Q, Su Z, Lai C, Zhao X, Kumar R V. Nitrogen, sulfur-codoped graphene sponge as electroactive carbon interlayer for high-energy and -power lithium–sulfur batteries. Journal of Power Sources, 2016, 303(0): 22-28.

[12] Liu M, Li Q, Qin X, Liang G, Han W, Zhou D, He Y B, Li B, Kang F. Suppressing self-discharge and shuttle effect of lithium-sulfur batteries with V$_2$O$_5$-decorated carbon nanofiber interlayer. Small, 2017, 13(12): 1602539.

[13] Xiao Z, Yang Z, Wang L, Nie H, Zhong M, Lai Q, Xu X, Zhang L, Huang S. A lightweight TiO$_2$/graphene interlayer, applied as a highly effective polysulfide absorbent for fast, long-life lithium-sulfur batteries. Advanced Materials, 2015, 27(18): 2891-2898.

[14] Wang J, Chen J, Konstantinov K, Zhao L, Ng S H, Wang G X, Guo Z P, Liu H K. Sulphur-polypyrrole composite positive electrode materials for rechargeable lithium batteries. Electrochimica Acta, 2006, 51(22): 4634-4638.

[15] Fu Y, Su Y S, Manthiram A. Sulfur-polypyrrole composite cathodes for lithium-sulfur batteries. Journal of the Electrochemical Society, 2012, 159(0): A1420.

[16] Yuan Z, Peng H J, Hou T Z, Huang J Q, Chen C M, Wang D W, Cheng X B, Wei F, Zhang Q. Powering Lithium-Sulfur Battery Performance by Propelling Polysulfide Redox at Sulfiphilic Hosts, Nano Letters, 2016, 16(1): 519-527.

[17] Pu J, Shen Z, Zheng J, Wu W, Zhu C, Zhou Q, Zhang H, Pan F. Multifunctional Co_3S_4@sulfur nanotubes for enhanced lithium-sulfur battery performance. Nano Energy, 2017, 37(0): 7-14.

[18] Wu W, Pu J, Wang J, Shen Z, Tang H, Deng Z, Tao X, Pan F, Zhang H. Biomimetic bipolar microcapsules derived from staphylococcus aureus for enhanced properties of lithium-sulfur battery cathodes. Advanced Energy Materials, 2018, 8(12): 1702373.

[19] Shen Z, Cao M, Zhang Z, Pu J, Zhong C, Li J, Ma H, Li F, Zhu J, Pan F, Zhang H. Efficient $Ni_2Co_4P_3$ nanowires catalysts enhance ultrahigh-loading lithium-sulfur conversion in a microreactor-like battery. Advanced Functional Materials, 2019, 30(3): 1906661.

[20] Gregory T D, Hoffman R J, Winterton R C. Nonaqueous electrochemistry of magnesium: Applications to energy storage. Journal of the Electrochemical Society, 1990, 21(22): 775-780.

[21] Aurbach D, Lu Z, Schechter A, Gofer Y, Gizbar H, Turgeman R, Cohen Y, Moshkovich M, Levi E. Prototype systems for rechargeable magnesium batteries. Nature, 2000, 407(6805): 724-727.

[22] 李卓, 宁哲, 刘坤, 王一雍, 韩露, 路金林. 镁二次电池正极材料的研究进展. 中国冶金, 2017, 27(7): 1-11.

[23] 李艳阳, 熊跃, 张建民, 陈卫华. 镁二次电池正极材料研究进展. 材料导报, 2015, 29(9): 50-54.

[24] 秦楠楠, 何文, 徐小龙, 魏传亮. 镁离子电池的研究进展. 山东陶瓷, 2016, 39(152): 36-40.

[25] Saha P, Datta M K, Velikokhatnyi O I, Manivannan A, Alman D, Kumta P N. Rechargeable magnesium battery: Current status and key challenges for the future. Progress in Materials Science, 2014, 66(0): 1-86.

[26] Huie M M, Bock D C, Takeuchi E S, Marschilok A C, Takeuchi K J. Cathode materials for magnesium and magnesium-ion based batteries. Coordination Chemistry Reviews, 2015, 287(0): 15-27.

[27] Muldoon J, Bucur C B, Gregory T. Quest for nonaqueous multivalent secondary batteries: magnesium and beyond. Chemical Reviews, 2014, 114(23): 11683-11720.

[28] 胡启明, 张娅, 陈秋荣. 镁电池研究进展. 电源技术, 2015, 39(1): 210-212.

[29] 钟玉菡, 丛梓枫, 谢菁. 镁二次电池的研究现状. 广东化工, 2015, 42(12): 77-78.